烟草质体色素研究

◎ 韦凤杰　田海英　主编

中国农业科学技术出版社

图书在版编目（CIP）数据

烟草质体色素研究 / 韦凤杰，田海英主编 . —北京：中国农业科学技术出版社，2019. 7

ISBN 978-7-5116-4253-0

Ⅰ. ①烟…　Ⅱ. ①韦…②田…　Ⅲ. ①烟草-色素-研究　Ⅳ. ①S572. 01

中国版本图书馆 CIP 数据核字（2019）第 120568 号

责任编辑　崔改泵
责任校对　李向荣

出 版 者　中国农业科学技术出版社
北京市中关村南大街 12 号　邮编：100081
电　　话　(010) 82109194 (编辑室)　(010) 82109702 (发行部)
(010) 82109709 (读者服务部)
传　　真　(010) 82106650
网　　址　http://www.castp.cn
经 销 者　各地新华书店
印 刷 者　北京建宏印刷有限公司
开　　本　787 mm×1 092 mm　1/16
印　　张　15
字　　数　362 千字
版　　次　2019 年 7 月第 1 版　2019 年 7 月第 1 次印刷
定　　价　60. 00 元

《烟草质体色素研究》
编 委 会

主　编：韦凤杰　田海英

副主编：王建安　姬小明　张　展　高向斌

编　者：李爱军　李丽华　刘文涛　高明奇

韦　来　李　翀　王　典　楚文娟

席高磊　王根发　常剑波　胡利伟

赵世民　陈彦春　马京民　李芳芳

赵浩宾　李　磊　宋瑞芳　董昆乐

前　言

烟草是一种叶用经济作物，人们对烟草的研究范围涵盖了从生长发育到消费的各个阶段，其中质体色素是热点研究内容之一。烟草色素的含量和性质不仅直接影响烟叶的外观质量，而且还直接和间接地影响烟叶的内在品质。各类烟草色素的含量与烟草生长发育过程代谢积累特性和调制方法密切相关。

烟草质体色素存在于烟叶植物细胞中细胞器的质体中（其中的叶绿体和有色体），包括叶绿素、叶黄素、胡萝卜素等，是烟草生长过程中光合作用的重要物质。质体色素的总量和组成随烟草类型、品种、生长阶段、加工处理方法的不同而不同，生长过程中烟叶的色素主要有叶绿素 a、叶绿素 b、叶黄素、新黄质、紫黄质和 β-胡萝卜素。成熟烟叶中黄色色素，即胡萝卜素和叶黄素，烟叶在成熟特别是在调制和发酵过程中产生黑色色素。在烟叶的加工过程中，质体色素的含量和性质直接影响烟叶的外观质量。同时，质体色素作为烟草香气成分的前体物质直接或间接地影响烟叶的内在品质，在烟叶调制过程中质体色素降解完全和得当，能使烟叶香气增加，色泽上等。烟草质体色素对烟草品质的影响，就是色素本身及其降解产物对烟草品质的影响。色素降解产物所产生的致香成分作为一类重要香气来源无疑在烟草中起着重要的作用，但是另一方面，不但它们本身的降解物需要协调性，而且还要与其他来源的致香成分保持进一步的协调性，才有利于烟草品质的提升。

从 2003 年开始，质体色素研究小组从烟草质体色素的测定方法入手，开始了一系列研究工作，从《饼肥对烤烟质体色素变化规律和品质形成的影响及其生理机制研究》到《提高豫西烟叶香气质量关键技术研究》，从烟草行业标准化项目《烟草及烟草制品质体色素的测定高效液相色谱法》到河南省科技进步奖项目《提高嵖山烟叶质量关键技术研究与示范》，历经 10 余年，四次组建研究团队，围绕烟草质体色素测定、影响质体色素的相关因素、质体色素变化规律研究和降解代谢机理探讨，开展了一系列科研工作，旨在形成烟草质体色素降解与烟草品质形成的关系及其理论基础。为完善烟草基础科研工作，研究小组核心成员把相关研究材料整理出版，以期为烟草业高质量发展贡献绵薄之力。同时，本书可作为农业高等院校研究生选修培训教材，希望能为研究生提供科研方法和开拓科研思路有所帮助。

本书分为八章。第一章为绪论，以基础概念入手，就质体与色素、叶绿体色素和烟草色素予以介绍；第二章为质体色素研究进展，介绍质体色素代谢的基础、烟草质体色素研究、烟草质体色素代谢与烟叶品质和相关研究进展；第三章为烟草质体色素的测定，介绍烤烟质体色素测定方法研究进展，展示烟草行业标准项目组开展的烤烟质体色素的测定法研究和高效液相色谱法行业标准测定方法；第四章为烤烟质体色素的代谢研究，探讨不同生产环节质体色素代谢规律；第五章为烤烟质体色素代谢的生理机制；第六章为栽培措施对烤烟质体色素代谢的影响；第七章为基因型对烤烟质体色素和品质的影响；第八章为β-胡萝卜素裂解和添加对烤烟品质的影响。

由于水平有限，时间仓促，错误和遗漏在所难免，敬请各位读者批评指正。

编者

2019 年 5 月

目　　录

第一章　绪　论

第一节　质体与色素

一、质体

质体（Plastid）是一类与碳水化合物的合成与贮藏密切相关的细胞器，是植物细胞中由双层膜包裹的一类细胞器的总称，存在于真核植物细胞内。它是绿色植物细胞特有的细胞器，是动植物细胞的三大区别之一，另外两种区别分别是：细胞壁和中央大液泡（仅限动物界与植物界范围）。质体通过光合作用在植物代谢、脂类与氨基酸合成、氮与硫同化方面发挥重要作用。

质体是真核细胞中具有半自主性的细胞器；质体由两层薄膜包围，可以随细胞的伸长而增大；质体是植物细胞合成代谢中最主要的细胞器。

质体在光学显微镜下容易看到。在幼年细胞中，质体还没有分化成熟，叫前质体。随着细胞的长大，前质体可分化为成熟的质体。根据质体内所含的色素和功能不同，质体可分为叶绿体、有色体和白色体。以上三种细胞器都是由前质体分化发育而来。

（一）叶绿体

叶绿体（Chloroplast）是含有叶绿素的质体，主要存在于植物体绿色部分的薄壁组织细胞中，是绿色植物进行光合作用的场所，因而是重要的质体。叶绿体内含叶绿素 a、叶绿素 b、胡萝卜素和叶黄素。

（二）有色体

有色体（Chromoplast）是含有类胡萝卜素和与叶黄素的质体。

有色体内只含有叶黄素和类胡萝卜素，由于两者比例不同，可分别呈黄色、橙色或橙红色。它存在于花瓣和果实中，在番茄和辣椒（红色）果肉细胞中可以看到。可以使植物的花和果实呈红色或橘黄色。有色体主要功能是积累淀粉和脂类。

（三）白色体

白色体（Leucoplast），又称无色体，不含可见色素。因在光学显微镜下呈白色而得名白色体（图 1-1）。在贮藏组织细胞内的白色体常积累淀粉或蛋白质，形成比它原来体积大很多倍的淀粉粒或糊粉粒，成了细胞里的贮藏场所。白色体在积累淀粉时，先从一处开始形成一个核心称作脐，以后围绕脐继续累积，形成围绕脐的同心轮纹。由于一天内日照有强弱、温度有高低，往往使淀粉粒出现偏心轮纹。如观察马铃薯淀粉粒，可以看到偏心轮纹。

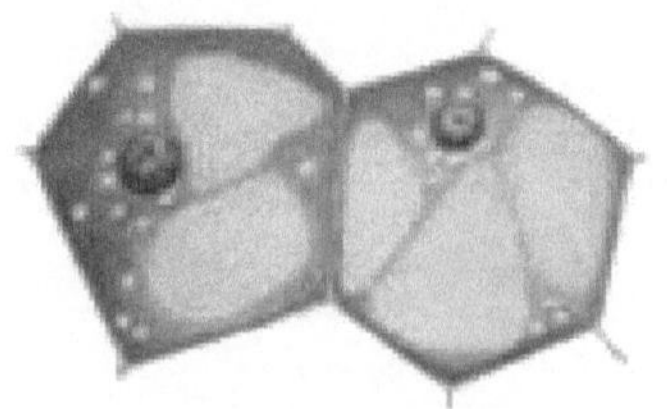

图 1-1　白色体

植物体内的质体根据贮藏物质可分为造粉体（Amyloplast，贮藏淀粉）、造蛋白体（Proteoplast/proteinoplast，贮藏蛋白质）、造油体（Elaioplast，贮藏脂质）（图 1-2）。

有些细胞的白色体含有无色的原叶绿素，见光后可转变成叶绿素，使白色体变绿，所以有人认为白色体也能变成叶绿体。

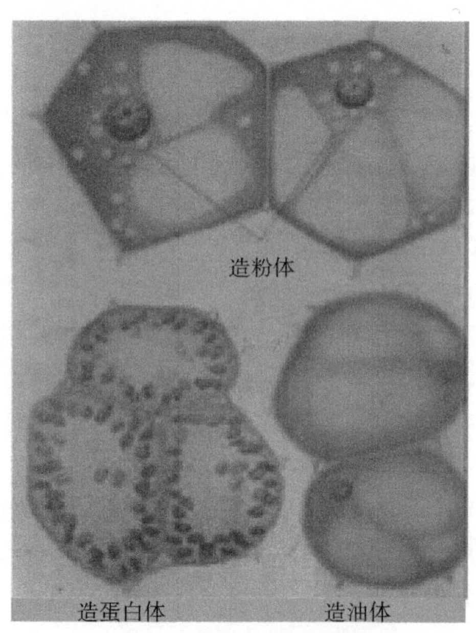

图 1-2　植物细胞内的质体

二、色素

白光照射在物体上，特定波长的光被吸收，其他波长的光被反射出去，因此人们才能看到该物质特有的颜色。这样有选择地将特定波长的光吸收或反射的物质叫色素。色素是赋予一定颜色的原料。人们选择商品往往凭视、触、嗅等感觉，而色素是视觉方面的重要一环，因此色素用得是否适当对制品好坏也起决定作用。色素主要有如下三类。

（一）合成色素

合成色素是指用人工化学合成方法所制得的有机色素，主要是以煤焦油中分离出来的苯胺染料为原料制成的。

（二）无机色素

常用的无机色素有氧化铁、碳黑、氧化铬绿等，它们具有良好的耐光性，不溶于水。

（三）天然色素

来源于天然植物的根、茎、叶、花、果实和动物、微生物等的可以食用的色素称为食用天然色素，从添加量上看食用天然色素在食品中占的比例很小，一般为产品、饮料、酒类、糕点、糖果、医药等的千分之几、万分之几甚至是十万分之几。天然色素虽然广泛被允许作为食用色素，但各国对天然食用色素的定义及许可情况并不相同，有些物质被认定为香料而非色素，因此许多香辛料不被认定为色素。以瑞典为例，该国认定姜黄、辣椒、藏红花及檀香木不是色素，而是香辛料。其他如意大利、荷兰、瑞士及挪威等国的食品法规都有类似的规定。

天然色素一般来源于天然成分，比如红甜菜、葡萄和辣椒，这些食品已经得到了广大消费者的认可与接受，因此，采用这些食物来源的天然色素更能得到消费者的青睐，使用起来也更安全些。大部分来源于植物色素。

一些产品由于使用天然色素，其外观便少了一些人工的因素，因此更接近于天然的形式，从而吸引更多的消费者。如今在欧盟，天然色素不仅抢占了合成色素的市场，而且也抢占了一些色素提取物的市场。

三、植物色素

植物色素包括脂溶性的叶绿体色素和水溶性的细胞液色素，前者存在于叶绿体，与光合作用有关，如叶绿素；后者存在于液泡中，特别与花朵的颜色有关，如花青素属黄酮类物质。

植物的花、叶、果实、皮等往往呈现出各种各样的颜色，这与植物自身内部的天然色素有关。植物体内的一些有机分子（色素）在阳光的照射下，吸收了一定频率的有色光后，分子内电子发生振动跃迁现象。由于各种植物的有机分子（色素）中的电子成键能力不同，电子激发跃迁时所需的能量也就不一样，故对吸收光的频率就有一定的选择性。而不同植物具有合成适应自身特点的有机色素分子的能力各有差异，因此，不同的植物就表现出不同的体色及花色，从而使大自然呈现出姹紫嫣红的美丽景色。

植物的体色和花色是以所含有的色素为主体而呈现出来的，但不能认为花色的种类就是色素的种类，因为即使是完全相同的色素，由于花瓣中的生理条件不同，也会显现完全不同的颜色，如从蓝色的鸭跖草、矢车菊、牵牛花中用含有少量盐酸的甲醇浸提出的却是红色系的色。反之，含有种类不相同色素的植物组织却有可能具有完全相同的颜色。一般来说，各种植物都由有其相对稳定的色素分子组成，但随着季节的变化及环境的影响，植物体色及花色也相应地有所改变。这不只是完全由植物生长激素的调节来决定的，也与色素分子结构及外界环境因素等有着非常密切的关系。

（一）按照溶解性分类

植物色素类（Phytochromes）在中草药中分布很广，按照溶解性，主要有脂溶性色素与水溶性色素两类。按来源，主要有天然植物色素和合成植物色素。

1. 脂溶性色素

脂溶性色素主要为叶绿素、叶黄素与类胡萝卜素，三者常共存；此外尚有藏红花素、辣椒红素等。除叶绿素外，多为四萜衍生物。这类色素不溶于水，难溶于甲醇，易溶于高浓度乙醇、乙醚、氯仿、苯等有机溶剂。胡萝卜素在乙醇中也不溶。叶绿素等在制备中草药制剂或提取其他有效成分时常须作为杂质去除，以使药物纯化，中草药（特别是叶类、全草类）的乙醇提取液中含有多量叶绿素，可在浓缩液中加水使之沉出，也可通过氧化铝、碳酸钙等吸附剂而除去。叶绿素本身有抑菌作用，可制备成消炎的药物。

2. 水溶性色素

水溶性色素主要为花色甙类，又称花青素，普遍存在于花中。溶于水及乙醇，不溶于乙醚、氯仿等有机溶剂，遇乙酸铅试剂会沉淀，并能被活性炭吸附，其颜色随 pH 值的不同而改变。花色苷在制备中草药制剂或提取有效成分时，常作为杂质去除。

（二）按照化学结构分类

植物中的天然色素按化学结构的不同，可以分为四大类。

1. 吡咯衍生物类色素

是以四个吡咯环构成卟吩为基础的天然色素，它们广泛地存在于绿色植物的叶绿体中，叶绿素是其主要代表。在高等植物中，叶绿素主要有两种类型，即叶绿素 a 呈蓝绿色和叶绿素 b 呈黄绿色，它们的比例为 3：1。

2. 多烯类色素

是由异戊二烯（$CH_2=C(CH_3)-CH=CH_2$）为单元组成的共轭双键长链为基础的一类色素，为脂溶性色素，主要存在于绿色植物的果实中，如番茄红素、辣椒红素和玉米黄素等。

3. 酚类色素

为水溶性或醇溶性色素，是多元酚的衍生物，可分为黄酮类、花青素类和单宁三大类。如矢车菊色素、天竺葵色素、飞燕草色素、芍药色素、牵牛花色素和橙皮素等。

4. 酮类和醌类衍生物色素

它们的种类较少，主要存在于植物的地下茎和霉菌分泌物及红甜菜中。

（三）植物色素特性

绝大多数植物色素无副作用，安全性高。植物色素大多为花青素类、类胡萝卜素类、黄酮类化合物，是一类生物活性物质，是植物药和保健食品中的功能性有效成分。鉴于植物色素作为着色用添加剂而应用于食品、药品及化妆品中，用量达不到医疗及保健品的量效比例。在保健食品应用中，这一类植物色素可分别发挥增强人体免疫机能、抗氧化、降低血脂等辅助作用；在普通食品中有的可以发挥营养强化的辅助作用及抗氧化作用。

植物色素的着色色调比较自然，既可增加色调，又与天然色泽相近，是一种自然的美，植物色素在植物体中含量较少，分离纯化较为困难，其中有的共存物存在时还可能产生异味，因此生产成本较合成色素高。

大部分植物色素对光、热、氧、微生物和金属离子及 pH 值变化敏感，稳定性较差；使用中一部分植物色素须添加氧化剂、稳定剂方可提高商品的使用周期。

大部分植物色素染着力较差，不易染着均匀，不具有合成色素的鲜丽明亮。

植物色素种类繁多，性质复杂，就一种植物色素而言，应用时专用性较强，应用范围有一定的局限性。

第二节 叶绿体色素

一、分类

植物叶绿体色素主要有三类：叶绿素、类胡萝卜素、藻胆素。高等植物叶绿体中含有前两类，藻胆素仅存在于藻类植物中。

高等植物体内叶绿素（Chlorophyll）主要有两种：叶绿素 a、叶绿素 b（简写为：chl a、chl b），chl a 通常呈蓝绿色，而 chl b 呈黄绿色，chl b 是 chl a 局部氧化的衍生物。chl a 是 chl b 的三倍。20 世纪 30 年代，知道了叶绿素的分子结构，20 世纪 50 年代末期，人工合成了叶绿素 a，其他色素也几乎在同时被发现。

叶绿体中的类胡萝卜素主要包括胡萝卜素（Carotene）和叶黄素（Lutein）两种，前者呈橙黄色，后者呈黄色。叶黄素是胡萝卜素的二倍。一般植物叶绿素是类胡萝卜素的三到四倍。

胡萝卜素：$C_{40}H_{56}$（有 α、β、γ 三种同分异构体）。

叶黄素：$C_{40}H_{54}(OH)_2$（同分异构体很多）。

二、性质

这二大类四种色素都不溶于水，而溶于有机溶剂，如乙醇、丙酮等。通常用 80% 的丙酮或丙酮：乙醇：水为 4.5：4.5：1 的混合液来提取叶绿素。

按化学性质来说，叶绿素是叶绿酸的酯，在碱的作用下，可使其酯键发生皂化作用，生成叶绿酸的盐，能溶于水，但由于它保留有 Mg 核的结构，仍保持原来的绿色。而类胡萝卜素中，胡萝卜素是不饱和的碳氢化合物，β-胡萝卜素水解可生成 2 分子维生素 A。叶黄素是由胡萝卜素衍生的二元醇，不能与碱发生皂化反应。根据这一点，可以将叶绿素和类胡萝卜素分开。此外，叶绿素还可以在酸的作用下，其中的 Mg 被 H 所代替形成褐色的去 Mg 叶绿素：去 Mg 叶绿素能与其他金属盐中的铜、锌、铁盐等代 H，又重新呈现绿色，比原来的绿色更稳定。根据这一原理可用乙酸铜处理来保存绿色标本。

三、功能

叶绿素和类胡萝卜素都包埋在类囊体膜中，与蛋白质结合在一起，组成色素蛋白复合体，根据功能来区分，叶绿体色素可分为二类。

（一）作用中心色素

叶绿素分子含有一个卟啉环的“头部”和一个叶绿醇的“尾部”，呈蝌蚪形，大卟啉环由四个小吡咯环以四个含有双键的甲烯基（—CH ═）连接而成。镁原子居于卟啉环的中央，偏向于带正电荷，与其相联的氮原子则偏向于带负电荷，因而其“头部”具有极性，是亲水的，可以与膜上的蛋白质结合；而其“尾部”是叶绿酸的双羧基被甲醇和叶醇所酯化后形成的脂肪链，具疏水亲脂性，可以与膜上的双卵磷脂层结合，因此，这决定了叶绿素分子在类囊体膜上是有规则的定向排列。极少数具特殊状态的叶绿素 a 分子，其卟啉环上的共轭双键易被光激发而使电子与电荷分离，引起光能转化为电能的重要反应，因此这些叶绿素 a 分子是光合作用的重要色素，称“作用中心色素”。

（二）天线色素（聚光色素）

没有光化学活性，只有收集光能的作用，包括大部分叶绿素 a 和全部叶绿素 b、胡萝卜素、叶黄素。这些色素排列在一起，像漏斗一样，把光传递集中到作用中心色素，引起光化学反应。类胡萝卜素还是一种保护性色素，在光过强时，可耗散过剩激发能，消除活性氧自由基，防止光合器官被氧化损伤。

四、形成条件

（一）叶绿素的形成

叶绿素在植物体内，能不断地进行新陈代谢，如菠菜的叶绿素 72h 更新 95.8%；烟草 19d 后更新 50%，其合成与分解受植物遗传控制（如吊兰叶的白边），也与环境关系密切。

高等植物的叶绿素形成可以分为两个阶段。第一个阶段：主要是由 α-酮戊二酸（或由其和氨形成的谷氨酸）经过一系列复杂的生化反应合成叶绿素的前身物质——无色的原叶绿酯；第二个阶段：原叶绿酯在光下被还原，成为绿色的叶绿素。

（二）叶绿素形成的条件

1. 光照

光是叶绿素形成的必要条件，原叶绿素必须经过光照后才能合成叶绿素。缺乏光照或其他某些条件，影响叶绿素形成，使叶子发黄的现象，称黄化现象。由于黄化部位机械组织不发达，肉质细嫩，生产上常用于遮光培育韭黄、蒜黄、葱白等；而光太强对叶绿素也不利，会使叶绿素氧化、褪色、去镁，并形成对膜有害的自由基。

有些植物或植物部分无光照条件也能形成叶绿素，如松、柏、莲子胚芽等，推测这些植物中含有代替可见光促进叶绿素合成的物质。

2. 温度

温度主要通过影响叶绿素合成酶的活性而影响叶绿素的合成。一般叶绿素形成的最低温度为2℃，适宜温度26~30℃，最高40℃。早春植物幼芽、叶呈黄绿色，是低温影响了叶绿素形成的缘故。

3. 矿质营养

矿质元素对叶绿素形成也有很大影响。N和Mg是叶绿素的组成成分，Fe、Mn、Cu、Zn等在叶绿素合成过程中也是必不可缺少的元素，缺少这些元素会引起缺绿症。特别是氮素，植株体内氮水平高低可影响叶绿色的深浅，生产上以此来判断氮肥的丰缺。

4. 水分和氧气

植物缺乏水和 O_2，不仅抑制叶绿素的形成，还会促进原有叶绿素的分解。所以严重高温、干旱缺水和涝害缺 O_2 时，叶子常表现黄色褪绿现象。

由于叶绿素的形成受许多条件的影响，所以叶色是反映植物的营养状况和健康状况的一个很灵敏的指标，成为肥水管理和调控作物生长发育的依据之一。

五、叶绿素

叶绿素是高等植物和其他所有能进行光合作用的生物体含有的一类绿色色素。叶绿素a和叶绿素b均可溶于乙醇、乙醚和丙酮等溶剂，但不溶于水。因此，可以用极性溶剂如丙酮、甲醇、乙醇、乙酸乙酯等提取叶绿素。

叶绿素是植物进行光合作用的主要色素，是一类含脂的色素家族，位于类囊体膜。叶绿素吸收大部分的红光和紫光但反射绿光，所以叶绿素呈现绿色，它在光合作用的光吸收中起核心作用。叶绿素有造血、提供维生素、解毒、抗病等多种用途。

（一）叶绿素分类

叶绿素为镁卟啉化合物，包括叶绿素a、叶绿素b、叶绿素c、叶绿素d、叶绿素f以及原叶绿素和细菌叶绿素等（表1-1）。

表1-1　叶绿素分布及分类

叶绿素名称	存在场所	最大吸收光带
叶绿素a	所有绿色植物中	红光和蓝紫光
叶绿素b	高等植物、绿藻、眼虫藻、管藻	红光和蓝紫光
叶绿素c	硅藻、甲藻、褐藻、鹿角藻、隐藻	红光和蓝紫光
叶绿素d	红藻、蓝藻	红光和蓝紫光
叶绿素f	细菌	非可见光（红外波段）
原叶绿素	黄化植物（幼苗期）	近于红光和蓝紫光
细菌叶绿素	紫色细菌	红光和蓝紫光

（二）性质及结构

1. 结构

19 世纪初，俄国化学家、色层分析法创始人 M. C. 茨韦特用吸附色层分析法证明高等植物叶子中的叶绿素有两种成分。德国 H. 菲舍尔等经过多年的努力，弄清了叶绿素的复杂的化学结构。1960 年美国 R. B. 伍德沃德领导的实验室合成了叶绿素 a。至此，叶绿素的分子结构得到定论。

叶绿素分子是由两部分组成的（图 1-3）：核心部分是一个卟啉环（Porphyrin ring），其功能是光吸收；另一部分是一个很长的脂肪烃侧链，称为叶绿醇（Phytol），叶绿素用这种侧链插入到类囊体膜。与含铁的血红素基团不同的是，叶绿素卟啉环中含有一个镁原子。叶绿素分子通过卟啉环中单键和双键的改变来吸收可见光。各种叶绿素之间的结构差别很小。如叶绿素 a 和叶绿素 b 仅在吡咯环Ⅱ上的附加基团上有差异：前者是甲基，后者是甲醛基。细菌叶绿素和叶绿素 a 不同处也只在于卟啉环Ⅰ上的乙烯基换成酮基和环Ⅱ上的一对双键被氢化。

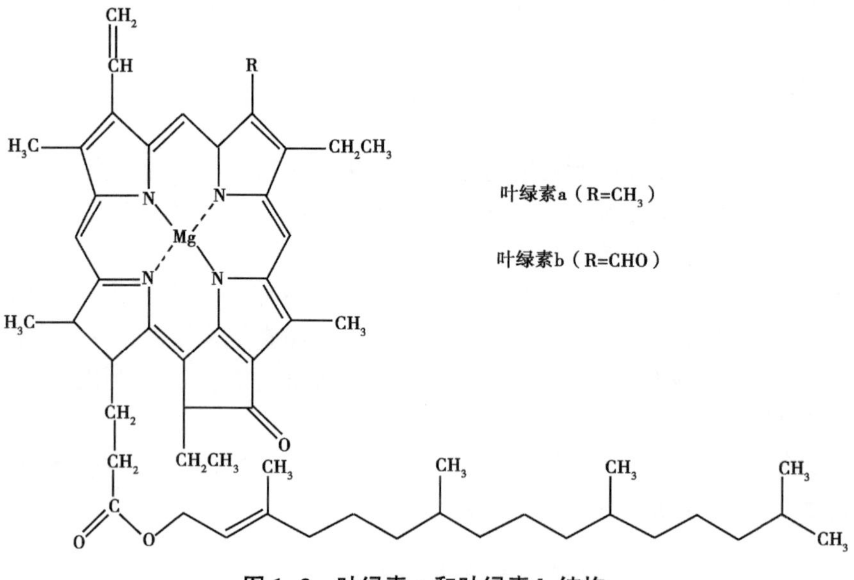

叶绿素a（R=CH_3）

叶绿素b（R=CHO）

图 1-3　叶绿素 a 和叶绿素 b 结构

2. 性质

高等植物叶绿体中的叶绿素主要有叶绿素 a 和叶绿素 b 两种。它们不溶于水，而溶于有机溶剂，如乙醇、丙酮、乙醚、氯仿等。叶绿素 a 分子式：$C_{55}H_{72}O_5N_4Mg$；叶绿素 b 分子式：$C_{55}H_{70}O_6N_4Mg$。在颜色上，叶绿素 a 呈蓝绿色，而叶绿素 b 呈黄绿色。按化学性质来说，叶绿素是叶绿酸的酯，能发生皂化反应。叶绿酸是双羧酸，其中一个羧基被甲醇所酯化，另一个被叶醇所酯化。

叶绿素分子含有一个卟啉环的“头部”和一个叶绿醇的“尾巴”。镁原子居于卟啉环的中央，偏向于带正电荷，与其相联的氮原子则偏向于带负电荷，因而卟啉具有极性，是亲水的，可以与蛋白质结合。叶醇是由四个异戊二烯单位组成的双萜，是一个亲脂的脂肪链，它决定了叶绿素的脂溶性。叶绿素不参与氢的传递或氢的氧化还原，而仅以电子传递（即电子得失引起的氧化还原）及共轭传递（直接能量传递）的方式参与能量的传递。

卟啉环中的镁原子可被氢离子、铜离子、锌离子所置换。用酸处理叶片，氢离子易进入叶绿体，置换镁原子形成去镁叶绿素，使叶片呈褐色。去镁叶绿素易再与铜离子结合，形成铜代叶绿素，颜色比原来更稳定。人们常根据这一原理用乙酸铜处理来保存绿色植物标本。叶绿醇是亲脂的脂肪族链，由于它的存在而决定了叶绿素分子的脂溶性，使之溶于丙酮、乙醇、乙醚等有机溶剂中。由于在结构上的差别，叶绿素 a 呈蓝绿色，叶绿素 b 呈黄绿色。在光下易被氧化而褪色。叶绿素是双羧酸的酯，与碱发生皂化反应。

叶绿素不很稳定，光、酸、碱、氧、氧化剂等都会使其分解。酸性条件下，叶绿素分子很容易失去卟啉环中的镁成为去镁叶绿素。叶绿素溶液能进行部分类似光合作用的反应，在光下使某些化合物氧化或还原。人工制备的叶绿素膜在光下能产生光电位和光电流，也能催化某些氧化还原反应。

3. 光合作用

光合作用是指绿色植物通过叶绿体，把光能用二氧化碳和水转化成化学能，贮存在有机物中，并且释放出氧的过程。光合作用的第一步是光能被叶绿素吸收并将叶绿素离子化。产生的化学能被暂时贮存在三磷酸腺苷（ATP）中，并最终将二氧化碳和水转化为碳水化合物和氧气。

1864 年，德国科学家萨克斯做了这样一个试验：把绿色叶片放在暗处几小时，目的是让叶片中的营养物质消耗掉。然后把这个叶片一半曝光，另一半遮光。过一段时间后，用碘蒸气处理叶片，发现遮光的那一半叶片没有发生颜色变化，曝光的那一半叶片则呈深蓝色。这一试验成功地证明了绿色叶片在光合作用中产生了淀粉。

1880 年，德国科学家恩吉尔曼用水绵进行了光合作用的试验：把载有水绵和好氧细菌的临时装片放在没有空气并且是黑暗的环境里，然后用极细的光束照射水绵。通过显微镜观察发现，好氧细菌只集中在叶绿体被光束照射到的部位附近；如果上述临时装片完全暴露在光下，好氧细菌则集中在叶绿体所有受光部位的周围。恩吉尔曼的试验证明：氧是由叶绿体释放出来的，叶绿体是绿色植物进行光合作用的场所。

将一片脱去淀粉的紫罗兰叶片放在阳光下数小时之后用碘试剂检测，可以发现只有叶片上绿色的区域变色而白色区域没有，也就是说只有绿色区域有淀粉存在。这显示了光合作用在缺乏叶绿素的情况下无法进行，叶绿素存在是光合作用的必要条件。

4. 荧光磷光现象

叶绿素的可见光波段的吸收光谱，在蓝光和红光处各有一显著的吸收峰。吸收峰的位置和消光值的大小随叶绿素种类不同而有所不同。叶绿素 a 最大的吸收光的波长为 420~663nm，叶绿素 b 的最大吸收波长范围为 460~645nm。当叶绿素分子位于叶绿体膜上时，由于叶绿素与膜蛋白的相互作用，会使光吸收的特性稍有改变。

叶绿素的乙醇溶液在透射光下为翠绿色，而在反射光下为棕红色。

这个红光就是叶绿素受光激发后发射的荧光（图 1-4）。这个现象就是荧光现象。其

图 1-4 叶绿素的荧光现象

主要原理是由于叶绿素有两个不同的吸收峰。叶绿素吸收光的能力极强，如果把叶绿素的丙酮提取液放在光源与分光镜之间，可以看到光谱中有些波长的光被吸收了。因此，在光谱上就出现了黑线或暗带，这种光谱叫吸收光谱。叶绿素吸收光谱的最强区域有两个：一个是在波长为 640~660nm 的红光部分，另一个在波长为 430~450nm 的蓝紫光部分。对其他光吸收较少，其中对绿光吸收最少，由于叶绿素吸收绿光最少，所以叶绿素的溶液呈绿色。叶绿素溶液的荧光可达吸收光的 10%左右。而鲜叶的荧光程度较低，只占其吸收光的 0. 1%~1%。

荧光效应在植物生理学中有广泛的应用。用这个效应可以研究植物的抗逆生理。因为在逆境下，植物的叶绿素会发生变换，研究其荧光，可以作为植物受逆境胁迫程度的指标。另外，还有一个磷光效应。就是当荧光出现后，立即中断光源，用灵敏的光学仪器还可在短时间内看到微弱红光，这就是磷光。

5. 稳定性影响因子

（1）光。在活体植物中，叶绿素得到了很好的保护，既可以发挥光合作用，又不会发生降解。但离体叶绿素对光照很敏感，光和氧气作用可导致叶绿素不可逆的分解。在自然条件或以胶态分子团存在的水溶液中，叶绿素在有氧的条件下，可进行光氧化而产生自由基，因此一些研究人员认为叶绿素的光氧化降解必须有氧分子参与，而且其降解速率随氧分子浓度的升高而加快。单线态氧和羟基自由基是叶绿素光化学反应的活性中间体，可与叶绿素吡咯链作用而进一步产生过氧自由基和其他自由基，最终可导致卟啉环和吡咯链的分解既而造成颜色的褪去。当然影响光氧化的因素有很多，比如体系中的水分、温度、光照时间、光照度、光的波长范围等，在这些影响因素中主要有光照时间、光照度、光的波长范围、氧的浓度。目前在此方面的研究主要集中在自然光（复合光）对色素的影响，而且大多数研究不是很深入。对于单色光（不同波段的光）对叶绿素稳定性的影响研究方面的报道却较少。

（2）叶绿素酶。已有研究表明，叶绿素酶是一种糖蛋白。叶绿素酶催化叶绿素结构中的植醇键而水解生成脱植叶绿素，是叶绿素降解中的关键酶。叶绿素酶是以叶绿素作为底物的，它是一种酯酶。脱镁叶绿素也是叶绿素酶的底物，酶促反应的产物是脱镁脱植叶绿素。叶绿素酶的适宜反应温度为60~80℃，实验证明，叶绿素酶在80℃以上时活性下降，100%时已完全失活。

（3）温度。一些研究表明，叶绿素提取液在不同受热温度下，其降解速率曲线有明显的拐点，叶绿素在80℃以下，降解速度较慢，90℃以上降解速度急剧加快。总体而言，随着温度的升高，叶绿素降解的速率是逐渐加快的，只是较低的温度下降解速率不明显。

（4）pH值。体系的pH值是影响叶绿素稳定性的一个重要因子。叶绿素在中性和弱酸弱碱性条件下较稳定，相关研究表明，pH值在6~11时叶绿素的保存率高达90%。但当体系的pH值下降到4时，叶绿素脱镁反应的速度比较明显，且随着酸性的增强，破坏性越大。

（5）氧气。大多数文献报道，叶绿素降解速率与氧气浓度呈正相关，也就是说随着氧气浓度的增大，整个提取液的体系褪绿现象越严重，即叶绿素的保存率越低。

（6）金属离子。在酸性条件下，叶绿素分子卟啉环中的镁离子可被氢离子取代，生成黄褐色的脱镁叶绿素，脱镁叶绿素分子中的氢离子又可被其他金属离子如铜、锌、钙离子取代，而生成相应的叶绿素金属离子络合物而恢复为绿色。实验表明，这种络合物对酸、光、氧、热等稳定性大大提高了，这些离子均能使叶绿素保存率提高，使叶绿素能够较长时间保存，而且铜离子的效果优于锌离子。尽管叶绿素铜络合物的色泽及其稳定性比锌络合物的好，但铜离子属于重金属离子，毒害性较大，所以应该对其含量进行严格控制；而锌是人体必需的微量元素，因此，在绿色果蔬加工过程中，采用锌离子取代叶绿素分子中的镁离子，形成较稳定的叶绿素锌络合物，目前已经得到了产业化应用。

六、类胡萝卜素

类胡萝卜素（Carotenoids）是一类重要的天然色素的总称，普遍存在于动物、高等植物、真菌、藻类中的黄色、橙红色或红色的色素之中。1831年由化学家Wachenrooder从胡萝卜根中分离得出，故以“胡萝卜素”命名，此后随着生化科技的发展，又分离出一系列的天然色素，命名为“类胡萝卜素”。迄今，已知结构的类胡萝卜素近600种，柑橘中有115余种。其中含量最大的四种是岩藻黄素（Fucoxanthin）、叶黄素（黄体素，lutein）、堇菜黄素（Violaxanthin）和新黄质（Neoxanthin）。在人体中存在的主要有α-胡萝卜素、β-胡萝卜素、叶黄素、玉米黄质、番茄红素以及β-隐黄素等。

辅助色素（Accessory pigment）：在植物和光合细菌，像类胡萝卜素、叶黄素和藻胆素中，吸收可见光的色素，这类色素是对叶绿素捕获光能的补充。类胡萝卜素主要吸收蓝紫光。

非皂化脂质。是广泛地分布于动植物中的黄、橙、红或紫色的一组色素。构成发色原因的共轭二重键具有长链聚烯烃结构。通常是几种混在一起生成。具有C_{40}的萜结构的较多，不含氮。已知天然类胡萝卜素约有 600 种，其中不含氧的碳化氢类有胡萝卜素、菌脂素等；含氧的非常多，有醇、酮、醚、醛、环氧化物、羰酸和酯等。它们之中大量存在的有岩藻黄质（Fucoxanthin）、叶黄素（Xanthophyll）、堇菜黄质（Violaxanthin）、新黄质（Neoxanthin）等，均属于胡萝卜醇。类胡萝卜素多数不溶于水，溶于脂溶剂，不稳定，易氧化。

（一）分布

在自然界中，类胡萝卜素广泛分布且被大量合成于高等植物的光合、非光合组织（包括叶、花、果及根）以及微生物（包括藻类和某些光合和非光合细菌）中。许多动物（尤其是水生动物）的体内也含有丰富的类胡萝卜素，如鸟纲动物的毛、皮及蛋黄中经常有大量的类胡萝卜素存在。但到目前为止，没有证据证明动物自身可生物合成类胡萝卜素。所有动物体内的类胡萝卜素均是通过食物链，最终来源于植物和微生物。

严格来说，天然类胡萝卜素可被考虑为活细胞中生物合成的产物或动物体内代谢过程的产物。

对生物体中类胡萝卜素生物合成的大量研究，包括对高等植物光合和非光合组织（如 *Zea mays*、*Lycopersicon esculentum*、*Narcissus pseudonarcissus* 和 *Capsicum annuum*）、真菌（如 *Neurospora* 和 *Phycomyces*）、藻类（如 *Dunaliella*）及细菌（如 *Rhodobacter*）的研究，在许多著作和刊物中都有大量的报道、评论和综述。

（二）分类及特性

根据其分子的组成，类胡萝卜素可分为含氧类胡萝卜素及不含氧类胡萝卜素两类。含氧类胡萝卜素被称为叶黄素（Xanthophyll），如类胡萝卜素酯和类胡萝卜素酸等；不含氧类胡萝卜素被称为胡萝卜素（Carotene）或类胡萝卜素碳氢化合物。

（三）应用

类胡萝卜素是高度不饱和化合物（多烯），含有一系列共轭双键和甲基支链。色素的颜色随着共轭双键的数目而变动。共轭双键的数目越多，颜色移向红色越远。

有些类胡萝卜素在工业上作为食物和脂肪的着色剂，如 β-胡萝卜素、番茄红素、玉米黄质、叶黄素、辣椒红、藏花素、藏花酸、胭脂树橙、红酵母红素等。

维生素 A 是无色的脂溶性类异戊二烯醇。在动物体内，β-胡萝卜素加两分子的水，断裂成为两分子的视黄醇（即维生素 A，存在于动物肝脏、血液和眼球的视网膜中；维生素 A 也发现于淡水鱼中）。在暗中全反式视黄醛转变成为 11 顺视黄醛才能与视蛋白结合形成视紫红质，后者与暗视觉有关，故缺维生素 A 导致夜盲症。

类胡萝卜素含有许多双键，是较好的单线态氧淬灭剂。其作用机制是激发态的单线态氧将能量转移到类胡萝卜素上，使类胡萝卜素由基态（类胡萝卜素）变为激发态（类胡萝卜素），而后者可直接回复到基态。

O_2+类胡萝卜素→O_2+类胡萝卜素＊

类胡萝卜素＊→类胡萝卜素

此外，单线态氧淬灭剂还可能使光敏化剂回复到基态。

类胡萝卜素+Sen＊→类胡萝卜素+Sen

第三节　烟草色素

烟草色素的种类、含量和性质不仅直接影响烟叶的外观质量，而且还直接和间接地影响烟叶的内在品质。各类烟草色素的含量与烟草生长发育过程代谢积累特性和调制方法密切相关。不同类型的烟草具有不同的色调，即使相同类型的烟草，烟叶色调也存在差异。调制后烤烟烟叶颜色多为橘黄或柠檬黄；白肋烟和香料烟烟叶颜色由黄褐色、浅褐色到深褐色；而雪茄烟烟叶多为深褐色，有的甚至近黑色。

烟草色素的总量和组成随烟草类型、品种、生长阶段、加工处理方法的不同而不同，生长过程中烟叶的色素主要有叶绿素 a、叶绿素 b、叶黄素、新黄质、紫黄质和 β-胡萝卜素。成熟烟叶中黄色色素，即胡萝卜素和叶黄素，烟叶在成熟特别是在调制和发酵过程中产生黑色色素。因此，根据烟草不同色素的颜色性质和对烟草品质的影响，一般可分为绿色素、黄色素、黑色素三大类。

一、叶绿素

已知的叶绿素类物质主要有叶绿素 a、叶绿素 b、叶绿素 c 和叶绿素 d。高等植物中含有叶绿素 a 和叶绿素 b，叶绿素在植物细胞中的存在部位是叶绿体。叶绿素在质体色素中含量最高，烟叶叶绿素的形成取决于光诱导、植株养分供应和叶片着生部位，甘氨酸和琥珀酸盐可能是叶绿素前体物质。新鲜烟叶中叶绿素的含量为 0.5%~4%，其中叶绿素 a 约占 70%，叶绿素 b 约占 30%。烟叶中的叶绿素含量随烟叶成熟而逐渐减少。调制期间，在酶的作用下绝大部分叶绿素被分解。成熟烟叶内叶绿素在调制时的分解速度比未成熟烟叶快。叶绿素的分解与调制时烟叶的失水速度有很大关系，如失水过快，则叶绿素停止分解，烟叶就会烤成青色。叶绿素在烟草成熟和烟叶调制过程中大量降解消失，它在干烟叶中是一种不利的化学成分，叶绿素在调制完成后的烟叶中的含量越多，烟叶青杂气越重，严重影响烟叶的内在品质和外观质量，是烟叶分级中被严格控制的指标之一。

二、类胡萝卜素

烟草黄色素主要是类胡萝卜素，类胡萝卜素是以异戊二烯残基为单元组成的一类色素，都带有共轭双键长链，属萜类化合物。类胡萝卜素可分为两类：胡萝卜素类和叶黄素类。大多数的胡萝卜素类可以看作番茄红素的衍生物，主要包括 α-胡萝卜素、β-胡萝卜素、γ-胡萝卜素等；叶黄素类是类胡萝卜素的含氧衍生物，多呈现浅黄色、黄色、橙色等，主要有叶黄素、玉米黄质、隐黄素、新黄素和紫黄素等。

类胡萝卜素在新鲜烟叶中的含量为叶绿素的 20%~33%，其中叶黄素类约占 65%，胡萝卜素约占 35%。由于正常情况下烟叶中叶绿素含量高于类胡萝卜素含量，因此后者的黄色被前者的绿色所掩盖，只对绿色的鲜明程度有一定影响，烟叶呈现绿色。烤烟烟叶的胡萝卜素，主要由β-胡萝卜素和新β-胡萝卜素所组成，两者的比例约为68：32。叶黄素中有黄体素、新黄质、紫黄质等成分，其比例约为60：22：18。此外，烟叶中尚有少量的隐黄质、玉米黄质等。

调制过程中，胡萝卜素和叶黄素虽也被氧化降解，但其速度较慢，因此在调制中期就显出黄色。调制结束时，这些色素也因分解而大量减少。对调制过程中色素变化的研究表明，在调制初期，叶绿素剧烈减少，类胡萝卜素也减少，但变化是逐渐进行的，且缓慢。芸香苷和绿原酸在变黄期基本保持不变，但在以后的几个阶段中减少。

白肋烟在晾制时色素含量的减少从视觉的观察就很明显。Burton等人通控制温度和干燥速度研究白肋烟的调制。他们报告指出，叶绿素a的含量在最初的3d内没有明显的减少，但在以后的8~10d内非常迅速地下降到一个很低水平，而叶绿素b在10d内线性下降到检测不出的水平。新黄质和紫黄质浓度在头两天内有明显的增加，但在第3~11d内又全部损失掉。这些色素在表观上的浓度增加可能是由于呼吸作用引起的干物质减少而造成的，叶黄素和β-胡萝卜素的浓度变化相似，在调制的10~20d内逐渐下降。

类胡萝卜素在成熟和调制过程期间的变化总趋势是逐渐减少，且在调制过程中降解加速，但不同色素、不同调制方法、采用不同的试验条件，结果有所不同。Weybrew发现成熟期间叶黄素、新黄质、紫黄质含量下降，但随着叶片的扩展和充实，胡萝卜素含量有所增加。

Whitefield等观察到所有色素均随成熟过程的推进而下降，但各色素下降的速度依不同部位的叶片而不同。Gopalal分析了印度烤烟成熟期间色素含量的变化，发现胡萝卜素含量逐渐下降，其他色素只在烟叶过熟以后才下降。Court研究结果表明，在生长发育过程中各种色素含量均表现为逐渐降低，偶尔的色素含量升高与降雨或灌溉相关联，因此，土壤水分状况对色素含量有显著影响。

在调制期间类胡萝卜素含量显著降低。Forrest等（1979）应用共振拉曼光谱术（Resonance raman spectroscopy）定量分析了鲜叶和烘烤后烟叶中类胡萝卜素含量的变化，表明在调制期间胡萝卜素含量大量降解。Court等研究表明，类胡萝卜素含量在成熟衰老过程中降解的基础上，在调制期间降解加速，其降解程度与各色素的氧取代程度呈正比，高度氧化的新黄质和紫黄质在调制期间几乎全部分解，而叶黄素和β-胡萝卜素分别降解85%和75%，高于Forrest等人的结果。

三、烟草黑色素

根据烟草黑色素的化学性质和对烟叶品质的影响，将其分为两大类：第一类是多酚类转化物，包括芸香苷、绿原酸等无色多酚的氧化物和带有某种颜色的花青素、黄酮素、儿茶素等，它们在多酚氧化酶的作用下常聚合为深棕色的物质；第二大类是糖和氨氮化合物通过分子重排形成的类黑素，也称美拉德反应产物。由于第一类色素的转化是在酶促作用下形成的，称酶促褐变色素；第二类被相应称作非酶棕色化色素。多数烟草黑色素显色为深棕色，往往随色素含量的增加而加深接近黑色，所以统称为黑色素。

鲜烟叶中不存在或很少存在黑色素，但是存在这类色素的前体物，一经成熟、调制或陈化，这类色素前体物便一定程度地转变为黑色素，使烟叶的颜色加深。

（1）多酚类色素。烟草中发现的多酚种类非常多，主要有丹宁类、香豆素类、黄酮类、花色素苷类和带羟基的环己烷类，其中芸香苷、绿原酸和莨菪宁 3 种多酚是烟草中最丰富的多酚物，每克风干烤烟一般积累 70mg 的多酚，晾晒烟一般每克风干样含0~5mg 多酚。一般烤烟含 3%以上的绿原酸、1%左右的芸香苷和一定量的莨菪亭。上述 3 种烤烟含量最多的多酚，在生长状态下为无色成分，在调制后期和陈化过程中被多酚氧化酶作用，形成深棕色醌类聚合物。另一类多酚虽然在烟草中的含量不高，对烟叶品质的影响也不十分重要，但色彩鲜艳，经常出现在花朵和茎叶中，它们主要包括花青素、黄酮素和儿茶素等，它们被多酚氧化后常生成深棕色素，是烟草深棕色素的前体物质，也统属烟草黑色素。

（2）烟草类黑素。烟草类黑素是烟叶调制后，烟叶富含的还原糖和氨基酸在一定条件下进行一系列复杂的反应而形成的一类深棕色聚合物，简称类黑素。由于类黑素的整个形成过程没有酶的参与，所以将这种反应称为非酶棕色化反应。这种反应的发现者是法国著名科学家美拉德（L. C. Maillard），早在 1912 年他为了证明蛋白质的合成过程，率先对此反应作深入研究，因此，这种反应也用他的名字命名为美拉德反应，所形成的产物也称为美拉德产物。烟草类黑素是烟叶调制、复烤、陈化和其他烟草加工过程中形成的，系列加工过程中的高温处理有利于加速美拉德反应，形成更多类黑素。美拉德产物是系列香味化合物，对烟草的香吃味有重要影响，已成为烟草香精香料的重要种类。美拉德反应机制目前尚不清楚，但通过近 100 年的深入研究，阿马杜里、海因等人的化学原理推导已做了大量解释。

四、烟草色素对烟叶品质的影响

（一）叶绿素的影响

叶绿素在烟草成熟和烟叶调制过程中大量降解消失，它在干烟叶中是一种不利的化学成分，往往带有青杂气，是烟叶分级中被严格控制的指标之一。如果叶绿素在调制处理过程中没有充分降解就把烟叶烤干，就会烤出不同程度的“青黄烟”。“青黄烟”不仅外观品质不良，而且叶绿素在调制完成后的烟叶中的含量越多，烟气青杂气越重，严重影响烟叶的品质，原烟一般都有微量残存叶绿素，含量为 0.01%~0.1%，全部属叶绿素 a，在发酵和陈化过程中被逐步降解，它也是发酵过程重点降解的成分之一。叶绿素，一方面由卟啉环降解产生吡咯类化合物，对增加烟叶陈化香、降低青杂气具有良好作用；另一方面叶绿素水解产生的植醇可初步降解成新植二烯，并进一步降解成植物呋喃，转化成烟叶的清甜成分。Amin 和 Burton 的研究证明，叶绿素是重要的香气前体物，充分降解后对烟质有利。

（二）类胡萝卜素的影响

烟草黄色素主要是类胡萝卜素，烟叶中类胡萝卜素含量与烟叶品质存在正相关关系。一方面是烟叶外观品质与该类成分含量直接相关；另一方面类胡萝卜素是烟草香气成分的重要前体物质，与烟草的香气量和香气品质是正相关关系。

由于类胡萝卜素被光线照射而分解褪色，因此烟叶如果长期贮存，会由于类胡萝卜素的氧化分解而使颜色变淡发白，对外观质量和内在质量部产生不良影响，特别是质量差的烟叶更为显著。烟叶贮存一般都要避光。

在烟草中类胡萝卜素是最重要的萜烯类化合物之一，烟叶中的香味成分很大一部分是类胡萝卜素的降解产物，其中不少化合物是烟草中关键的致香成分，如紫罗兰酮、大马酮和异佛尔酮等。

（三）烟草黑色素的影响

烟草类黑素的颜色与名称一致，均为深棕色或黑色，显色与多酚氧化物基本一致。在加工过程中烟叶颜色不同程度地加深，一方面是多酚氧化物增加引起，另一方面是类黑素增加所导致。用严格的概念来看，两大类黑色素都对烟叶外观质量产生不良影响，但烟叶内在质量比外观质量重要得多，尤其在欧美烟草制品上更加重视内在质量。烟草类黑素具有明显的陈化烟草香气和甜香特征，可明显改进吃味和余味，对烟草吸食品质有良好的影响。在烟叶调制过程中，多酚物过度氧化，形成大量多酚氧化物对烟叶内外在品质有明显的不良影响，因此，正确判断烟草黑色素的类型对认识烟叶品质具有非常重要的意义。同属烟草黑色素的多酚氧化物类和类黑素，可根据两者在烟叶中形成的先后顺序有别来区分，不良的栽培和调制往往引起多酚氧化物在调制后期迅速形成，以后的工艺环节则缓慢产生，类黑素的形成始于复烤，除复烤和以后每一个加温工艺环节有加速作用外，Maillard 作用一直缓慢进行，整个过程后于多酚氧化。所以，在原烟收购环节判定烟叶黑色素的类型相对有利。另外，多酚氧化是酶促棕色化过程，而类黑素形成属非酶棕色化过程。

第二章　烟草质体色素研究进展

第一节　质体色素代谢的基础

质体色素又称叶绿体色素，主要分三大类：一类是叶绿素，包括叶绿素 a 和叶绿素 b；另一类是类胡萝卜素，主要有胡萝卜素和叶黄素；第三类是藻胆素。前两类色素存在于高等植物的叶绿体中，藻胆素只存在于藻类植物中。植物的色素按照其在细胞内的存在位置分为两类：质体色素和细胞液色素，前者存在于细胞内质体中，包括叶绿体和类胡萝卜素；后者溶解在细胞液中，包括黄色素和花色素。烟叶质体色素主要包括叶绿素和类胡萝卜素（胡萝卜素和叶黄素）。烟草中色素的总量和组成随烟草品种、类型、生长阶段、加工处理方法的不同而不同。新鲜烟叶的类胡萝卜素类色素主要有叶黄素、新黄质、紫黄质和 β-胡萝卜素。烤烟型烟叶中的胡萝卜素是由 68%的 β-胡萝卜素和 32%的新-β-胡萝卜素组成的混合物，而叶黄素的构成为 60%的叶黄质、22%的新黄质和 18%的紫黄质。

一、叶绿素结构及其生物代谢途径

叶绿素的生物合成（Biosynthesis of chlorophyll）如图 2-1 所示，绿色植物的叶绿素生物合成是从谷氨酸或 α-酮戊二酸开始，可能经过 γ，δ-二氧戊酸（γ，δ-dioxovaleric acid）或其他物质形成 δ-氨基酮戊酸（δ-aminolevulinic acid，ALA）。这是叶绿素生物合成的最初阶段。在有氧条件下，粪卟啉原Ⅲ脱羧和脱氢生成原卟啉 IX（Protoporphyrin IX），原卟啉 IX 是形成叶绿素和亚铁血红素的分水岭。如果与铁结合，就生成亚铁血红素（Ferroheme）；如果导入镁原子，则形成 Mg-原卟啉（Mg-protoporphyrin）。由此可见，有机体中两大重要色素最初是同出一源的，以后在进化过程中，动植物分道扬镳，就使这两种色素的结构和功能都不一样了。Mg-原卟啉接受来自 S-腺苷甲硫氨酸（S-adenosyl methionine）的甲基，形成第五个环即环戊酮环，生成原脱植基叶绿素 a（Protochlorophyllide a）。原脱植基叶绿素 a 与蛋白质结合，吸收光能，被还原成脱植基叶绿素 a（Chlorophyllide a）（这是叶绿素生物合成中最关键的需光过程）。最后，植醇（Phytol，亦称叶绿醇）与脱植基叶绿素 a 的第四个环的丙酸酯化，形成叶绿素 a。叶绿素 b 是由叶绿素 a 演变过来的。

2 分子 ALA 合成含吡咯环的胆色素原（Porphobilinogen）。4 个胆色素原分子聚合成尿卟啉原Ⅲ（Uroporphyrinogen Ⅲ），这个化合物具有卟啉核的 4 个吡咯结构。尿卟啉

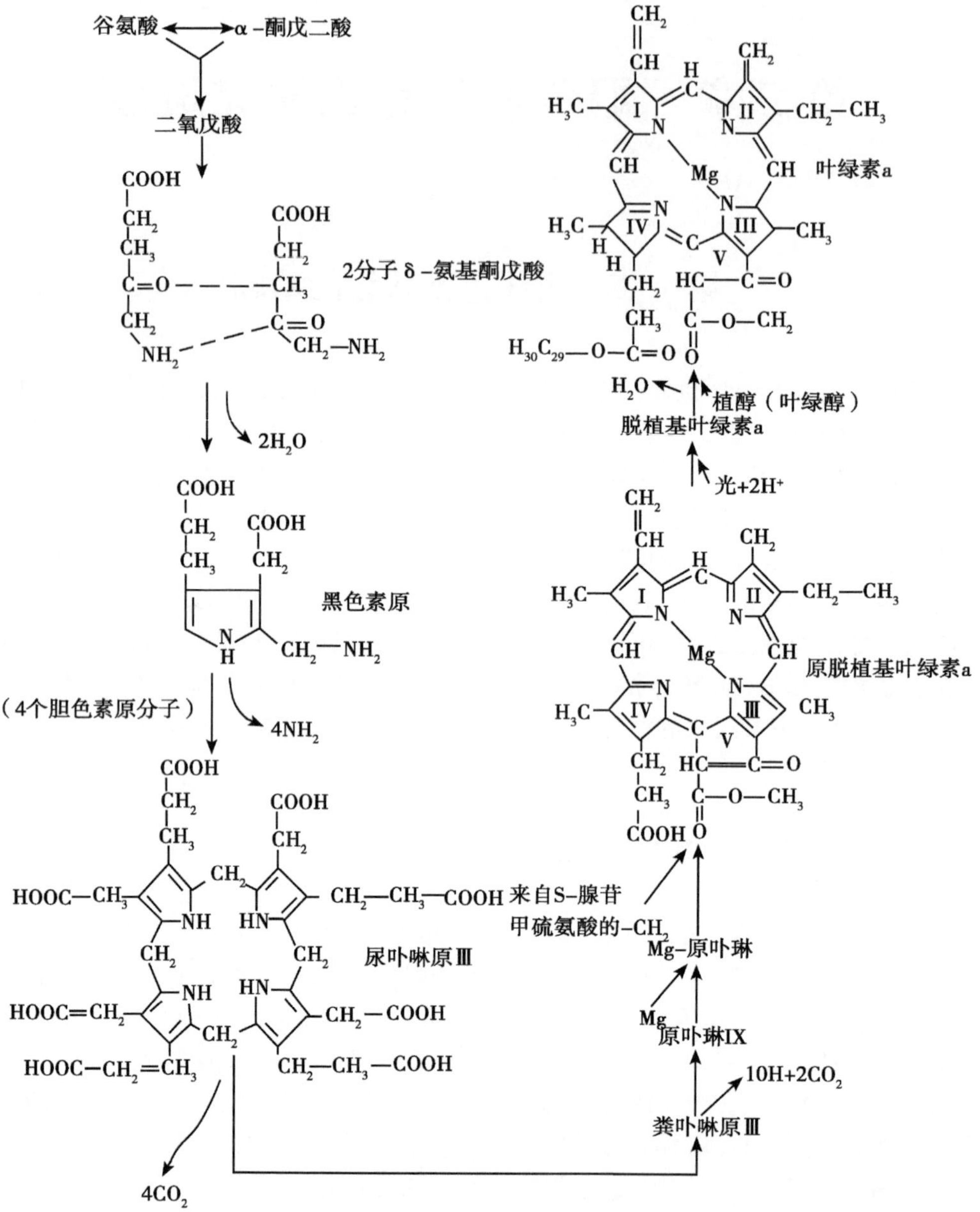

图 2-1 叶绿素 a 的生物合成途径

原Ⅲ脱羧形成粪卟啉原Ⅲ（Coproporphyrinogen Ⅲ），以上的反应是在厌氧条件下进行的。

叶绿素的结构及其降解：叶绿素分子中含有一个卟吩环的基本结构，由 4 个吡咯环的 α 碳原子通过次甲基相连而成，卟吩环呈平面形。在 4 个吡咯环中间的空隙里以共价键和配价键与镁原子结合。卟吩环是一个闭合共轭体系，这是叶绿素呈色的结构基础。在卟吩环上的 4 个吡咯环的 β 位存在不同的取代基，对叶绿素 a 来说，1、3、5、8

位上各连接一个甲基，2 位上连接一个乙烯基，4 位上连接一个乙基，7 位上连接一个与叶绿醇结合成酯的丙酸基。叶绿素 b 在 3 位上是一个醛基，不同于叶绿素 a。叶绿素分子中除了环Ⅰ、Ⅱ、Ⅲ、Ⅳ外，还存在一个环Ⅴ，环Ⅴ的一个碳原子上连接一个以羰基形式存在的氧原子，另一个碳原子连接着一个以甲酯形式存在的羧基。烟草叶绿素的形成取决于光诱导、烟株养分供应和叶片着生部位。叶绿素分解酶将叶绿素分解为甲醇、叶绿醇、叶绿素酸等（图 2-2）。

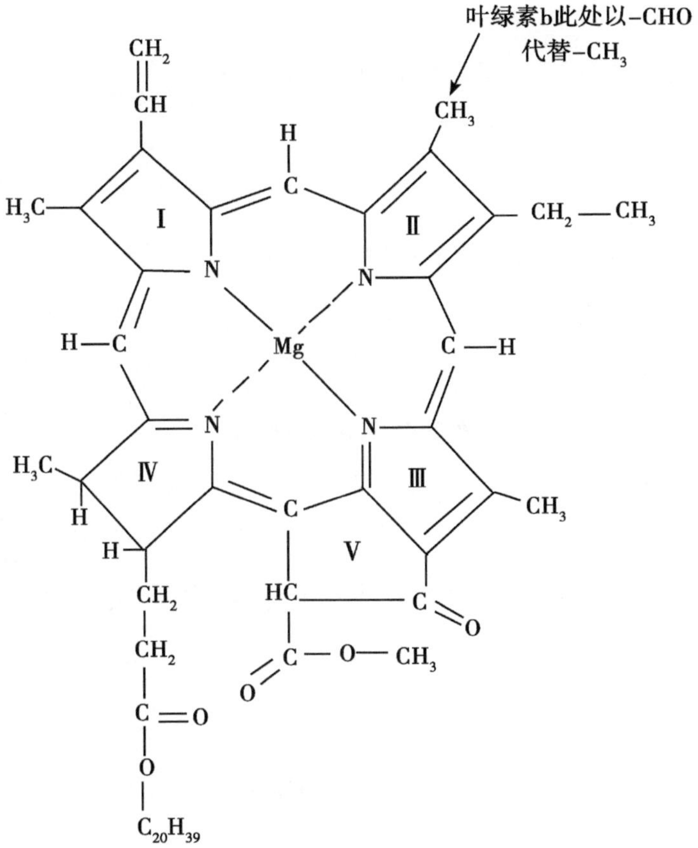

叶绿素b此处以-CHO代替-CH_3

图 2-2　叶绿素 a 和叶绿素 b 结构图

二、类胡萝卜素结构及其生物代谢途径

胡萝卜素和叶黄素分子中都含有一个较长的碳-碳双键的共轭体系，多有黄至红的颜色，因此常称它们为多烯色素。其结构图见图 2-3 至图 2-6。通过生化分析、经典遗传学和近年来分子遗传学的研究，已经基本搞清楚类胡萝卜素生物合成的主要途径。然而对于复杂类胡萝卜素的末端基团、甲基基团及多烯烃链的额外修饰过程仍不太清楚。类胡萝卜素通过类异戊二烯途径合成，该途径是一个十分庞大的次生代谢途径，除合成类胡萝卜素外还合成叶绿素、细胞分裂素、GA 及 ABA 等物质。绝大多数类胡萝卜素是

由 8 个 C5 异戊烯单位聚合而成的碳氢四萜类（胡萝卜素）及其含氧衍生物（叶黄素）。类胡萝卜素降解见致香物质生产。

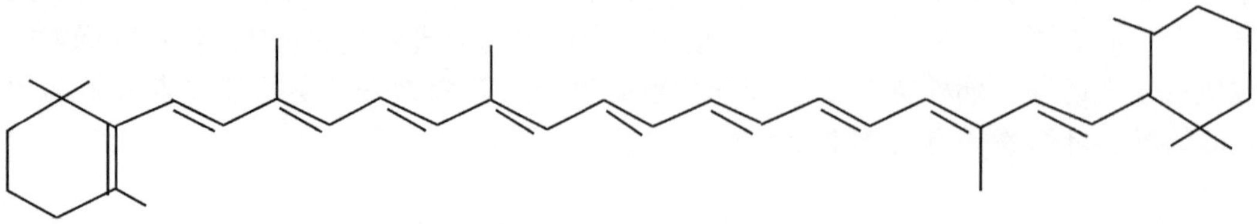

图 2-3 β-胡萝卜素结构图

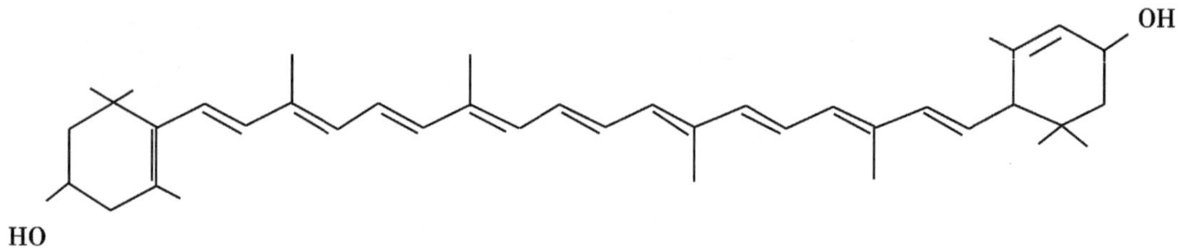

图 2-4 叶黄质结构图

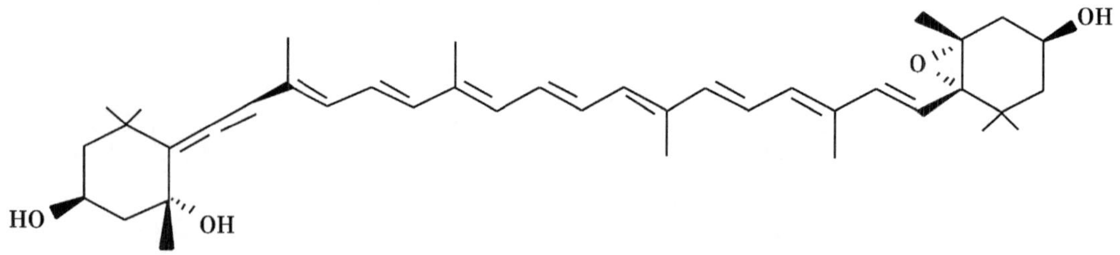

图 2-5 新黄质结构图

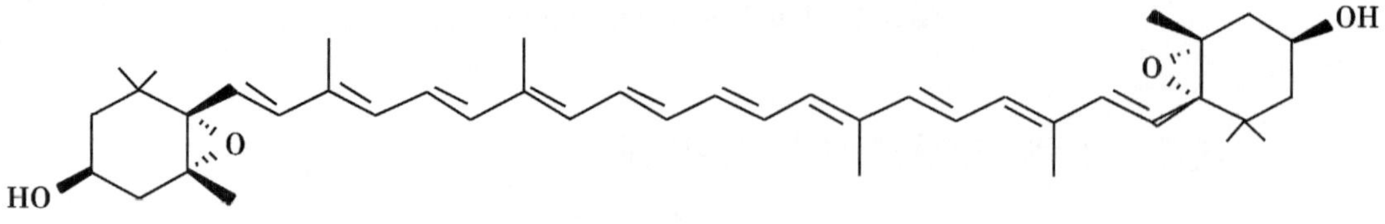

图 2-6 紫黄质结构图

三、脂氧合酶及其研究进展

脂氧合酶（Lipoxygenase，EC 1. 13. 11. 12，简称 LOX）是一种氧合酶（Dioxygenase)。相对分子质量范围为90 000~100 000。LOX 是脂类尤其是不饱和高级脂肪酸降解代谢的重要酶，它催化1，4-二烯不饱和脂肪酸和类胡萝卜素的过氧化，产生与香味有关的挥发性羰基化合物。前人对多种植物中 LOX 活性进行了大量研究，认为 LOX 对茶叶香气品质和植物中与青草气有关的挥发性醇类和醛类的形成有重要作用。Enzell 认为，在烟草植株内的 LOX 的作用下和采收后处理过程中的光氧化作用下，烟株内的40个碳原子的类胡萝卜素发生裂解，光氧化类似于不饱和化合物的生物氧化，即优先攻击多烯链的6，7-、7，8-和9，10-双键，生成9、10、11 和13 个碳原子的化合物。宫长荣、林学梧等研究了烟叶在烘烤过程中 LOX 活性变化及其对 C_{12}~C_{20}脂肪酸、叶绿素和类胡萝卜素、醚提物等降解的影响，结果表明，随着烘烤进程发展，LOX 活性逐渐升高，在 48h 出现一个活性高峰，而后逐渐降低，直到完全消失。不饱和高级脂肪酸、叶绿素、类胡萝卜素等的降解与 LOX 活性变化呈显著相关，饱和脂肪酸的降解与 LOX 有一定相关性。宫长荣、李艳梅等研究了烤烟烘烤过程中脱落酸、色素含量与脂氧合酶之间的关系，结果表明随着烘烤变黄过程的进展，烟叶脂氧合酶活性、超氧自由基含量和脱落酸含量在 0~24h 缓慢增加，24~48h 急剧增加达到高峰，然后开始下降。不同环境湿度条件下，变化规律相同，但变化速度有差异。低湿变黄变化迅速，高峰出现的时间早，峰值比较高，高湿变化速度慢，峰值也较低。LOX 活性与脱落酸含量及叶绿素、类胡萝卜素的降解速度均呈正相关。LOX 是类胡萝卜素降解的关键酶，类胡萝卜素在 LOX 作用下氧化分解的中间产物香叶醇、紫罗兰酮、紫黄质、黄质醛等是烟叶重要的致香物质，其中黄质醛是脱落酸（ABA）合成必不可少的前体物，因此 LOX、ABA 对烟叶香气质、香气量的形成具有重要影响。LOX 的氧化反应及其产物代谢过程中常伴随有氧自由基形成和积累，引发膜脂过氧化，使膜脂脱脂和引起膜渗漏，造成膜功能丧失，直接影响发育成熟过程中的烟叶成熟进程。研究烤烟烟叶在发育、成熟过程中 LOX 活性、自由基含量和 ABA 含量与色素降解之间的关系，对了解优质烤烟品质形成机理具有重要作用。

一般认为，LOX 可启动植物组织膜脂过氧化作用，其过氧化产物直接参与叶绿素降解进程。植物组织衰老过程常伴随着膜透性增加、膜脂含量下降和磷脂酶催化膜磷脂降解，导致游离脂肪酸积累等现象。其中游离不饱和脂肪酸在 LOX 作用下形成氢过氧化物，该物进一步被催化成自由基，结果自由基一方面攻击叶绿素卟啉大环双键，促进叶绿素降解，另一方面继续攻击叶绿体膜，使膜透性增加，导致位于膜上的叶绿素降解酶被释放，与位于类囊体膜上的叶绿素接触，进而加快叶绿素的降解。Jaren-Galan 等在研究体外橄榄叶绿体色素与 LOX 提取物的关系时发现，叶绿体色素与亚油酸混合在一起时，叶绿素和类胡萝卜素降解速度有所提高，当向混合物中再加入 LOX 时，则其降解速度更加急剧上升。Barimalaa 和 Gordon 也得出类似的结果。他们认为 LOX 催化不饱和脂肪酸氧化形成自由基而攻击分解色素。

关于 LOX 的报道始见于 1932 年，它来源于植物中的大豆；而动物中 LOX 的报道却是在 40 多年后的 1975 年。LOX 在自然界中广泛存在，不仅在植物、动物中存在 LOX，在藻类、面包酵母、真菌以及氰细菌中均发现有 LOX 的存在。LOX 是一种含非血红素铁的蛋白，酶蛋白由单肽链组成，它专门催化具有顺，顺-1，4 戊二烯结构的不饱和脂肪酸的加氧反应，在植物中其底物主要是亚油酸（Lino1eic acid）和亚麻酸（Li-onlenic acid），在动物体内其底物主要是花生四烯酸（Arachidonic acid）。在亚油酸和亚麻酸上的加氧位置是C9和C13，在花生四烯酸上的加氧位主要是C5、C12和C15，也可在C8、C9和C11位上加氧。动物体内LOX虽然发现较晚，但其生理功能现已基本确定，其代谢产物主要参与炎症反应重要调节分子如白三烯（Leukotriene）、Lipoxins和前列腺素（Prostaglandin）的形成。近年来，随着现代分子生物学技术的不断发展，植物LOX生理功能研究进展也很快。根据现有报道植物LOX的可能生理功能包括：①为植物激素茉莉酸（Jasmonic acid，JA）及其甲酯和愈创激素（Traumatin）提供合成的前体物质。②其代谢产物作为抗菌或抗虫性物质。③其代谢产物中含有活性氧和氧自由基，对细胞膜具有破坏作用，参与植物的衰老和抗病性过敏坏死反应。关于LOX在植物衰老过程中发生作用的观点已被广泛接受。衰老是个体或器官出现功能的衰退在物质代谢上生物分子的降解过程，包括生物膜整体性的丧失，膜完整性和功能的丧失是衰老初期的基本特征。LOX通过催化具有顺，顺-1，4戊二烯结构的不饱和脂肪酸的加氧反应而直接作用于膜脂中不饱和脂肪酸，如亚油酸、亚麻酸等，导致膜脂过氧化，植物组织膜脂过氧化作用的启动需要LOX，LOX过氧化产物（脂肪酸氢过氧化物）可导致组织的衰老。LOX启动脂质过氧化反应的时间和程度，与其酶活性相比，酶作用底物的有效性显得更为重要，LOX只在脂质过氧化启动时需要，一旦脂质过氧化反应启动后，LOX便会自我活化，而衰老过程膜磷脂的逐步降解，则是LOX底物游离脂肪酸的主要来源。脱落酸（ABA）也是一种重要的调节物质，在其合成途径中40碳的类胡萝卜素裂解为黄质醛也可能有LOX的参与。Greelman发现，大豆悬浮细胞经多种LOX抑制剂处理后，由胁迫诱导的ABA积累明显减少，他认为LOX的类似物可能介入了ABA的合成，Mclan也持有相似的观点。但Sembdner指出LOX活性抑制剂对ABA合成没有明显影响，LOX与ABA合成无关。Bell则发现，转LOX基因植株与对照内源ABA水平没有明显差异，可见LOX与ABA的关系尚有争议，有待进一步研究。乙烯是调节果实成熟和衰老的关键因子。据报道，LOX次级反应中产生的超氧自由基介入了ACC生成乙烯的过程。据报道，LOX的脂质过氧化产物参与了康乃馨花组织ACC向乙烯的转化过程，用LOX抑制剂处理微粒体，发现在抑制LOX活性的同时，脂质过氧化物和乙烯的生成减少，而反应液中添加LOX和LOX底物，均能促进乙烯的生成。在苹果果实贮藏过程中LOX活性的增加与ACC积累和乙烯产生呈正相关。番茄果实采后初期LOX活性的增加与果实成熟的启动和成熟衰老伴随的膜功能丧失有关。对脂氧合酶的研究多集中在茶叶、食品的研究上，脂氧合酶活性与烤烟叶片发育过程中色素降解的关系方面的研究，以及与活性氧、ABA、乙烯、POD、CAT、SOD等衰老因子的关系研究国内外研究较少。

四、叶绿素酶及其研究进展

叶绿素酶（EC 3.1.1.14）是人类最早鉴定的植物酶之一。自1912年Arthur stoll报道叶绿素酶后，在高等植物叶片及藻类中叶绿素酶及叶绿素酶与叶绿素降解之间关系广泛得以研究。Garcia 等以柑橘（*Citrus Limonum* L.）叶片为试材研究叶绿素降解时发现，单独叶绿素蛋白复合物不表现叶绿素酶活性，当加入 25%~32%丙酮或有去垢剂存在时，叶绿素酶活性提高，因而认为叶绿素酶是一种内源性疏水膜蛋白，主要定位于叶绿体膜上。Schellenherg 等应用蔗糖密度梯度离心分离叶绿体色素蛋白复合物进一步研究叶绿素酶在叶绿体内的定位时发现，叶绿素酶活性与光系统Ⅱ（PSⅡ）有关。Matile 等发现，虽然在类囊体膜上也有叶绿素酶，但叶绿素酶主要还是定位于叶绿体膜，在叶片衰老叶绿素降解时，需要新合成一种蛋白载体，将类囊体色素蛋白质复合物中的叶绿素转运到叶绿体膜上的降解位点。

关于叶绿素酶与叶绿素降解的关系，有研究表明，叶片衰老过程中伴随着叶绿素酶活性提高，叶绿素降解加剧。但也有研究发现，叶绿素酶活性的变化在不同植物上表现不同，叶绿素酶活性的提高与叶绿素含量的下降并不完全一致。Minguez-Mosquera 等提出叶绿素酶是一种潜伏态酶，它在叶片衰老过程中仍可处于潜伏态，这种潜伏态也许就是叶绿素酶与其底物叶绿素在空间位置上的隔离造成的。Sheen 和 Hamilton 比较了深色烟草和白肋烟叶绿素及叶绿素酶关系，表明虽然深色烟中的叶绿素含量较高，但两种烟草的叶绿素酶活性没有差异。Sheen 等报道了烟草中叶绿素和多酚存在正相关关系，而且 γ-氨基乙酰丙酸转氨酶在生成 γ-氨基乙酰丙酸用来合成叶绿素以及从 γ-二氧戊酸和苯丙氨酸生成苯基丙酮酸用来合成绿原酸的生物合成中起着重要作用。深入研究叶绿素酶与烤烟发育、成熟过程中叶绿素降解、活性氧产生、叶绿素荧光参数变化、碳氮代谢过程、酚类物质含量以及中性致香物质变化之间相互关系，以期丰富优质烤烟生产理论。

五、质体色素降解的其他生理生化基础

光氧化作用也是类胡萝卜素降解的主要途径之一。光对叶绿素氧化是 C_3 植物中的普遍现象，而且各种逆境条件会导致叶绿素的光氧化作用加剧，对光氧化机理的研究主要集中在活性氧和自由基上，认为过量的光能导致叶绿素转变为三线态（^3Chl），然后通过电子传递产生单线态氧（$^1O_2$）、羟自由基（OH·）、超氧自由基（$O_2·^-$）等活性氧，进而破坏生物分子的结构，最终引起叶绿素的降解。随烘烤过程进行，脂氧合酶活性先增加后降低，直至消失，丙二醛在 0~48h 与脂氧合酶活性变化同步，48h 后丙二醛对脂氧合酶反馈抑制逐渐加强，叶绿素和不饱和脂肪酸的降解与脂氧合酶活性和丙二醛含量密切相关。烟叶在烘烤过程中，叶绿素的降解速度远远大于类胡萝卜素的降解速度，由此引起叶组织内色素比例的变化，即类胡萝卜素占色素总量的比例由烘烤前占 38%逐渐增加到烘烤后的 76%；类胡萝卜素的降解并不是连续下滑的曲线，中间稍有起伏，可能与烟叶水分含量的变化及误差有关。香料烟调制过程总叶绿素、类胡萝卜素均为降低趋势，在调制初期，总叶绿素含量降低较快，这与该时期叶片含水量较高有关，到调制结束时，总叶绿素稳定在 0.2mg/（g·FW）左右的水平。类胡萝卜素在调制过程中降解较为缓慢，大部分处理是先升高后降低的趋势。白肋烟晾制中，高温可加速白肋烟中叶绿素 a 和叶绿素 b 的分解代谢速率，高温对叶黄素和类胡萝卜素有加速分解

作用。

第二节 烟草质体色素研究进展

烟草是一种叶用经济作物，人们对烟草的研究范围涵盖了从生长发育到消费的各个阶段，其中质体色素是热点研究内容之一。

烟草所含的色素可依据不同色素的颜色、性质和对烟草品质的影响，分为三大类：绿色素、黄色素和黑色素。绿色素主要是叶绿素；黄色素主要是胡萝卜素和叶黄素统称类胡萝卜素；黑色素主要是多酚的酶促棕色化反应和非酶棕色化反应产生的醌类和杂环类混合物。

烟草质体色素存在于烟叶植物细胞中细胞器的质体中（其中的叶绿体和有色体），包括叶绿素、叶黄素、胡萝卜素等，是烟草生长过程中光合作用的重要物质。在烟叶的加工过程中，质体色素的含量和性质直接影响烟叶的外观质量（外观质量是烟叶质量的一个重要参数）。同时，质体色素作为烟草香气成分的前体物质直接或间接地影响烟叶的内在品质，在烟叶调制过程中质体色素降解完全和得当，能使烟叶香气增加，色泽上等。因此研究烟草中质体色素对烟草制品的生产和品质提升具有重要的实际意义。

一、烟草质体色素的分布及变化规律研究

烟草在生长、调制（烘烤）、复烤、陈化、卷烟生产等阶段中质体色素含量是不尽相同的。新鲜烟草与其他植物一样含有丰富的色素，在新鲜烟叶中检测到 18 种类型的色素，其中包括叶绿素、胡萝卜素、叶黄素、花青素、芸香苷、檞皮素、鼠李苷等，叶绿素、胡萝卜素、叶黄素等是最重要的色素，其中胡萝卜素主要是 β -胡萝卜素。新鲜烟叶色素中叶绿素的含量最高，为 0.4%~5%，而胡萝卜素和叶黄素的含量仅为叶绿素的 1/5~1/3，后者被前者掩盖而显绿色。干烟叶中主要含有 β -胡萝卜素和叶黄素。

（一）烟草生长过程中质体色素的分布与变化

在正常烤烟的生长过程中，烟叶中叶绿素从烟株底部到顶部的叶位顺序随叶成熟而降解，成熟的白肋烟亦是从顶部至底部叶绿素浓度逐渐下降；胡萝卜素随着烟叶的长大和成熟显著增加，叶黄素含量则随叶龄增长而下降。

李雪震等的研究表明，成苗期干烟叶中叶绿素最高含量在 9.90mg/g 即 1%的含量以上的烟草品种品质较好，低于此值的品质较差，由此提出了育种工作在苗期鉴别品种品质的一种生物化学方法和指标。许自成等研究了不同调控措施对烤烟质体色素含量的影响。结果表明，在烤烟成熟过程中，叶绿素和类胡萝卜素含量逐渐降低，而且不同调控措施处理的烟叶 30d 后质体色素含量明显不同。最新研究认为，在烤烟成熟过程中，成熟前期类胡萝卜素类色素含量整体上升，然后随成熟时期的推进而逐渐降低。

（二）烟草调制过程中质体色素的变化

烟叶调制实质上是把田间形成的具有一定潜在质量的鲜烟叶经烘烤（晾制），加工

成为具有一定商品价值干烟叶的过程。虽然烤烟和白肋烟调制机制存在较大差异，但其质体色素降解变化却表现出基本一致的规律。

烤烟调制（烘烤）过程中，其质体色素大量降解消失，变化剧烈，而且叶绿素的降解速度远远大于类胡萝卜素的降解速度。在烘烤过程中，叶绿素的降解速度呈现出前期慢、中期快、后期更慢、最终趋于稳定的规律性，其降解速度受到变黄温度的影响明显；类胡萝卜素则是均匀降解，同时在色素总量中所占比例明显增加。所有色素烤后含量均低于烤前，叶绿素最低；叶黄素成熟期间含量保持在200μg/g以上，烤后含量仅为80μg/g左右。烘烤调制过程中叶黄素降解幅度较大；β-胡萝卜素次之。杨立均等的研究表明，在烘烤过程中，叶绿素在变黄期降解量最大，平均为鲜叶含量的74.75%，降解速度最快时期为开烤后24~36h，且直至干筋期仍能缓慢降解；类胡萝卜素的降解总体上随着烘烤的进行含量逐渐下降，降解速度仍以变黄期较快。

白肋烟中叶绿素和类胡萝卜素在调制（晾制）过程中逐渐下降，叶绿素在前期下降较快而后趋于稳定的水平，类胡萝卜素变化则比较缓慢，降幅叶绿素要大于类胡萝卜素。

（三）烟草调制后质体色素的分布

烟叶中质体色素成分含量在调制后基本趋于稳定，叶绿素几乎分解完全，甚至低于仪器检测下限。类胡萝卜素占色素总量的比例增加到76%，从而使烟叶在外观上呈现黄色。

杨虹琦等测定了13个产区烤烟中的质体色素，研究结果表明，云南、贵州、重庆等产区烤烟中的类胡萝卜素含量普遍高于东北和福建等烤烟产区，也说明了不同烤烟产区烟叶中质体色素的含量存在较大差异。在杨虹琦等与吴方评等对烤后烟叶β-胡萝卜素和叶黄素的测定中，得出的规律有所不同，前者β-胡萝卜素含量普遍大于叶黄素含量，后者与之相反，是否因为分析方法不同产生差异（前者用分光光度法，后者用高效液相色谱法），有待进一步研究。

调制后的烟叶经过复烤、陈化后就可以用于卷烟生产。陈化烟叶质体色素主要是胡萝卜素和叶黄素，叶绿素基本分解完全，并有大量的黑色素生成。在卷烟生产过程中胡萝卜素和叶黄素还会进一步降解。在测定不同陈化条件下的烟叶品质时，郁建平等以水为溶剂提取烟叶色素，在320nm波长测定烟叶色素吸光值，得出吸光值在0.40~0.55时，烟叶质量较好，其值大于0.55或小于0.4时，烟叶质量较差。应用于陈化过程中温湿度变化对烟叶品质影响的研究，结果表明，最佳陈化条件以35℃、65%相对湿度烟叶品质最好；温湿度越高，烟叶的颜色变化越大。

二、烟叶成熟及调制过程中色素研究进展

许多学者对烤烟成熟及调制期间色素变化曾进行了研究。Stinson发现，调制及未调制的叶片中都含有相当多的叶绿素a和叶绿素b。有人对四种烤烟成熟叶片进行了研究，结果表明，叶绿素损失了烟叶完全扩展时叶绿素含量的47%，而到变黄末期，则有74%的叶绿素损失掉，这种叶绿素降低情况在烤烟中比在深色烟或白肋烟中要明显

得多。伴随着叶片成熟和变黄，叶绿素的被破坏是有选择性的，绿叶中的比例为69.8%，而在成熟叶中降至62%，到黄色时降为44%。Akaike 对日本烟草在晾制过程中色素变化作研究，在调制初期，叶黄素剧烈减少，类胡萝卜素也减少，但变化是逐渐进行的，且不完全。Barton 等人通过控制温度和干燥速率研究白肋烟的调制，研究结果表明，叶绿素 a 的含量在起初的 3d 内没有明显的减少，但在以后的 8~10d 内非常迅速下降到一个很低的水平，而叶绿素 b 在 10d 内线性下降到测不出的水平。Barton 等人在固定的干燥速率条件下，研究了温度对白肋烟晾制的影响，结果表明，高温可加速调制白肋烟中叶绿素 a 和叶绿素 b 的分解代谢速率，低温调制则可降低这些色素消失的速率。叶绿酸是新植二烯的一个前提物，叶绿酸是叶绿素 a 和叶绿素 b 的降解产物。叶绿素降解是在叶绿素酶的作用下卟啉和植醇之间的酶键断裂开始的。Sheen 和 Hamilton 研究了深色烟草和白肋烟的情况，这两种烟在两个位点上的叶绿素含量存在差异。随着叶片的扩展和充实，胡萝卜素含量有所增加。Whitefiecd 等观察到所有色素均随成熟过程的推进而下降，但各色素下降的速度依不同部位的叶片而不同。Ggpalam 等分析了烤烟成熟期间色素的含量变化，发现胡萝卜素含量逐渐下降，其他色素只在烟叶成熟以后才下降。Court 研究结果表明，在生长发育过程中各种色素含量均表现为逐渐降低，偶尔的色素含量升高与降雨或灌溉相关联。李雪震分析了不同烟叶品种生长过程色素含量的变化，表明烟叶进入成熟期后，类胡萝卜素含量显著下降。在调制期间类胡萝卜素含量显著降低。Forrest 等定量分析了鲜叶和烘烤后烟叶中类胡萝卜素含量，在成熟衰老过程中降解的基础上，调制期间降解加速，其降解程度与各色素的氧取代程度呈正比，高度氧化的新黄质和紫黄质在调制期间绝大部分分解，而叶黄素和 β-胡萝卜素分别降解 85% 和 75% 。Burton 研究了白肋烟成熟衰老期间质体色素的变化，表明各种色素在打顶后呈下降趋势，但下降幅度低于烤烟。

三、质体色素降解与烟草香味物质关系研究进展

据 Burton 对白肋烟调制期间色素含量测定表明，在晾晒烟调制起始的 2d，紫黄质和新黄质含量有所增加。叶黄素、β-胡萝卜素从采收到调制结束降解量较大，尤以最初两周最快。Burton 等人研究表明，约有 15% 的 β-胡萝卜素转化成了挥发性成分。Amin 研究结果表明，在烤烟调制中叶绿素降解产物叶绿醇有 15%~30%增加为新植二烯。Ellington 等研究表明，烟叶成熟和烘烤过程中新植二烯含量增加。Chotinuchit 研究表明，在烤烟调制过程中的变黄期和定色期，新植二烯含量大幅度增加，茨施帕的研究得出了相似的结果。Long 和 Weybrew 报道，白肋烟打顶后，中上部叶新植二烯含量显著增加，进入调制阶段，上部叶的新植二烯含量增加的幅度较小，中部叶的新植二烯含量仍像打顶后那样迅速积累，Burton 等对白肋烟的研究表明，在晾制的前 10d 内，新植二烯含量显著增加，之后下降，且与叶片叶绿素含量的降低相吻合。

试验表明，叶黄素和 β-胡萝卜素的光氧化和高温氧化降解均产生许多与烟草中发现的相同的类胡萝卜素降解成分。罗昌荣、赵震毅等对 β-胡萝卜素在 300℃、400℃、500℃、600℃、700℃、800℃裂解时形成的产物进行了研究，结果表明，在相对较低的

温度下可形成较多的芳香物质。随着温度升高，芳香物质含量逐渐减少。国内外就提取天然类胡萝卜素类物质进行研究，并申请制备天然烟用香料的专利。国内外文献表明，对色素的降解研究也很多，但多集中在烟叶品种间的差异、成熟及调制过程中的变化，且多集中在色素种类的变化及差异，虽然对它们含量变化也有报道，但涉及烤烟品质形成的色素降解规律、质体色素降解与香气物质产生的生理生化基础探讨较少。

第三节　烟草质体色素代谢与烟叶品质

鲜烟叶中的色素主要是质体色素，其许多降解产物是烟草中重要的香气物质，直接影响烟叶的品质和香气风格。叶绿素是植物的光合色素，参与植物的光合作用，包括叶绿素 a 和叶绿素 b 两种，叶绿素 a 和叶绿素 b 的基本结构相同，都具有一卟啉环的“头部”和一个叶绿醇（植醇）的“尾部”，卟啉环的中心有一镁原子，叶绿醇链连在卟啉环上。叶绿素的主要功能是吸收和传递光能。

一、叶绿素及其降解物对烟叶品质的影响

（一）叶绿素含量与烟叶品质

叶绿素作为光合色素，其含量是植物进行碳氮代谢的基础，因此，对植物的生长发育和品质形成具有重要作用。李雪震等研究表明，成苗期叶绿素最高含量在 99mg/100g 干烟叶以上的品种品质较好，低于此数的品质较差，提出了育种工作在苗期鉴别品种品质的一种生物化学方法和指标。

在烟叶调制过程中，叶绿素的降解是烟叶黄色品质形成和香气物质形成的基础。如果烟叶中残留的叶绿素过多，会使烟叶产生青杂气。有研究表明，烤后烟叶中叶绿素含量与评吸劲头得分呈显著负相关，说明叶绿素含量增加会显著降低烟叶的劲头，叶绿素含量过高，对烟叶品质不利。烤后烟叶的叶绿素含量在 8mg/100g 以下烟叶质量较好，中下部烟叶含量略低。

（二）叶绿素降解物与烟叶品质

（1）新植二烯与烟叶品质。叶绿素降解过程中产生的叶绿醇（植醇）脱水可产生新植二烯。新植二烯在烟草中性挥发物中含量最大，是一种 C_{20} 聚类异戊二烯，是烟叶中重要的萜烯类化合物，也是烟草中一种重要的致香物质，其本身具有清香气，有一种弱的令人愉悦的气味，但香气较弱，并且新植二烯可进一步分解转化形成低分子香味成分。新植二烯发生光氧化反应后产生植物呋喃。

新植二烯进一步降解的产物能增加烤烟香气，其降解物具有强烈的清香气，但刺激性较强。周冀衡等研究发现，具有清香风格的烟叶（福建永定、云南文山）中新植二烯含量均在 500μg/g 以上，达到挥发性香气物质总量的 85%以上，而具有浓香型和中间香型的烟叶，新植二烯的含量均只有 263.97～284.97μg/g，浓香型烟叶（河南临颍、山东安丘）新植二烯含量占挥发性香气物质总量的 75%～76%，并由此认为，新植二烯

可能是烟叶形成清香特色的主要因素之一。

（2）新植二烯在烟叶中的含量变化。新植二烯在鲜烟叶中含量较少，但在变黄、调制过程中显著增加。在烟叶陈化过程中，一般前期的新植二烯含量增加，但随着陈化时间的延长，其含量呈下降趋势。Wahlberg 等研究表明，烤烟经过 6 个月醇化后，新植二烯含量达到最大，其含量相当于青烟叶的 10 倍，继续醇化后，新植二烯含量开始下降，表明新植二烯进一步发生了代谢转化。尽管叶绿醇脱水可产生新植二烯，但有研究表明，烤烟烘烤期间产生的新植二烯仅有 15%~30%来自于叶绿醇。

二、类胡萝卜素的降解与烟叶品质的关系

类胡萝卜素是烟草中最重要的 4 萜类化合物，主要包括胡萝卜素、叶黄素，前者为橙色，后者为黄色，是一类由 8 个异戊二烯单位组成的化合物，分子中都有一个较长的碳—碳双键的共轭体系。此外，类胡萝卜素还包括少量的胡萝卜素的含氧衍生物，如玉米黄素、隐黄素、新黄素和紫黄素等。胡萝卜素有 α、β、γ 三种同分异构体，其中 β-胡萝卜素含量最多。叶黄素是胡萝卜素的衍生物，它和胡萝卜素都是脂溶性化合物，在叶绿体的片层结构中与脂类物质相结合。在新鲜烟叶中，叶黄素含量占胡萝卜素的 65%左右，胡萝卜素占 35%左右。

类胡萝卜素也可吸收光能，并将其传给叶绿素 a。此外，它还可保护叶绿素分子，使其在光下不被光氧化而破坏。

（一）类胡萝卜素的降解机制

目前，对类胡萝卜素的生物合成途径已经相当清楚，合成途径中的一些关键酶已被分离、纯化，一些重要的基因也已被克隆，已经实现了改变类胡萝卜素含量的遗传操作。但类胡萝卜素的氧化降解途径目前还不十分清楚，可能过氧化物酶和脂氧合酶参与了类胡萝卜素的降解，需要氧分子和起激活作用的辅助因子的存在；类胡萝卜素中的多烯烃链很容易被氧化，生成一些含氧的芳香性化合物。在烟叶成熟、调制和醇化过程中，类胡萝卜素不断降解转化。类胡萝卜素在单线态氧分子的攻击下，可生成三种氧化物的中间体，进一步发生分子重排后分解生成氧化产物。

（二）类胡萝卜素的降解产物与烟叶香气物质

在烟叶总挥发性香气成分中，类胡萝卜素降解产物的含量仅次于叶绿素降解产物（占 8%~12%），类胡萝卜素降解产生的香味物质阈值相对较低、刺激性较小，香气质较好，对烟叶香气贡献率大。

类胡萝卜素是一类风味和香气物质的前体物质，类胡萝卜素链可在多处断裂，产物主要有 C_{13}、C_{11}、C_{10}、C_9 等降解物，可生成一大类挥发性芳香化合物，有不少是烟草中关键的致香成分，如紫罗兰酮、大马酮、巨豆三烯酮等，它们对卷烟吸食品质有重要影响。烤后烟叶中叶绿素含量过高对烟叶品质不利，但类胡萝卜素含量的增加则对于评吸结果是较为有利的。

β-胡萝卜素在碳链的 6~7、7~8、8~9 和 9~10 不同位置上发生键的断裂，分别生成有 9、10、11 和 13 个碳的化合物，可以生成 2，2，6-三甲基-5-环烯酮、β-环柠檬

酸、二氢猕猴桃内酯、β-紫罗兰酮等香气物质。降解产物2，2，6-三甲基-5-环烯酮和β-紫罗兰酮进一步转化可以生成β-二氢大马酮。

叶黄素在9~10位发生双键断裂，可以生成3-羟基-α-紫罗兰酮，经过氧化还原生成3-氧化-α-紫罗兰醇，再脱水就形成了烟草中特别重要的香味成分——巨豆三烯酮。叶黄素在6~7位置上发生碳断裂，可以生成非常重要的香味成分——氧化异佛尔酮。叶黄素在21~22位置上发生键的断裂，生成3-羟基-β-紫罗兰酮，它可以进一步转化成β-大马酮。β-大马酮具有玫瑰特征香气，加入烟草能使烟气香气质量明显提高。

新叶黄素在9~10位上断裂后可得到蚱蜢酮，经转化后也可以生成β-大马酮。

无环状结构的类胡萝卜素，六氢番茄红素和八氢番茄红素，在烟叶调制及醇化过程中可以降解成6-甲基-5-庚烯-2-酮，可进一步转变成6-甲基-2-庚酮、异辛二烯酮等化合物。

（三）不同类型烟草中类胡萝卜素降解物的含量

不同类型烟草中类胡萝卜素降解产物的含量不同（表2-1）。烤烟、白肋烟和香料烟中类胡萝卜素降解产物在含量上存在明显差异，烤烟中类胡萝卜素降解产物的含量明显高于白肋烟和香料烟，香料烟稍高于白肋烟。在烤烟、白肋烟和香料烟中含量最高的类胡萝卜素降解产物都是巨豆三烯酮。由于类胡萝卜素的降解产物许多都是重要的致香物质，三种类型烟草的香气风格的不同与类胡萝卜素降解产物含量的不同有很大关系。

表2-1 烟草中类胡萝卜素主要降解产物（Davis and Nielson，2003） （μg/kg）

名称	烤烟	白肋烟	香料烟
异佛尔酮	112	29	33
4-酮基异佛尔酮	47	17	42
藏红花醛	32	4	43
二氢猕猴桃内酯	150	26	73
氧杂优达烷	139	25	34
二氢氧杂优达烷	47	27	73
α-紫罗兰酮	+	+	+
β-紫罗兰酮	+	+	+
3-酮基-α-紫罗兰酮	+	NR	NR
3-酮基-α-紫罗兰醇	+	4	+
3-酮基二氢紫罗兰酮	51	31	23
大马酮	168	42	39
3-羟基-β-二氢大马酮	24	11	+
巨豆三烯酮（5个异构体）	1 272	248	415
4-酮基-β-紫罗兰酮	NR	+	NR

* 表中“NR”——未见报道，“+”——检测到存在，未定量。

烤烟中含量较高的类胡萝卜素降解产物主要包括巨豆三烯酮、大马酮、二氢猕猴桃内酯、氧杂优达烷、异佛尔酮、3-酮基二氢紫罗兰酮等（表 2-2）。

表 2-2 类胡萝卜素主要降解产物对烤烟香吃味的影响

香气前体物	降解形成的致香物质	香气特征
β-胡萝卜素	三甲基-5-环己烯酮	果香、甜香
	β-紫罗兰酮（醇）	甜、木香、花香、顺口
	β-柠檬醛	甜、增加浓度和刺激
	二氢猕猴桃内酯	本身香气较弱、助香、降解物具有浓郁香气、可抑制刺激性
	β-二氢大马酮	可可香气、玫瑰花香、甜香
	β-大马酮	成熟烟草特征香、熟果香、玫瑰花香
叶黄素	3-羟基-α-紫罗兰酮	柔和的清甜香、花香
	3-氧化-α-紫罗兰醇	柔和的清甜香、花香
	巨豆三烯酮（5 种）	丰富充实的可可香、增加烟气舒适口感、改善测流烟气香气
	氧化异佛尔酮	和顺、甜
	3-羟基-β-紫罗兰酮	青、玫瑰香、甜
	β-大马酮	成熟烟草特征香、熟果香、花香
新叶黄素	大马酮	浓郁香气烤烟香气
	β-大马酮	成熟烟草特征香、熟果香、玫瑰花香
无环类胡萝卜素	6-甲基-5-庚烯-2-酮	甜、辣、黄油味
	香叶基丙酮	熟果香、增加气体香气
	金合欢基丙酮	甜、坚果香、微灼
	6-甲基-2-庚酮	和顺、青
	异新二烯酮（醇）	甜、黄油味

白肋烟中含量较高的类胡萝卜素降解产物主要有巨豆三烯酮、大马酮、3-酮基二氢紫罗兰酮、异佛尔酮、4-酮基异佛尔酮、二氢氧杂优达烷、二氢猕猴桃内酯、氧杂优达烷等。

香料烟中含量较高的类胡萝卜素的降解产物主要是巨豆三烯酮、二氢氧杂优达烷、二氢猕猴桃内酯、藏红花醛、大马酮、4-酮基异佛尔酮、氧杂优达烷、异佛尔酮、3-酮基二氢紫罗兰酮等。

三、烟草质体色素及其代谢的影响因素

（一）品种

品种是决定烟草质体色素含量和代谢的首要条件，这与品种的遗传基础有关。不同品种的质体色素含量并不相同，并且在烘烤期间，色素的降解规律也存在显著差异，如烤烟红花大金元品种在烘烤过程中失水快、变黄慢，不易烘烤，而云烟 85 品种则相对容易烘烤。这说明色素在红花大金元和云烟 85 这两个品种中的降解特性并不相同。深入研究由品种决定的色素代谢规律和机制是很有必要的。

由于类胡萝卜素对卷烟风格和香味的作用，提高烟草中的类胡萝卜素含量引起了人们的兴趣，通过基因工程等手段，烟草种植者已开发出类胡萝卜素含量较高的品种（系），但这些品种（系）的烟叶中尼古丁含量和胡萝卜素含量呈正相关。实践表明，尼古丁和胡萝卜素含量高的品系的烟叶比含量低的品系的烟叶质量好，油分高。因此，搞清色素的代谢转化机制，利用现代生物技术手段来改变烟草色素的代谢，从而改变和提高烟叶的香气品质和风格是可能的。

（二）栽培因素和生态因素

烟草的品质与栽培因素和生态因素密切相关，栽培因素（如施肥、密度、大田管理等）和生态因素（如光照、土壤、温差、海拔、降雨等）均对烟草的生长发育有着重要影响，影响叶片的质体色素含量和鲜烟叶的质量，从而影响质体色素的代谢。如在降雨充分和干旱条件下生产的鲜烟叶质量有很大差别，包括色素含量、含水量和叶片内含物与叶片结构等方面；施氮素较多和施氮合理的鲜烟叶在色素含量上也存在较大差别，这些因素决定了在烘烤期间，不同类型的叶片，其色素降解的模式有所不同，必须采用与之相适应的烘烤工艺，以保证色素在烘烤过程中的降解符合烟叶质量的要求。从叶绿素的降解速度看，不同生态区、不同品种烟叶有较大差异。杨立钧等（2002）研究也表明，烤烟品种 NC89 在不同生态条件下，叶绿素的降解速度明显不同。

周冀衡等（2002）研究了我国具有典型香气特征的烟叶样品的类胡萝卜素降解物产物，结果表明，不同烤烟产区烟叶挥发性香气物质中类胡萝卜素降解产物存在较大差异，与河南临颍、山东安丘和辽宁开原等地烟叶相比，云南文山的烟叶中，质体色素降解产物形成的香气物质总量和其中的巨豆三烯酮、大马酮、3-羟基大马酮、3-氧化紫罗兰酮均较高，类胡萝卜素降解产物含量最高（表 2-3）。这表明，生态环境因素对烟草中质体色素含量和代谢有重要影响。

表 2-3　我国不同产区烟叶挥发性香气物质中类胡萝卜素降解产物的差异（1999—2001 年）

（周冀衡等，2002）　　（μg/g）

挥发性香气物质种类	烟叶挥发性香气物质含量				
	河南临颍	山东安丘	辽宁开原	云南文山	福建永定
巨豆三烯酮 A	0.67	0.78	0.28	1.41	1.13

（续表）

挥发性香气物质种类	烟叶挥发性香气物质含量				
	河南临颍	山东安丘	辽宁开原	云南文山	福建永定
巨豆三烯酮 B	6.76	6.98	6.49	9.19	11.20
巨豆三烯酮 C	7.47	6.33	7.08	8.28	8.60
巨豆三烯酮 D	4.27	4.63	0.96	1.63	0.31
大马酮	0.74	1.00	1.31	2.22	2.50
3-羟基大马酮	4.54	4.68	4.37	7.93	7.76
3-氧化紫罗兰酮	3.51	2.66	4.04	15.34	13.97
香叶基丙酮	2.74	2.16	0.75	1.88	1.20
二氢猕猴桃内酯	6.92	6.13	3.53	4.47	3.94
6-甲基-5-庚烯-2-酮	2.23	1.18	0.08	0.85	0.07
类胡萝卜素降解产物	39.85	36.53	28.89	53.20	50.68
质体色素降解产物	316.65	275.00	266.05	559.92	590.25

（三）成熟度和调制技术

1. 成熟度

成熟度是烟叶生产的中心因素，不同成熟度烟叶的叶绿素和类胡萝卜素含量不同。叶绿素和类胡萝卜素含量在烟叶成熟过程中是逐渐降低的，随着烟叶成熟度的增加，叶绿素、类胡萝卜素含量降低。在品种和栽培条件相同的情况下，成熟度好的烟叶，香气和香味都较理想。成熟的烟叶烤后醇和舒适，不成熟的烟叶烤后则有青杂气和辛辣味。

王瑞新等研究了不同成熟度的 NC89 中部烟叶香气成分的变化，结果显示，随着成熟度的提高，烟碱、十六碳酸、2，7，12-西柏三烯-4，6，11-三醇等成分含量逐步增加，而 2-呋喃甲醛、苯甲醛、1-乙基环已烯、β-大马酮、巨豆三烯酮等成分的含量则随之下降。刘百战和冼可法在对云南烤烟上部叶成熟度与其某些重要中性香味成分组成关系的研究中，对 14 种重要香味成分做了定量比较，发现成熟度好的（成熟—完熟）烟叶中的 9 种香味成分高于成熟度较差的（欠熟—尚熟）烟叶，包括苯甲醛、2-苯乙醇、氧化异佛尔酮、β-大马酮、巨豆三烯酮、二氢猕猴桃内酯和新植二烯等成分，成熟度较差烟叶中含量较高的是 β-二氢大马酮、香叶基丙酮和茄酮 3 种成分。

不同成熟度烟叶中，色素类降解产物存在差异，表明不同成熟度烟叶的色素含量和色素代谢存在差异，从而影响了烟叶质量。

2. 调制技术

烟叶调制期是色素代谢的一个重要时期，在该时期色素的降解、转化在很大程度上影响着烟叶质量。烟叶烘烤过程中，烤房中的温度、叶片的含水量对色素降解的酶活性有直接影响，从而影响色素降解，也就影响烟叶质量。如果在烘烤过程中，升温过快，温度过高或叶片失水过快，都会造成叶片中叶绿素降解不充分，从而使叶片含青。宫长荣等比较了三种不同烘烤工艺（三段式烘烤工艺、国外简化烘烤工艺、传统烘烤工艺）下，烟叶色素降解规律，表明烘烤工艺对色素降解有明显影响，以三段式烘烤工艺烟叶中的叶绿素降解最为充分，烤后烟叶品质最好。不同烘烤方法对烟叶香气物质含量有影响，低温慢烤的烟叶中巨豆三烯酮含量高于高温快烤。这些结果表明，不同烘烤工艺对色素代谢有直接影响，从而影响烟叶的香气物质含量，对烟叶品质有重要影响。

3. 醇化技术

烟叶醇化过程中，色素物质和色素降解物质继续发生的代谢变化和化学变化，对烟叶中香气物质的形成有直接影响。朱大恒等研究表明，烟叶发酵过程中，氧气条件对烟叶中类胡萝卜素的降解有明显影响，与无氧条件相比，有氧条件下类胡萝卜素含量大幅降低。赵铭钦等研究表明，烟叶醇化过程中，烟叶中的β-大马酮、巨豆三烯酮等大多数香气物质的含量呈上升趋势，而新植二烯等少部分香气物质表现为下降趋势。因此，进一步研究醇化过程中色素类物质代谢转化机制，对提高烟叶香气品质是很有必要的。

第三章　烟草质体色素的测定

第一节　烟草质体色素测定研究进展

烟草所包含的色素主要分为三大类——黄色素、绿色素和黑色素，它们的颜色、特性以及对烟叶品质的影响各不相同。黄色素主要是叶黄素（Lutein）和胡萝卜素（Carotene），总称为类胡萝卜素；绿色素主要是叶绿素（Chlorophyll）；黑色素主要是杂环类化合物和醌类，由多酚的（非）酶促棕色化反应（Maillard 反应）产生。烟草质体色素通常位于烟叶细胞的叶绿体和有色体中，主要包含 β-胡萝卜素、叶绿素 a、叶绿素 b、叶黄素、紫黄质和新黄质等。现有研究表明，类胡萝卜素是烟叶中香气物质的重要前体物，烟叶中的香气成分有很大一部分都是类胡萝卜素的降解产物，例如，β-紫罗兰酮、β-大马酮、巨豆三烯酮、二氢猕猴桃内酯和氧化异佛尔酮等。烟叶经过合理的调制、加工和醇化后，烟叶中色素降解得当，使得烟叶色泽亮丽、香味增加，可大幅提升烟叶的品质和工业可用性。目前测定色素的常用方法有高效液相色谱法、光度法、极谱法、毛细管电泳法、薄层色谱法等。

一、质体色素的提取方法

1. 有机溶剂提取法

有机溶剂提取是根据不同色素在有机溶剂中的溶解性，将需要的色素成分溶解出来的一种方法。类胡萝卜素是一类复杂混合物，因此对不同结构的类胡萝卜素要使用不同的溶剂进行萃取，如丙酮、石油醚等。百合多用此方法对类胡萝卜素进行提取。

赵世杰等研究，不同萃取方法对测定结果的影响：方法一为 80%丙酮萃取后定容，加水后用乙醚萃取；方法二为用水浸泡萃取后，残渣用 80%丙酮萃取。结果表明，鲜烟叶可直接用 80%丙酮萃取测定；调制后的烟叶经水浸提后，再用 80%丙酮萃取其中的叶绿体色素（或用 80%丙酮萃取全部色素，再用乙醚萃取色素）进行测定。邱玲、时亮等在测定烟叶 β-胡萝卜素时用 90%丙酮与烟叶样品一起研磨，减压过滤并冲洗数次，加水后用苯萃取。杜咏梅等在 90%的丙酮溶液浸提鲜烟叶色素的基础上，用氢氧化钾的甲醇溶液将叶绿素及叶黄素的酯皂化，形成溶于水的盐，再用乙醚萃取类胡萝卜素。刘国顺等则用加过 0.1%BHT 的丙酮溶液进行研磨萃取，然后加入 0.1g 乙酸铅，于 4℃下以 10 000r/min 离心 5min 以除去蛋白质。最近研究较多的方法是用 90%丙酮振荡萃取后，取部分萃取液稀释后过 Sep-Park-C18 固相萃取小柱预分离和富集烟草色素

（小柱先用 15ml 甲醇活化，再用 30ml 水洗去小柱上残留的甲醇）。

2. 酶反应法

酶反应法是新兴发展起来的一项很有前途的生物工程技术，是利用酶的催化专一性来生产天然色素，通过酶反应较温和地将植物组织分解，从而加速有效成分的释放提取。经研究结果表明，酶法提取工艺与有机溶剂提取工艺相比较，大大缩短了提取时间，并且回收率也大大提高。

3. 微波辅助提取法

对于类胡萝卜素等脂溶性色素来说，有机溶剂不易渗透到细胞壁和细胞膜中，不能很好地将提取物从细胞壁中溶出。而采用微波辐射提取法，可以使强极性分子溶剂产生瞬间极化，并能以一定的频率做极性变换运动，这样就能对细胞液膜和细胞壁产生一定的“扰动”效应，使细胞壁破裂，从而使色素较快地提取出来。微波辅助法可以缩短萃取时间并降低生产能源和溶剂消耗，从而能够提高提取率。

4. 超声波辅助提取法

是通过溶剂内小气泡的形成和破碎，产生冲击波，能在短距离范围内产生高压和高温，并有效地破碎生物细胞和组织，能够在较短的时间内达到高效提取类胡萝卜素的目的。

5. 超临界流体萃取法

类胡萝卜素的超临界流体萃取是近年来又一新兴技术。此方法是利用在一定温度和压力的条件下，超临界流体具有气体和液体的双重性能。能够有效地将脂溶性物质从混合物中提取出来，然后在另一温度和压力参数下，降低超临界流体对类胡萝卜素的溶解能力，而后类胡萝卜素晶体从解析塔中分离，超临界流体可重复利用。用该方法提取的类胡萝卜素不但保持了产品的天然性，提取效率也达 90%以上，并且产品浓度非常高。

二、影响质体色素稳定性因素

综合文献报道，大部分天然色素的稳定性较差，归纳分析影响天然色素稳定性的主要因素包括 pH 值、金属离子、光照、温度、氧化剂和还原剂等。

1. pH 值

许多天然色素对 pH 值的变化很敏感，色调会随之发生很大的变化。例如，范春梅等研究姜黄色素，发现在 pH 值为 2 时，水溶性姜黄色素出现黄色沉淀，吸光度明显减低；在 pH 值为 3~6 时，颜色变化不明显，为柠檬黄色，且吸光度变化很小，说明该色素在此条件下较稳定；当 pH 值为 8 时，颜色为橙黄色，吸光度变大；pH 值≥9 时，颜色为红棕色，说明该色素在碱性条件下变化较大。陈杰等研究紫甘薯色素，发现该色素在 pH 值为 2 时呈深红色；pH 值升高至 6 时，呈紫色；pH 值增高至 9 时，逐渐变成蓝色；随着 pH 值增高，最大吸收波长也向长波方向移动，呈现出蓝移的趋势。李金星等研究花青素，发现当 pH 值≤3 时，该色素稳定性较好，10d 后的保存率依然达到 83%以上；pH 值≥4 时，2d 后该色素的保存率就降到 80% 以下，因此，提出花青素应在 pH 值≤3 的条件下保存。

2. 金属离子

很多金属离子也会对天然色素的稳定性产生影响，有的会起到护色作用，有的则导致色素褪色。于有伟等研究叶黄素，发现浓度均为0.5g/ L的不同金属离子对叶黄素稳定性的影响具有一定差异，Na^{+}和Zn^{2+}对该色素的稳定性影响较小；Cu^{2+}和Fe^{3+}对该色素的稳定性影响较大，加入这两种金属离子会导致该色素的保存率显著下降。李金星等研究花青素，发现在金属离子浓度低于0.1mol / L的情况下，不同浓度的Na^{+}、K^{+}、Ca^{2+}、Cu^{2+}对该色素的稳定性没有显著影响；浓度低于0.05mol / L的Mg^{2+}使该色素的保存率高于对照组，而浓度达到0.1mol / L的Mg^{2+}则使该色素的保存率降低，说明低浓度的Mg^{2+}对该色素具有一定的保护作用；与对照组相比，加入Fe^{3+}的花青素保存率大幅度下降，且Fe^{3+}对该色素稳定性的破坏作用随浓度的增大而加强。

3. 光照

很多天然色素在光照下会褪色，这些天然色素具有光不稳定性。乔华研究发现红曲色素在自然光或紫外光照射下含量均会减少，光照能促进褪色反应的发生。陈冠林的研究发现，室外自然光或室内散射光都会加快火龙果红色素的降解，光照度越强，该色素稳定性越差。李越鲲等研究叶黄素，发现在自然光照射下，该色素迅速降解；而在避光保存的条件下，该色素降解速率明显变缓，因此，提出叶黄素应在避光条件下保存。

4. 温度

天然色素在应用于食品着色时，很多需要加热处理，因此，需要注意高温对色素稳定性的影响。很多天然色素在高温条件下会发生褪色，具有热不稳定性。陈杰等研究紫甘薯色素，发现在40℃、60℃、80℃、100℃处理6h，该色素的保存率分别为91.46%、84.65%、59.23%、43.23%，表明随着温度的升高，该色素的保存率也随之下降，当处理温度超过80℃时，温度对该色素的影响较大。高玉荣等研究玉米红曲红色素，发现冰箱冷藏6d后，保存率依然在90%以上，而高温处理对该色素的影响显著，100℃处理0.5h，保存率仅为61.8%，高温会降低该色素的稳定性。

5. 氧化剂和还原剂

氧化剂、还原剂等因素也会对许多天然色素的稳定性产生影响。李玮等研究黑色素，发现随着双氧水质量浓度的升高，该色素液的吸光值呈明显的下降趋势，氧化剂对该色素具有一定的破坏作用；随着抗坏血酸质量浓度的升高，该色素液的吸光值有明显下降的趋势，强还原剂对该色素也具有一定的破坏作用。牛世全等研究产蓝色素，发现加入双氧水后，该色素液吸光值急剧下降，之后趋于平稳，氧化剂对该色素具有较强的破坏作用。王晓婷等研究核桃青皮色素，发现随着双氧水浓度的增加，该色素液吸光值降低，颜色逐渐变浅，氧化剂对该色素具有一定的破坏作用。

三、质体色素的分析方法

1. 分光光度法

分光光度法是利用物质对光的吸收具有选择性来进行定性和定量的测定，是经典的植物色素测定方法。根据色素提取液对可见光谱的吸收，利用分光光度计在某一特定波长测定其吸光度，即可用公式计算出提取液中各色素的含量。根据朗伯—比尔定律，某有色溶液的吸光度 A 与其中溶质浓度 C 和液层厚度 L 呈正比，即 $A=\alpha \cdot C \cdot L$，式中：α 为比例常数。当溶液浓度以百分浓度为单位，液层厚度为 1cm 时，α 为该物质的吸光系数。各种有色物质溶液在不同波长下的吸光系数可通过测定已知浓度的纯物质在不同波长下的吸光度而求得。如果溶液中有数种吸光物质，则此混合液在某一波长下的总吸光度等于各组分在相应波长下吸光度的总和，这就是吸光度的加和性。如果测定叶绿体色素混合提取液中（可用 80%丙酮）叶绿素 a、叶绿素 b 和类胡萝卜素的含量，只需测定该提取液在三个特定波长下（662nm、644nm、和 440nm 下）的吸光度 A，并根据叶绿素 a、叶绿素 b 及类胡萝卜素在该波长下的吸光系数即可求出其浓度。在测定叶绿素 a、叶绿素 b 时为了排除类胡萝卜素的干扰，所用单色光的波长选择叶绿素在红光区的最大吸收峰（图 3-1）。

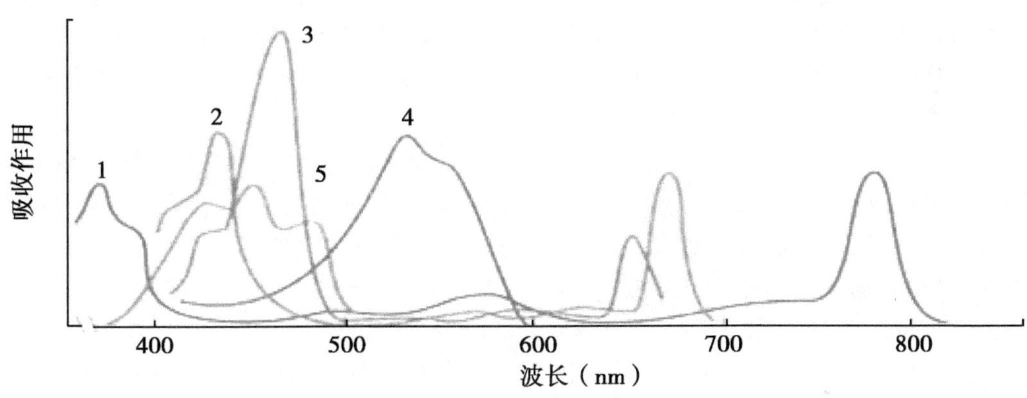

图 3-1　质体色素可见光区吸收峰

曲线 2：叶绿素 a；曲线 3：叶绿素 b；曲线 5：β-类胡萝卜素

叶绿素 a 浓度：C_a（mg/L）$= 9.784 \times OD_{662} - 0.990 \times OD_{644}$

叶绿素 b 浓度：C_b（mg/L）$= 21.426 \times OD_{644} - 4.650 \times OD_{662}$

叶绿素浓度：C_t（mg/L）$= C_a + C_b = 5.134 \times OD_{662} + 20.436 \times OD_{644}$

类胡萝卜素浓度：C_c（mg/L）$= 4.695 \times OD_{440} - 0.268\ (C_a + C_b)$

色素含量（mg/g）= 浓度（mg/L）×提取液总量（l）/样重（g）

蔡玉红等使用超声波破碎法结合柠檬酸水溶液快速提取紫甘薯中的花青素色素，然后利用花青素核与亚硫酸根离子结合形成无色化合物的特性进行空白试验，以紫甘薯中主要花青素之一矢车菊色素作为标准品，以矢车菊色素最大吸收峰所处的波长 518nm 作为测定波长，绘制标准曲线，利用紫外可见分光光度计测定紫甘薯中矢车菊色素的含量。苗颖等也是利用紫外可见分光光度法对紫草油中羟基萘醌总色素的含量进行了测定。该方法准确简便，回收率高，重复性好。羟基萘醌总色素主要是左旋紫草素，以乙醇作为溶剂，测定波长为 516nm，其质量浓度在 8.08～40.40μg/ml 与吸光度呈良好的线性关系（$r=0.9999$，$n=5$），平均加样回收率为 97.97%（$RSD=1.70\%$，$n=5$）。

2. 高效液相色谱法

高效液相色谱法是目前比较主流的一种分析检测方法，是根据保留时间定性以及峰面积定量的方法。国外方面，AOAC的食品营养委员会在脂溶性维生素测定方法中推荐了采用反相HPLC测定副食及食品原材料中的β-胡萝卜素。该方法采用二氯甲烷和乙醇提取目标物，然后在C_{18}柱上分离β-胡萝卜素的各种立体异构体（全反式、9-顺式、13-顺式、15顺式）并在448nm波长处检测。如果样品中有相对较高含量的顺式α-胡萝卜素，则有可能会产生干扰，因此采用强选择性、柱长更长的C_{30}反相液相色谱体系来避免干扰并在445nm处检测。Tsao等采用高速反流色谱萃取纯化万寿菊、南瓜和土豆中的叶黄素、紫黄质和β-胡萝卜素，样品经己烷萃取4次后，40℃下黑暗中真空浓缩，浓缩物溶解在异丙醇中，然后在N_2保护下用15%的KOH皂化，皂化溶液用乙酸乙酯萃取然后用HPLC分析。Larsen等采用丙酮萃取绿色蔬菜中的类胡萝卜素，使用强碱性树脂皂化选择性除去叶绿素和酯化的脂肪酸后进行分析。该方法对紫黄质、叶黄素和β-胡萝卜素的回收率在99%~104%，对新黄质的回收率为119%。Nonier等加入$MgSO_4$中和样品中的游离酸（可能导致类胡萝卜素的异构化反应），及BHT、BHA抗氧化剂，采用丙酮萃取，萃取液经皂化（除酯及多酚），然后用乙醚萃取后用HPLC分析，在450nm处检测。

朱琳等采用反相高效液相色谱（RP-HPLC）分离和二级管陈列检测器（DAD）快速测定桑树（*Morus alba* L.）上桑叶和桑枝条皮层中的4种色素（叶黄素、β-胡萝卜素、叶绿素a和叶绿素b）的含量。色谱条件：色谱柱为C_{18} VP-ODS色谱柱（SHIMADZU 250 4.6mm），流动相A为80%甲醇，流动相B为乙酸乙酯。流速1ml/min，检测波长440nm，DAD扫描范围200~800nm。梯度洗脱条件为0~2.5min，B浓度由20%上升到22.5%；2.5~17.5min，B浓度由22.5%上升到50.0%；17.5~20.0min，B浓度维持在50%；20.0~21.5min，B浓度上升到80%；21.5~23.5min，B浓度维持在80%；23.5~28.5min，B浓度上升到100%；28.5~40min，B浓度维持在100%。

3. 极谱法

极谱法是以滴汞电极点解合成色素分析样液，产生敏感的极谱波，各种色素的还原电位不同，以此进行定性分析，根据还原电位峰高与其浓度呈线性关系进行定量分析。该法适用于成分较为简单的样品，对于成分较为复杂的样品，抗干扰性差，影响食用色素在滴汞电极上产生还原波无法进行测定。

袁毅等建立了一种表面增强激光拉曼光谱法检测4种禁用合成色素（孟加拉玫瑰红、荧光桃红B、专利蓝、荧光素钠），该方法能够快速、准确、灵敏地检测出这些违禁色素，线性范围分别为孟加拉玫瑰红2~50mg/kg、荧光桃红B 1~20mg/kg、专利蓝5~50mg/kg、荧光素钠1~20mg/kg，检测限分别为孟加拉玫瑰红0.1mg/kg、荧光桃红B 1mg/kg、专利蓝5mg/kg、荧光素钠0.1mg/kg，相关系数为0.9817~0.9924。拉曼光谱技术具有不受水分子干扰、无创快速检测、设备便携等特点，同时结合纳米颗粒作为表面增强拉曼的基底，可使与之吸附的目标分子的拉曼散射信号得到大幅增强。因此，将纳米颗粒溶胶或者通过纳米颗粒修饰过的固态基底用于实现表面增强拉曼散射效应，可以使检测灵敏度提升4~10个数量级。李翰楠等建立了示差脉冲极谱法测定柠檬黄，检出限为0.27μg/ml，加标回收率在87.5%~109.6%，适合测定饮料中的色素。张以春采用极谱法测定胶囊中的食用色素，该法样品前处理简单、重复性好。李金德等用示波极谱法测定了23份人工合成色素，该法简便快速，灵敏度、准确度、重现性都很好。

4. 毛细管电泳法

毛细管电泳是以弹性石英毛细管为分离通道，以高压直流电场为驱动力，依据样品中各组分之间淌度和分配行为上的差异而实现分离的电泳分离分析方法。该法是一种高效、快速的分离技术，适用于复杂体系多组分的同时测定。

龙巍然等建立了毛细管区带电泳法测定饮料中酸性红 92、靛蓝、胭脂红等 10 种人工合成色素。该法用于测定市售饮料样品得到满意结果，回收率在 95. 8%~108. 7%，且简便准确，能够满足食用色素的常规检测要求。赵新颖等建立了毛细管电泳法测定糖果中 5 种人工合成色素的分析方法，结果表明回收率在 98. 5%~102. 6%，该法简便、快速、灵敏度高、重现性好。巫素琴等采用毛细管电泳法直接分离测定饮料中日落黄、胭脂红、柠檬黄，在 8min 内得到了较好的分离，用于测定市售饮料中 3 组分含量得到满意结果。杜建中用毛细管电泳法直接测定果冻中亮蓝、胭脂红、柠檬黄，在 6min 内得到了较好的分离。用于部分市售果冻样品的测定，得到较满意结果，回收率为85%~110%。

5. 薄层色谱法

薄层色谱是采用水溶性酸性合成色素在酸性条件下被聚酰胺吸附、在碱性条件下被解吸的原理，将合成色素从食品中提取，再通过薄层色素法进行分离后，由分光光度计进行吸光度检测，与标准比较进行定性定量的方法。

吴红静等基于聚酰胺薄膜能够特异性吸附人工合成色素的原理，创建了一种简单方便、高效快速、成本低廉的测定软饮料中常用的 3 种人工合成色素（日落黄 E110、柠檬黄 E102 和胭脂红 E124）的方法。在优化后的检测条件下，这 3 种色素的最低检测界限分别是 0. 4mg/L、0. 3mg/L 和 0. 4mg/L，所需检测时间大约为 10min。对市场上销售的 14 个商品进行检测，结果显示该检测方法与薄层色谱和高效液相色谱这两种方法的检测结果一致，证明了该方法的可靠性。

夏立娅等利用薄层色谱和薄层色谱扫描技术同时对豆制品、辣椒粉中的食用色素和非食用色素进行了测定。结果表明，该法可以有效地对辣椒面和豆制品中的柠檬黄等色素进行同时分析。丁长河等采用石油醚将辣椒粉末中色素萃取出后，利用薄层色谱法将红辣椒中的苏丹 1 分离出来，分离效果较好。严浩英用双波长薄层扫描法分离测定 5 种人工合成食用色素，结果显示 5 种色素分离良好，扫描分析定性可靠、定量准确，可用于食品中人工合成食用色素的检测。

四、各种分析方法的对比、总结

当前色素被分析检测的实验较多，而各种检测方法均有各自的长处和不足，如表 3-1所示，检出限越低和回收率越高，说明该方法越可行，以上 5 种分析检测方法的检出限和回收率比较见表 3-2。食品中不止添加一种食用色素，多为混合色素，因此分析检测混合食用色素，相比较各方法的检出限和回收率，选择高效液相色谱法较为准确和适宜。

表 3-1 5 种分析方法优缺点的对比

检测方法	优点	缺点
高效液相色谱法	分离效能好、检测灵敏度高、应用范围广和操作自动化等	样品前处理工作烦琐、分析时间较长、成本较高等
光度法	灵敏度高、选择性好、使用浓度范围广、分析成本低以及操作简便快速等	干扰严重、准确度相对不高等
极谱法	仪器价廉、操作简单、灵敏度高、选择性好等	限制了测定的灵敏度、汞易挥发且有毒等
毛细管电泳法	分析速度快、分离模式多、应用范围广、分离效能好等	制备能力差、灵敏度较低、重现性较差等
薄层色谱法	操作方便、显色容易、经济实用、设备简单、现象明显、结果可靠等	灵敏度较低、重现性较差、精密度较差等

表 3-2 5 种分析方法的检出限和回收率的对比

色素	高效液相色谱法		光谱法		极谱法		毛细管电泳法		薄层色谱法	
	检出限（mg/L）	回收率（%）	检出限（mg/L）	回收率（%）	检出限（mg/L）	回收率（%）	检出限（mg/L）	回收率（%）	检出限（mg/L）	回收率（%）
日落黄	0.083~0.10	98.9~104.5	—	96.77	—	—	0.002	107.6~108.7	0.02	74~98
柠檬黄	0.03~0.10	97.4~107.3	—	92.35	0.27	87.5~109.6	0.003	97.85~100.8	0.02	74~98
苋菜红	0.083	97.0~102.0	—	97~103	—	99.7	0.002	106.0	0.03125	—
胭脂红	0.1	97.8~104.2	—	98.7~105.3	—	96.0	0.02	101.9	0.03125	—
亮蓝	0.035	102.0~104.6	—	98.04~103.8	—	87.2	0.16	98.5	0.01562	—

第二节 烟草质体色素的测定法研究

一、研究概述

该研究在前期文献调研的基础上，对样品的前处理条件和色谱条件进行优化选择，以期建立一种快速、简便的前处理方法以及合适的色谱条件，同时定量测定烟草中新黄质、紫黄质、叶黄素、叶绿素 b、叶绿素 a、β-胡萝卜素。

二、实验

（一）材料和仪器

（1）试剂。乙腈、异丙醇（色谱纯，Fisher 公司），纯度不小于 99.9%。丙酮（分析纯，天津北方化学试剂有限公司），纯度不小于 99.0%。

（2）标样。新黄质、紫黄质、叶黄素、叶绿素 a、叶绿素 b 和 β-胡萝卜素，纯度至少 97%（质量分数）（WAKO 公司）。

（3）仪器。Agilent 1100 高效液相色谱仪（配备紫外检测器和控温单元，Agilent 公司）；KQ-300DE 超声波发生器（昆山市超声仪器有限公司）；分析天平（感量：0.0001g，瑞士梅特勒公司）；粉碎机，配 40 目筛网；LGJ-12 台式冷冻干燥机（北京松源华兴科技发展有限公司）；Milli-Q50 超纯水处理仪（Millipore 公司）；0.45μm 微膜过滤器（Millipore 公司）。

（二）样品的处理与分析

调制后样品和卷烟制品按 YC/T 31—1996 制备试样。新鲜烟叶由冻干机-45℃冻干 48h，粉碎，过 40 目筛，取筛下物放入冰箱冷藏待用。

准确称取制备后样品（新鲜烟叶 0.2g 左右，调制后及卷烟制品烟叶取 2g 左右，精确至 0.0001g）于 50ml 三角瓶中，准确加入 25ml 萃取剂（90%丙酮溶液），室温下超声波萃取 20min，取适量萃取液经 0.45μm 微膜过滤器过滤。滤液装入 2ml 棕色色谱瓶，待 HPLC 分析。

采用的分析条件：色谱柱，Waters Nova-Pak-C_{18}（3.9mm×150mm，4μm）；柱温，40℃；柱流速，0.5ml/min；进样量，10μl；流动相 A，异丙醇；流动相 B，80%乙腈的水溶液（v/v）；平衡时间，6min；梯度洗脱，条件见表 3-3。

表 3-3　流动相的淋洗梯度

时间（min）	B（%）	流速（ml/min）
0	100	0.5
40	0	0.5

检测波长：450nm。采用保留时间定性，外标法定量。

三、结果与讨论

（一）色谱条件的选择

1. 流动相的选择

采用 Waters Nova-Pak-C_{18}柱，使用传统的流动相甲醇—异丙醇—水体系，得到的色谱图如图 3-2。由图 3-2 可以看出，新黄质和紫黄质没有完全分离。

新黄质和紫黄质结构如图 3-3 所示。其结构相似，只相差 2 个氢原子，难以分离。

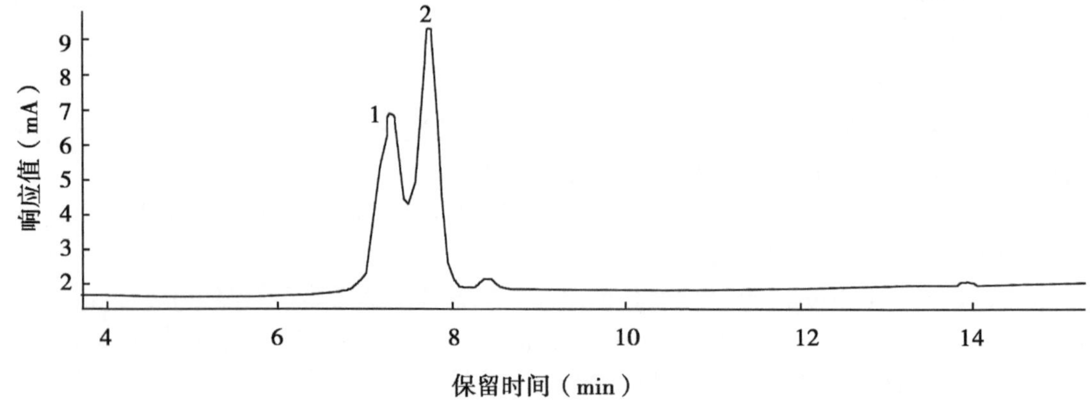

图 3-2　甲醇—异丙醇—水体系分离新黄质（1）和紫黄质（2）色谱图

试验采用甲醇—乙腈—水体系梯度洗脱，新黄质和紫黄质的分离度可以达到 1.81，但由于在这种条件下 β-胡萝卜素不出峰（可能与 β-胡萝卜素在这种体系中的溶解度太小有关），因此考虑使用异丙醇代替甲醇作有机相，通过乙腈溶液调节流动相的极性进行梯度洗脱，此时新黄质和紫黄质能够完全分离（图 3-4），并且其他色素也取得了满意的分离效果。

因此本试验采用 80%乙腈的水溶液和异丙醇梯度洗脱。

2. 柱温对分离效果的影响

控制柱温箱的温度，不但可以固定物质的出峰保留时间，同时还有利于提高定量精度。为考察柱温对分离效果的影响，本实验选择在 10℃、20℃、30℃、40℃四个温度条件下对处理的样品进行分析比较。结果表明，温度对分离度影响不大。但由于异丙醇黏度较大，适当提高温度会降低流动相黏度，同时增进质量传递，提高样品的溶解度，从而更好地促进溶解和提高分析速度。因此本试验选择控制柱温在 30℃。

3. 流速的优化

根据实验用色谱柱规格，选择 0.5ml/min、1.0ml/min 两种流速下对比其分离效果。虽然大流速可以缩短分析时间，但峰面积和峰高度均变小，即响应变小，并且流速为 1.0ml/min 时，新黄质和附近的杂质峰分离不好，因此本试验选择在 0.5ml/min 的流速下分析测定。

（二）样品前处理条件的优化选择

色素稳定性差，故样品的处理过程要避免加热、光照。目前大部分的测定方法是将叶绿素和类胡萝卜素分开测定，叶绿素采用溶剂萃取后分光光度法进行测定，类胡萝卜素的测定则用溶剂萃取后皂化除酯再用液相色谱法测定。皂化反应虽然可以除去叶绿素及其他酯类的干扰，但该操作步骤繁琐、耗时、试剂消耗大。因此，本研究拟建立一种快速、简便的前处理方法，能够同时定量测定烟草中叶绿素和类胡萝卜素。

1. 萃取溶剂的选择

食物中类胡萝卜素的提取最初是用甲醇或甲醇与一些极性更弱的溶剂混合物进行。

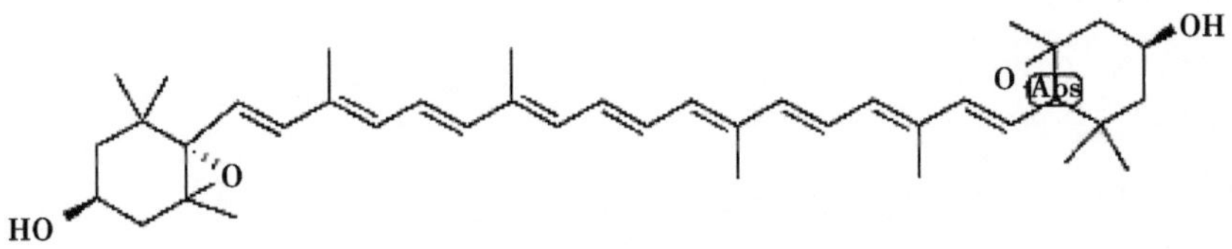

紫黄质 $C_{40}H_{56}O_4$ 相对分子质量601

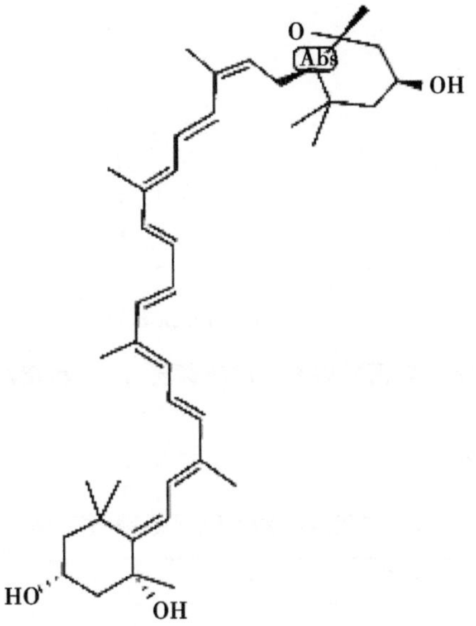

新黄质 $C_{40}H_{58}O_4$ 相对分子质量603

图 3-3 新黄质和紫黄质结构图

如 Hart 等在从大量生的或煮熟的蔬菜、水果中提取类胡萝卜素时，用的是甲醇—四氢呋喃（THF）（体积比为 1∶1）溶液。另外，也有用甲醇—二乙醚、甲醇—氯仿、甲醇—正己烷、甲醇—丙酮—正己烷的。有的单独用丙酮或与石油醚混合使用。在类胡萝卜素样品的提取中还有用更复杂的正己烷—丙酮—甲醇—甲苯（体积比为 10∶7∶6∶7）混合溶液的。但在众多溶剂中，没有一种溶剂能适合所有样品中类胡萝卜素的提取。为了提高提取效率，针对不同的样品需仔细进行提取溶剂的考察。如在辣椒中以叶黄素类作为主要提取物时，乙醇是较好的有机溶剂。而在蕃茄汁中以番茄红素为主要提取物时，在丙酮—正己烷（3∶5，体积比，下同）、乙醇—丙酮—正己烷（2∶1∶3）、乙酸乙醋—正己烷（1∶1）、乙酸乙醋（100%）和乙醇—正己烷（4∶3）5 种溶剂体系中，乙醇—正己烷（4∶3）的提取效率最高。

本研究目标物为绿色素和类胡萝卜素，样品为烟草及其制品。在文献调研的基础上，本实验选择了几种常用的溶剂二氯甲烷、石油醚、乙酸乙酯，以及丙酮、乙醇、甲醇及其与水的不同比例作为萃取溶剂，以烤烟的新鲜烟叶为测试样品，按照 2. 2 所示的方法进行处理分析，考察其对 6 种质体色素的萃取效率。以 90%丙酮为萃取液的测定结

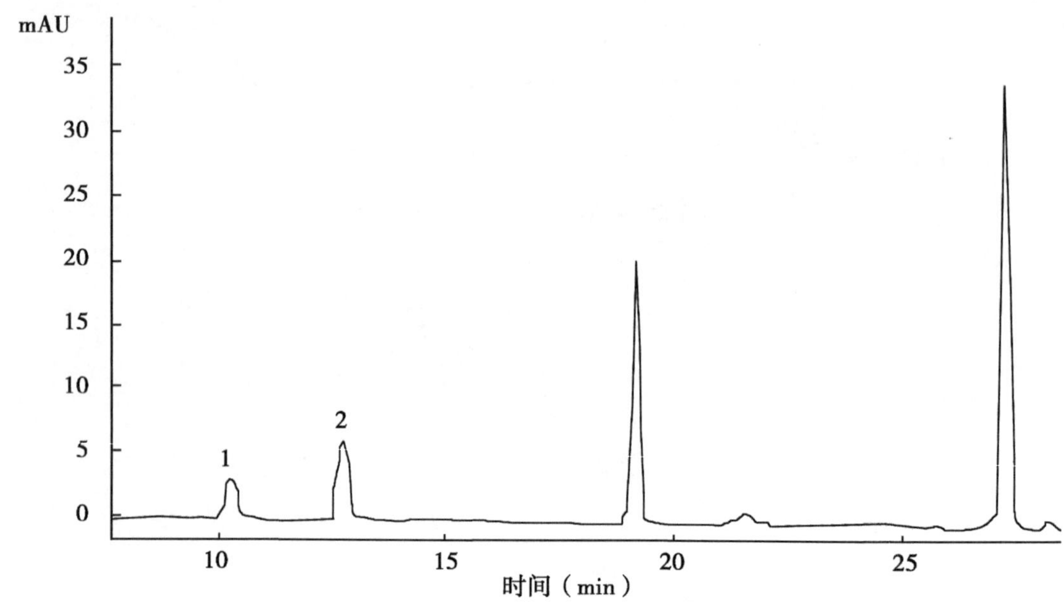

图 3-4　80%乙腈—异丙醇体系分离新黄质（1）和紫黄质（2）色谱图

果为基准，结果如表 3-4 所示。

表 3-4　常用溶剂对 6 种目标物的萃取效率　（%）

	新黄质	紫黄质	叶黄素	叶绿素 b	叶绿素 a	β-胡萝卜素
石油醚	0	0	18	0	0	66
乙酸乙酯	20	42	74	101	91	97
二氯甲烷	10	22	35	106	75	98
异丙醇	71	81	80	100	92	94
100%甲醇	107	90	95	100	93	93
90%甲醇	118	85	103	75	63	28
80%甲醇	119	79	97	30	20	0
70%甲醇	121	54	22	0	0	0
60%甲醇	34	9	0	0	0	0
50%甲醇	26	0	0	0	0	0
100%丙酮	65	89	82	103	95	102
90%丙酮	100	100	100	100	100	100
80%丙酮	116	102	99	99	94	95
70%丙酮	118	103	107	93	94	42
60%丙酮	98	89	56	38	0	0
50%丙酮	91	65	35	0	0	0
100%乙醇	103	89	97	98	100	94
90%乙醇	104	87	99	93	95	84

（续表）

	新黄质	紫黄质	叶黄素	叶绿素 b	叶绿素 a	β-胡萝卜素
80%乙醇	112	88	102	89	91	67
70%乙醇	104	74	86	49	48	8
60%乙醇	100	50	45	2	0	0
50%乙醇	88	19	1	0	0	0

由以上结果可以看出，甲醇、丙酮和乙醇对 6 种目标物的萃取效率相对较高，综合看来，90%丙酮溶液的萃取效果最佳。

2. 超声时间的优化

超声波提取技术的基本原理是利用超声波的空化作用加速植物有效成分的浸出提取，另外超声波的次级效应，如机械振动、乳化、扩散、击碎、化学效应等也能加速扩散释放并充分与溶剂混合，利于提取。与常规方法比较，具有提取时间短、产率高、无需加热等优点。

分别考察了超声时间为 10min、20min、30min、40min 时的萃取效率，结果如表 3-5所示。由表 3-5 可以看出，超声萃取 10min 时对个别目标物的萃取不完全。超声萃取 20min 与 30min 的萃取效率比较接近，萃取较完全。超声萃取 40min 时个别目标物的萃取效率降低。因此选择萃取时间为 20min。

表 3-5　超声时间对萃取效果的影响　（μg/ml）

超声时间	新黄质	紫黄质	叶黄素	叶绿素 b	叶绿素 a	β-胡萝卜素
10min	0. 25	0. 25	1. 16	3. 03	7. 23	0. 20
20min	0. 27	0. 26	1. 13	3. 10	7. 84	0. 21
30min	0. 27	0. 25	1. 10	2. 94	7. 53	0. 20
40min	0. 26	0. 25	1. 10	2. 94	7. 48	0. 20

（三）样品稳定性试验

试样提取后，在-18℃避光存放，考察了样品在 7 日内的稳定性，结果如表 3-6 所示。试验结果表明，在-18℃避光存放条件下，样品测试结果的最大变异系数为 4. 19%，在 7d 内基本比较稳定。

表 3-6　冷冻避光条件下样品的稳定性试验结果　（μg/ml）

时间	新黄质	紫黄质	叶黄素	叶绿素 b	叶绿素 a	β-胡萝卜素
新鲜	0. 30	0. 28	1. 02	2. 96	7. 68	0. 20
1d	0. 32	0. 29	1. 07	3. 06	7. 76	0. 19
3d	0. 31	0. 28	1. 05	3. 08	8. 26	0. 19
5d	0. 32	0. 28	1. 06	3. 13	8. 26	0. 19
7d	0. 33	0. 28	1. 03	3. 14	8. 44	0. 18
平均值	0. 32	0. 28	1. 04	3. 07	8. 08	0. 19
RSD（%）	3. 35	1. 42	1. 89	2. 43	4. 19	3. 98

（四）标准工作曲线

用丙酮做溶剂，配制浓度分别约为 10μg/ml、5μg/ml、2. 5μg/ml、1μg/ml、0. 5μg/ml、0. 25μg/ml 和 0. 1μg/ml 的混合工作标准液。对叶绿素 a 再增加 50μg/ml，25μg/ml 两个浓度梯度，HPLC 分析后，根据不同浓度下的峰面积响应进行回归分析，得到标准曲线回归方程（表 3-7）。

表 3-7　6 种质体色素的保留时间及回归方程

	保留时间（min）	浓度范围（μg/ml）	回归方程	R^2
新黄质	10. 284	0. 1~2. 5	Y=91. 73X+0. 86	0. 99988
紫黄质	12. 802	0. 1~2. 5	Y=196. 48X+0. 53	0. 99997
叶黄素	19. 148	0. 1~10. 0	Y=173. 39X−2. 83	0. 99989
叶绿素 b	27. 239	0. 5~10. 0	Y=87. 65X+3. 07	0. 99997
叶绿素 a	29. 763	0. 5~50. 0	Y=8. 36X+8. 25	0. 99921
β-胡萝卜素	36. 418	0. 1~5. 0	Y=368. 59X−1. 31	0. 99993

由图 3-5、图 3-6、图 3-7 可知，采用的色谱条件使这 6 种质体色素的色谱峰都分离良好，建立的标准曲线也具有较好的相关性，可以满足烟草中这几种质体色素分离分析要求。

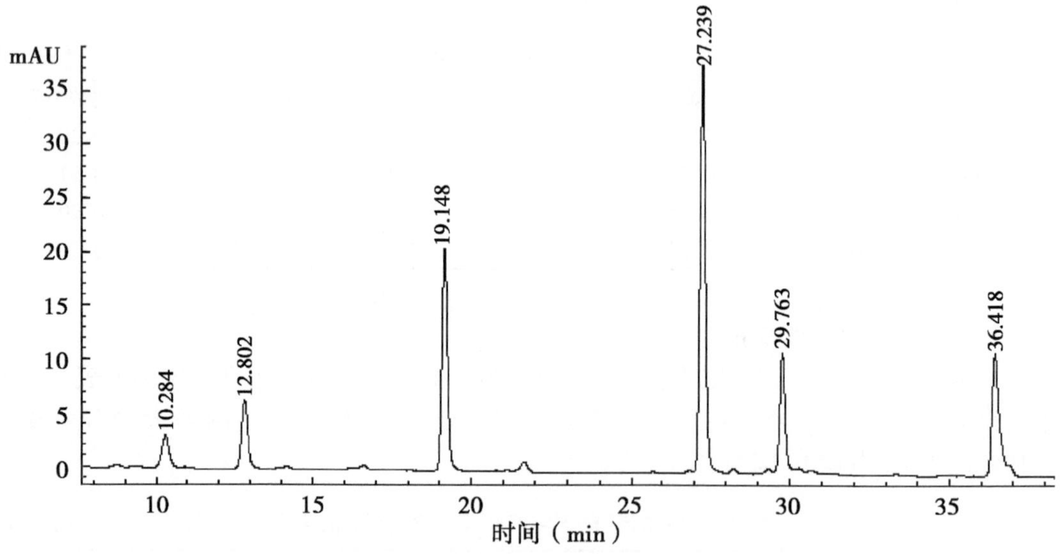

图 3-5　质体色素标准溶液色谱图

保留时间：10. 284min 新黄质；12. 802min 紫黄质；19. 148min 叶黄素；27. 239min 叶绿素 b；29. 763min 叶绿素 a；36. 418min β-胡萝卜素

（五）检测限、回收率及精密度

方法的检测限（*LOD*）由最低浓度标样测定 10 次，结果的标准偏差（*SD*）计算，即：*LOD*=3*SD*。结果见表 3-8。

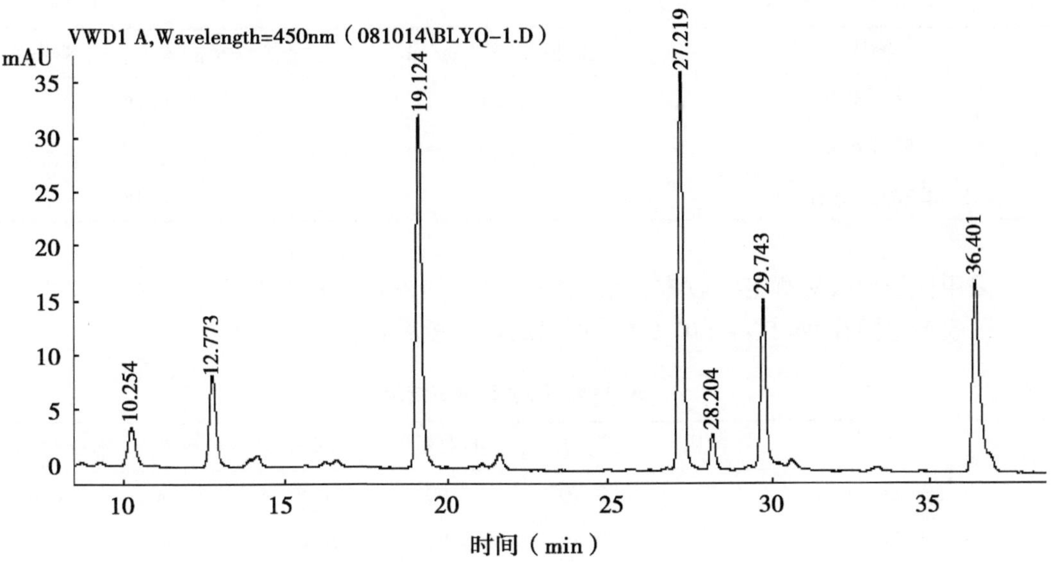

图 3-6　典型样品（白肋烟青烟叶）色谱图

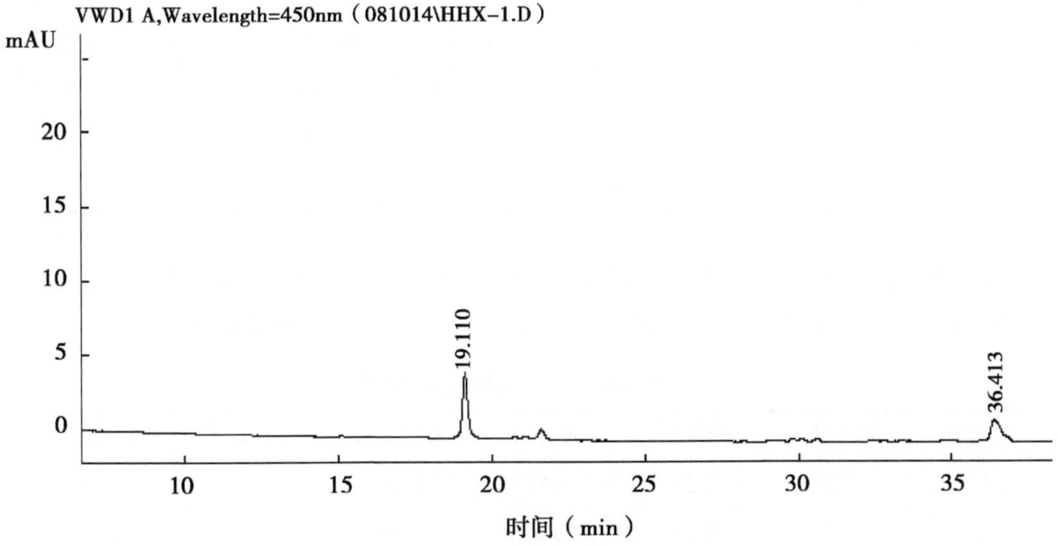

图 3-7　典型样品（混合型卷烟）色谱图

表 3-8　方法的检测限测定结果

物质	仪器检测限（ng/ml）	方法检测限（μg/g 烟叶）
新黄质	21.2	0.27
紫黄质	16.4	0.21
叶黄素	7.8	0.10

（续表）

物质	仪器检测限（ng/ml）	方法检测限（μg/g 烟叶）
叶绿素 b	29.1	0.36
叶绿素 a	32.0	0.40
β-胡萝卜素	14.2	0.18

采用标样加入法测定回收率，根据测出量、加入量计算回收率。由表 3-9 可以看出，回收率范围在 96.5%~110.9%，可以满足定量需要。

表 3-9　回收率测定结果

		新黄质	紫黄质	叶黄素	叶绿素 b	叶绿素 a	β-胡萝卜素
高	加入量（μg）	0.70	0.70	5.00	6.00	20.00	1.20
	测出量（μg）	0.68	0.69	4.92	6.41	19.82	1.16
	回收率（%）	97.8	98.8	98.4	106.8	99.1	96.5
中	加入量（μg）	0.35	0.35	2.50	3.00	10.00	0.60
	测出量（μg）	0.35	0.36	2.51	3.28	10.62	0.61
	回收率（%）	100.0	103.1	100.3	109.4	106.2	101.6
低	加入量（μg）	0.20	0.20	1.50	1.50	5.00	0.30
	测出量（μg）	0.21	0.22	1.47	1.66	4.84	0.31
	回收率（%）	102.6	107.6	98.3	110.9	96.8	103.5

平行称取 5 份同一个新鲜烟叶样品，分别进行前处理和 HPLC 分析测定，结果（表 3-10）显示，采用该方法的相对标准偏差均小于 5%，方法的重复性好。

表 3-10　5 次重复性的实验结果　（μg/ml）

实验次数	新黄质	紫黄质	叶黄素	叶绿素 b	叶绿素 a	β-胡萝卜素
1	0.28	0.23	0.83	2.56	7.70	0.28
2	0.29	0.23	0.86	2.61	8.62	0.29
3	0.30	0.24	0.86	2.63	7.96	0.30
4	0.29	0.24	0.87	2.66	8.06	0.29
5	0.30	0.24	0.87	2.66	8.04	0.30
RSD（%）	3.01	1.17	2.12	1.65	4.15	2.08

（六）共同实验样品的测定结果

采用所建立的测定方法，分别在河南中烟工业公司（表 3-11 中简称“河南”）、上海烟草集团（表 3-11 中简称“上海”）以及郑州烟草研究院（表 3-11 中简称“烟院”）对调制后烟叶，冷冻干燥的新鲜烟叶和卷烟制品进行检测。

表 3-11　共同实验样品测定结果　（μg/g 烟叶）

样品		新黄质	紫黄质	叶黄素	叶绿素 b	叶绿素 a	β-胡萝卜素
白肋烟-青	河南	76.38	81.50	316.81	599.50	2 568.44	118.25
	烟院	74.00	87.50	355.25	627.25	2 567.25	131.25
	上海						
烤烟-青	河南	133.25	120.50	427.50	1 235.19	4 380.00	143.00
	烟院	125.00	131.75	467.25	1 262.19	4 190.00	157.50
	上海						
香料烟-青	河南	177.88	130.00	430.75	1 423.69	5 274.31	153.13
	烟院	163.75	132.50	454.75	1 496.25	5 160.00	153.34
	上海						
白肋烟-调制	河南	N.D	N.D	7.15	N.D	N.D	1.51
	烟院	N.D	N.D	7.31	N.D	N.D	1.63
	上海						
烤烟-调制	河南	N.D	N.D	10.50	N.D	N.D	2.48
	烟院	N.D	N.D	13.95	N.D	N.D	2.70
	上海						
香料烟-调制	河南	N.D	N.D	6.95	N.D	N.D	2.79
	烟院	N.D	N.D	7.85	N.D	N.D	2.85
	上海						
混合型卷烟	河南	N.D	N.D	8.85	N.D	N.D	2.85
	烟院	N.D	N.D	10.45	N.D	N.D	2.90
	上海						
烤烟型卷烟	河南	N.D	N.D	18.88	N.D	N.D	4.96
	烟院	N.D	N.D	21.00	N.D	N.D	5.58
	上海						
雪茄型卷烟	河南	N.D	N.D	14.51	N.D	N.D	3.06
	烟院	N.D	N.D	16.63	N.D	N.D	3.20
	上海						

注：N.D 表示样品中未检出

四、小结

通过对前处理及色谱条件的优化选择，建立了使用丙酮溶液做萃取溶剂，超声萃取20min后采用配备紫外检测器的HPLC分离分析烟草样品中的质体色素的方法。本方法对于新黄质和紫黄质有较高的分离度，可用于同时对6种质体色素的定量分析测定，并且操作简便、重复性好。

第三节　烟草质体色素行业标准测定方法

一、范围

本标准规定了烟草及烟草制品中质体色素的高效液相色谱测定方法。

本标准适用于表3-12所列烟草及烟草制品中质体色素的测定。尤其建议在表3-12所列各质体色素的检测限以内测定。

表3-12　适合于本标准检测的质体色素

物质名称	通用名
Neoxanthin	新黄质
Violaxanthin	紫黄质
Lutein	叶黄素
Chlorophyll b	叶绿素 b
Chlorophyll a	叶绿素 a
β-carotene	β-胡萝卜素

二、规范性引用文件

下列文件中的条款通过本标准的引用而成为本标准的条款。凡是注日期的引用文件，其随后所有的修改单（不包括勘误的内容）或修订版均不适用于本标准，然而，鼓励根据本标准达成协议的各方研究是否可使用这些文件的最新版本。凡是不注日期的引用文件，其最新版本适用于本标准。

GB/T 5606.1 卷烟　第一部分：抽样

GB/T 19616 烟草成批原料取样的一般原则（GB/T 19616—2004；ISO 4874）
YC/T 31 烟草及烟草制品 试样的制备和水分测定 烘箱法

三、原理

用 90%丙酮溶液超声萃取烟草及其制品中的质体色素，萃取液经 0.45μm 有机相滤膜过滤后，通过配有紫外检测器的高效液相色谱仪器定量分析检测其中的 6 种质体色素。

四、试剂与标准品

所有试剂应适合于烟草及其制品中质体色素的分析。所有溶剂必须依照与样品测定相同的操作步骤作空白实验以检查其纯度，溶剂色谱图的基线上应没有明显的干扰质体色素测定的峰出现。

（1）超纯水，电阻率≥18MΩ/cm。

（2）乙腈，色谱纯试剂。

（3）异丙醇，色谱纯试剂。

（4）丙酮，分析纯试剂，纯度不小于 99.0%。

（5）标准物质

新黄质、紫黄质、叶黄素、叶绿素 a、叶绿素 b 和 β-胡萝卜素为纯度至少 95%（质量分数）。

（6）质体色素萃取剂，使用 90%丙酮溶液。配制方法，移取 450ml 丙酮于 500ml 的容量瓶中，用超纯水稀释至刻度。

（7）标准溶液

①标准储备液

a. 称取 0.0025g β-胡萝卜素标准物质于 50ml 棕色容量瓶中，精确至 0.0001g，用丙酮稀释定容，配制成浓度约为 50μg/ml 的单一标准储备液。

b. 分别将 1mg 叶绿素 a、叶绿素 b、叶黄素标准物质转移到各自的 10ml 棕色容量瓶中，用丙酮稀释定容，配制成浓度为 100μg/ml 的叶绿素 a、叶绿素 b、叶黄素单一标准储备液。

c. 分别将 1mg 新黄质、紫黄质转移到 10ml 棕色容量瓶中，用丙酮稀释定容，配制成浓度为 100μg/ml 的新黄质、紫黄质混合标准储备液。

②工作标准液

分别移取一定体积的标准储备液 a、b、c 于 10ml 容量瓶中，用丙酮稀释至刻度，配制浓度分别约为 10μg/ml、5μg /ml、2.5μg /ml、1μg /ml、0.5μg /ml、0.25μg /ml 和 0.1μg /ml 的混合工作标准液。对叶绿素 a 再增加 50μg /ml 和 25μg /ml 两个浓度梯度。

五、仪器与设备

常用实验仪器：

（1）低温冷冻干燥机。

（2）粉碎机，配 40 目筛网。

（3）磨口具塞三角瓶，50ml。

（4）天平，感量 0.0001g。

（5）超声波清洗器。

（6）0.45μm 微膜过滤器。

（7）烘箱，鼓风式。

（8）容量瓶，10ml、50ml、500ml。

（9）高效液相色谱仪，配有自动进样装置和紫外检测器，柱箱应配备有控温单元。

六、抽样及试样制备

（1）抽样 按 GB/T 5606.1 或 YC/T 5 抽取样品。

（2）烤后烟叶和卷烟制品按 YC/T 31 制备试样。

（3）田间新鲜烟叶由低温冷冻干燥机冻干（-45℃下 48h），粉碎，过 40 目筛，筛下物为实验用烟样粉末。

七、分析步骤

（一）提取

准确称取制备后样品（新鲜烟叶 0.2g 左右，烤后烟叶 2g 左右，精确至 0.0001g）于 50ml 三角瓶中，加入 25ml 萃取剂，室温下超声波萃取 20min。

（二）净化

取超声后萃取液 1ml，用 0.45μm 微膜过滤器过滤。滤液装入 2ml 棕色样品瓶，待高效液相色谱分析。

（三）标准曲线的制作

用工作标准溶液制备标准曲线，以各质体色素浓度与相应面积绘制标准曲线。其浓度范围应覆盖预计检测到的样品含量。采用外标法定量。质体色素标准品色谱图见附录 A 所示。

（四）液相色谱条件

a）色谱柱：反相 C18 液相色谱柱，十八烷基硅烷键合硅胶填充剂，规格为 3.9mm×150mm，4μm 粒径，或相当型号色谱柱。

b）流动相：

溶剂 A　异丙醇

溶剂 B　80%乙腈的水溶液

梯度洗脱：按表 3-13 所示线性梯度洗脱。

c）流速 0.5ml/min；

d）进样量：10μl；

e）柱温：30℃；

f）检测波长：450nm。

表 3-13　流动相的梯度条件

时间（min）	A（%）	B（%）
0	0	100
40	100	0

八、结果计算

以干基计的质体色素含量，数值以 μg/g 表示，按式（1）进行计算

$$质体色素含量=c\times25/m \tag{1}$$

式中：c 为样品的高效液相色谱的仪器测定值（μg/ml）；

m 为样品的重量（g）。

以两次测定的平均值作为测定结果，结果精确至 0.01μg/g。平行测定的相对偏差应小于 5%。

九、精密度、回收率和检出限

本方法的精密度、回收率和检出限实验研究结果参见附录 B 表 B1。

十、测试报告

测试报告应包含采用的方法和得到的结果（μg /g）。应分别列出每种质体色素的含量。报告还应包含样品信息和本方法未规定的或是选择性的操作条件，以及可能对结果产生影响的其他情况。

附录 A

（资料性附录）

色谱图示例

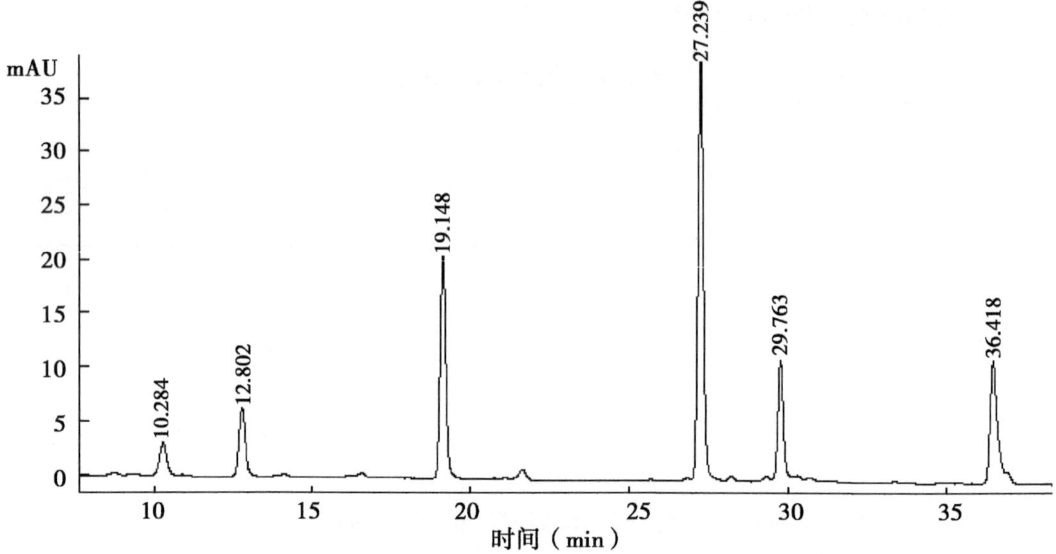

图 A1　质体色素标准溶液色谱图

保留时间：10. 284min 新黄质；12. 802min 紫黄质；19. 148min 叶黄素；27. 239min 叶绿素 b；29. 763min 叶绿素 a；36. 418min β-胡萝卜素

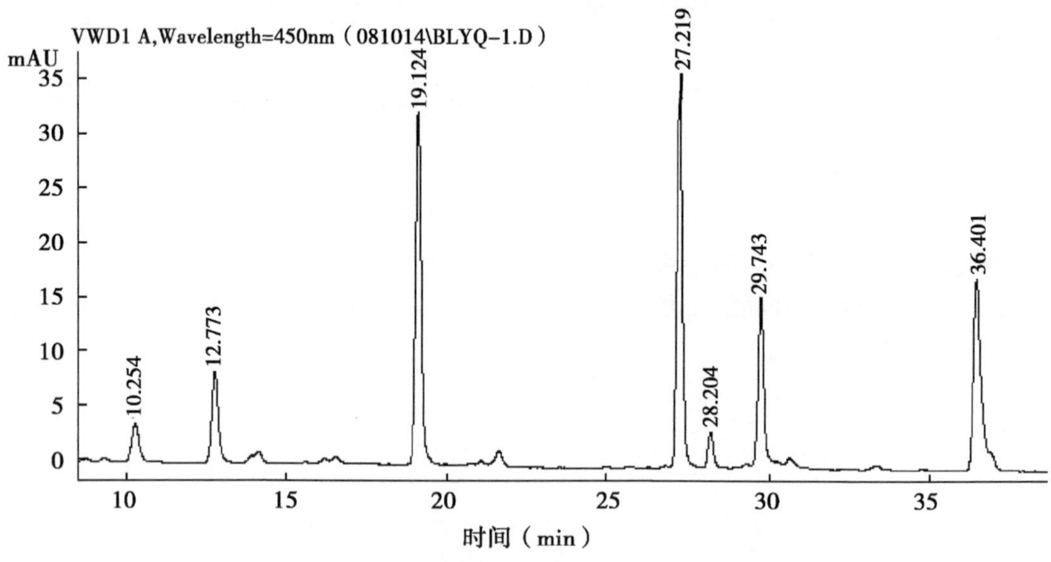

图 A2　典型烟草样品（白肋烟）中质体色素色谱图

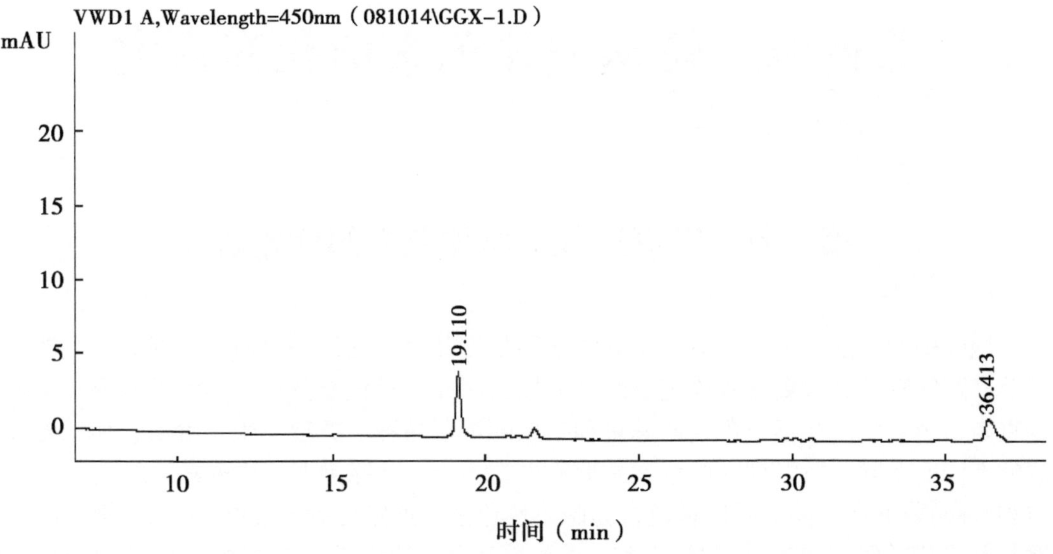

图 A2　典型烟草样品（混合型卷烟）中质体色素色谱图

附录 B
（资料性附录）

本方法的精密度、回收率和检出限实验研究结果见表 B1。

表 B1　本方法的精密度实验研究结果

质体色素	低浓度		中浓度		高浓度		变异系数（%）	检出限（ng/ml）
	加入量（μg）	回收率（%）	加入量（μg）	回收率（%）	加入量（μg）	回收率（%）		
新黄质	0.2	102.6	0.4	100.0	0.7	97.8	3.0	21.2
紫黄质	0.2	107.6	0.4	103.1	0.7	98.8	1.2	16.4
叶黄素	1.5	98.3	2.5	100.3	5.0	98.4	2.1	7.8
叶绿素 b	1.5	110.9	3.0	109.4	6.0	106.8	1.6	29.1
叶绿素 a	5.0	96.8	10.0	106.2	20.0	99.1	4.2	32.0
β-胡萝卜素	0.3	103.5	0.6	101.6	1.2	96.5	2.1	14.2

第四章　烤烟质体色素的代谢研究

第一节　发育过程中质体色素的代谢研究

烟叶中叶绿素、类胡萝卜素及其降解物是烟叶重要的致香物质，叶绿素、类胡萝卜素及其降解物种类含量直接决定着烟叶品质，因此，对色素及相关因素的研究在国内外一直是一个热点。烟草中色素的总量和组成随烟草品种、类型、生长阶段、加工处理方法的不同而不同。新鲜烟叶的色素主要有叶绿素 a、叶绿素 b、叶黄素、新黄质、紫黄质和β-胡萝卜素，其中后四种色素为脂溶性色素，通常分为C_{40}的碳氢化合物（胡萝卜素）和它们的氧化衍生物（叶黄素）两大类色素。绝大部分叶绿素 a 分子和全部叶绿素 b 分子具有收集和传递光能的作用。少数特殊状态的叶绿素 a 分子有将光能转换为电能的作用。类胡萝卜素在植物叶绿体光合作用中起着重要作用，它们是光合作用中光传导途径和光反应中心的重要成分，担当叶绿体光合天线的辅助色素，帮助叶绿体吸收光能；另外，它们在高温、强光下能通过叶黄素循环，以非辐射的方式耗散光系统Ⅱ（PSⅡ）的过剩能量保护叶绿素免受破坏。类胡萝卜素也是合成植物激素 ABA 的前体。在烟叶中，类胡萝卜素作为许多重要致香成分的前体物对烟草香味品质的形成有重要作用。烟草品质形成是烟草在品种、生态环境等综合条件下发育的结果。深入研究烤烟发育过程中质体色素含量变化，对提高我国优质烤烟生产水平具有重要意义。

一、材料与方法

（一）试验材料

供试品种：K326。盆栽试验地点：河南农业大学科教示范园区（郑州毛庄）网室内。试验用素烧陶盆，高 40cm，盆口直径 40cm，盆底直径 35cm。试验前，先在网室内起垄，按 100cm×45cm 行、株距，将陶盆置于垄上。

每盆施纯 N 2.5g，各处理 NH_4^+-N 与 NO_3^--N 按 1∶3，且 N∶P_2O_5∶K_2O=1∶2∶2.5。

每盆装土 20kg，装盆前土经过风干，并过 0.5mm×1mm 网筛。供试土壤情况：pH 值=7.8，有效氮 50.5mg/kg，有效磷 10.1mg/kg，速效钾 105mg/kg。按试验设计，将土壤与肥料混合均匀后装盆，重过磷酸钙经研磨过 3mm 网筛。装盆时每盆埋插塑料管供浇水用。

5 月 17 日移栽烟苗，移栽后定量浇水，保持每盆含水量基本一致，种植 50 盆。田间管理如大田。

（二）测定项目与方法

1. 取样方法

对烤烟分上、中、下三部分取叶（从下往上数分别为第 3~5 片、第 10~12 片、第 16~18 片叶）于 1/2 定长、定长、欠熟、尚熟、成熟、完熟分 6 次取样，每处理重复 3 次。

叶片成熟度标准按国家烤烟标准 GB 2636—86 中成熟度划分标准，即假熟（Premature）：指外观似成熟，但未达到真正成熟；欠熟（Unripe）烟叶在田间未达到成熟；尚熟（Mature）烟叶在田间刚达到成熟，生化变化尚不充分；成熟（ripe）烟叶在田间达到成熟；完熟（Mellow）上部烟在田间达到高度的成熟。结合韩锦峰等研究，各成熟度外观表现为：欠熟：主脉 1/2 左右变白，支脉青，叶色淡绿；尚熟：主脉全白发亮，支脉大部分青，叶色黄绿，叶尖略下勾，叶缘稍枯，茸毛较少脱落；成熟：主脉全白发亮，支脉 2/3 变白，叶色黄而均匀；完熟：上部叶叶面皱缩，有黄泡（黄中透白），枯尖枯边，叶耳淡黄，茸毛较多脱落，有极少赤星病状斑点。

2. 测定方法

叶绿素、类胡萝卜素采用比色法进行。计量单位：mg/g。

β-胡萝卜素、新黄质、紫黄质、叶黄质测定方法为反相高效液相色谱法。工作条件见测定方法（第三章第三节）。

二、结果与分析

（一）发育过程中叶绿素类色素含量的动态变化

1. 总叶绿素含量的动态变化

烤烟发育过程中总叶绿素含量总体呈下降趋势，不同部位间差异较大（图 4-1）。

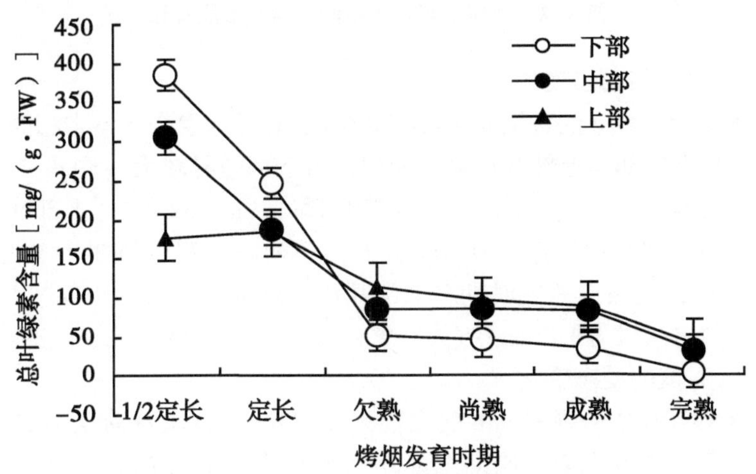

图 4-1　烤烟发育过程中总叶绿素含量变化

烤烟发育前期，总叶绿素含量随部位的上升而下降，且部位间差异较大，1/2 定长时期下部叶片含量达 384. 9mg/（g・FW），是同期中部叶片的 126. 3%、上部叶片的 217. 7%；中后期迅速改变为随部位的上升而上升，且中部、上部差异较小，与下部差异较大，成熟时期上部叶片为 88. 6mg/（g・FW），基本与中部叶片含量相同，但是下部叶片的 2. 62 倍；完熟时期差异进一步增大，该期上部叶片总叶绿素含量为 41. 5mg/（g・FW），中部叶片含量为 31. 3mg/（g・FW），下部叶片仅为 4. 3mg/(g・FW)。

2. 叶绿素 a 含量的动态变化

与总叶绿素含量变化趋势相同，烤烟发育过程中叶绿素 a 含量总体呈下降趋势，不同部位间差异较大（图 4-2）。1/2 定长期下部叶片叶绿素 a 含量达 298mg/（g・FW），是同期中部叶片的 124. 6%、下部叶片的 204. 3%；完熟时期中上部叶片叶绿素 a 含量显著高于下部叶片，其中上部叶片含量达 33. 4mg/（g・FW），为同期中部叶片的 133. 5%，为下部叶片的 11 倍多。

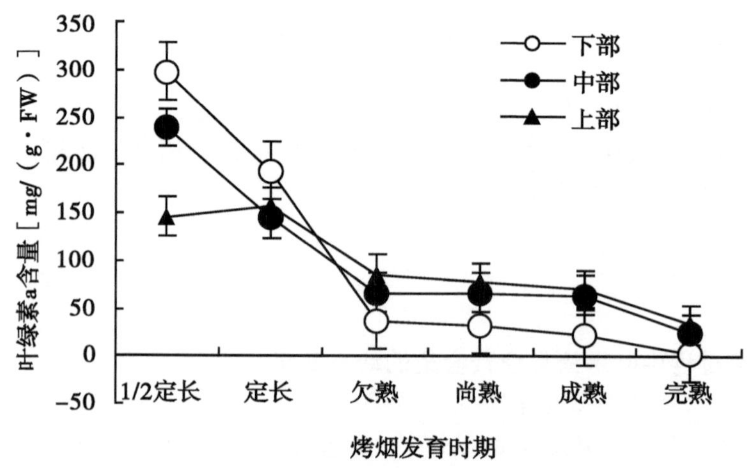

图 4-2　烤烟发育过程中叶绿素 a 含量变化

3. 叶绿素 b 含量的动态变化

烤烟发育前期叶绿素 b 的含量变化与叶绿素 a、总叶绿素变化基本相同，均为下部叶片最高，发育中后期中部、上部叶片含量相似，与下部差异较大（图 4-3）。1/2 定长时期下部叶片含量达 86. 9mg/（g・FW），为同期中部叶片的 132. 4%、上部叶片的 280. 4%；成熟时期中部、上部叶片含量均为 20mg/（g・FW）左右，同期下部叶片含量仅为 11. 6mg/（g・FW）；成熟至完熟时期，下部叶片含量降低较快，中部、上部叶片较慢，完熟时期下部叶片含量仅为 1. 26mg/（g・FW），为中部叶片的 20%、上部叶片的 15. 6%。

4. 叶绿素 a/b 值的动态变化

不同部位烤烟叶片中叶绿素 a/b 变化较大（图 4-4），发育前期中部、下部叶片比值基本不变，稳定在 3. 5 左右，同期上部叶片比值较高在 4. 7～5. 9 之间变动；定长—欠熟期间，上部叶片叶绿素 a/b 迅速下降为 3，介于下部、中部之间；发育中后期，下部叶片叶绿素 a/b 呈下降趋势，中部、上部保持稳定；完熟期上部、中部叶片稳定在 4

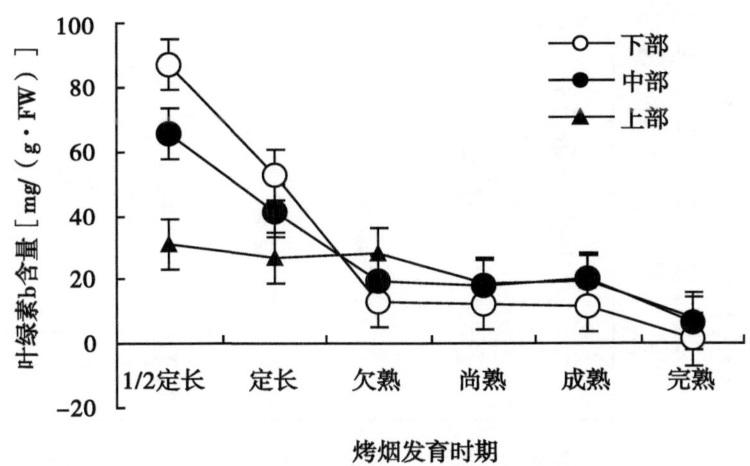

图 4-3　烤烟发育过程中叶绿素 b 含量变化

左右，下部叶片叶绿素 a/b 值仅为 2.4，表明烤烟下部叶片叶绿素 a 转化叶绿素 b 较快，叶绿素降解进程大于中上部叶片。

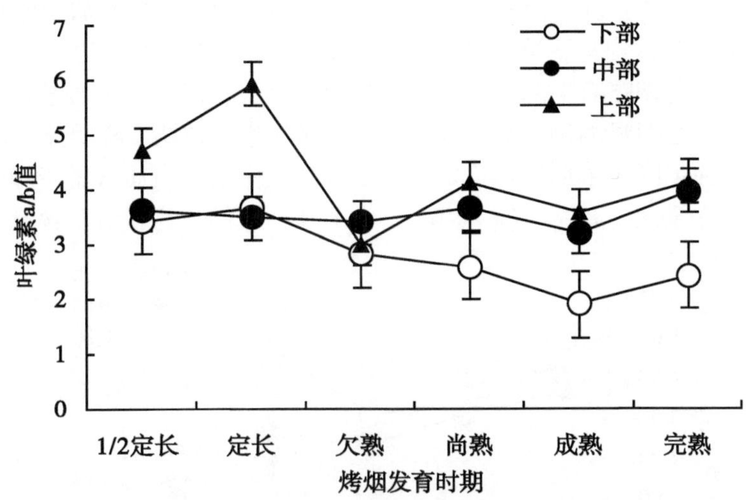

图 4-4　烤烟发育过程中叶绿素 a/b 值变化

(二) 发育过程中类胡萝卜素类色素含量的变化

1. β-胡萝卜素的含量变化

不同部位烤烟叶片中 β-胡萝卜素的代谢动态不同（图 4-5）。由图 4-5 可见，不同部位烤烟叶片 β-胡萝卜素的动态变化差异较大。总的趋势为：下部叶片、中部叶片其含量随生育时期的推进而下降，但上部叶片发育后期 β-胡萝卜素含量保持代谢平衡且后期略有上升。其中，下部叶片于欠熟时期 β-胡萝卜素含量开始快速降低，中部叶片在尚熟期后下降明显；上部叶片于 1/2 定长—定长期快速积累，中期略有下降，后期略有上升，其完熟期含量达 16.1mg/（g·FW），为中部、下部叶片的 4 倍多。

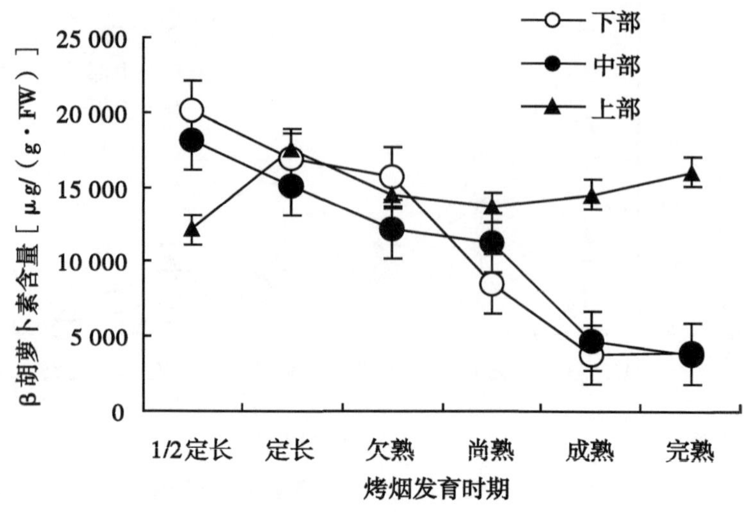

图 4-5 烤烟叶片中 β-胡萝卜素的动态变化

2. 新黄质的含量变化

不同部位烤烟叶片中新黄质的动态变化不同（图 4-6）。总的动态变化趋势为：中部、上部叶片中新黄质均呈下降趋势，下部叶片于尚熟时期含量达最大，然后快速下降。其中下部叶片前期略有下降，中期整体呈上升趋势，尚熟时期含量达 4.7mg/（g·FW），后期下降，呈明显的倒“V”形变化。中部叶片前中期下降明显，尚熟时期有一小高峰，然后快速下降，末期保持稳定。上部叶片前中期新黄质含量下降较快，后期略有回升，完熟期含量达 1.8mg/（g·FW），为下部、中部叶片新黄质含量的 2 倍左右。

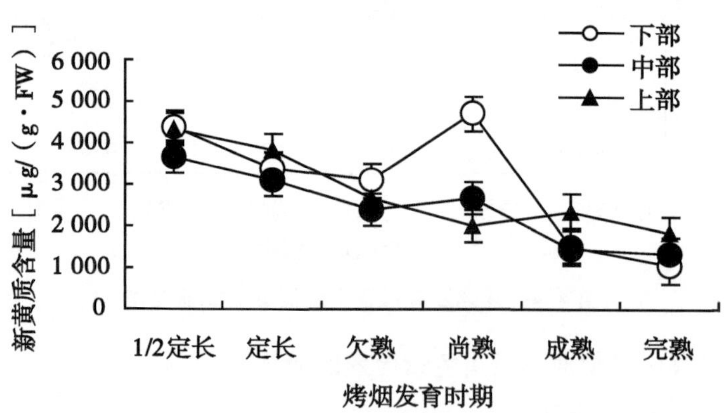

图 4-6 烤烟叶片中新黄质的动态变化

3. 紫黄质的含量变化

烤烟叶片中紫黄质含量变化明显（图 4-7）。下部叶片生育前中期整体呈上升趋势，后期明显下降。上部叶片中紫黄质前期下降迅速，中后期缓慢下降。中部叶片定长—欠熟下降缓慢，欠熟—尚熟降解较多，成熟后期含量变化较小。完熟期下部、中部烤烟叶片中紫黄质含量差别不大，为 0.32mg/（g·FW）左右；上部叶片紫黄质含量较

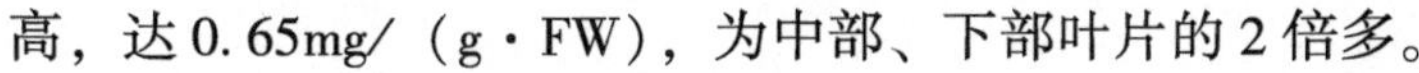
高，达0.65mg/（g·FW），为中部、下部叶片的2倍多。

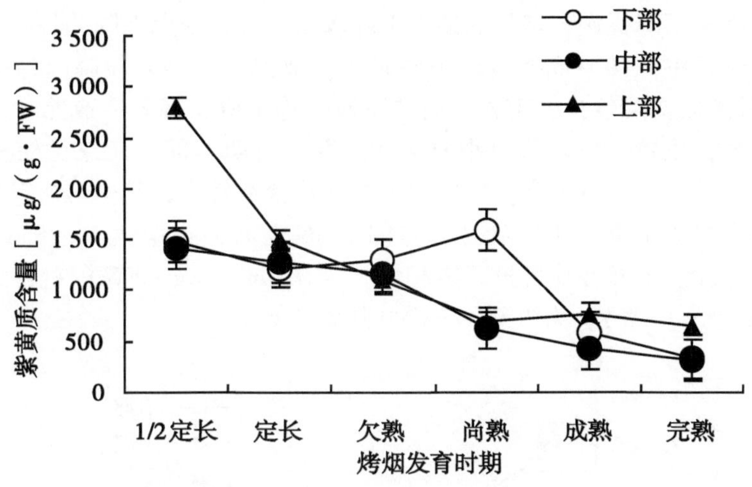

图4-7　烤烟叶片中紫黄质的动态变化

4. 叶黄质的含量变化

不同部位叶黄质含量差异较大，生育前期中下部叶片含量相差较小，上部叶片含量约为中下部叶片的2倍。下部叶片前中期叶黄质含量呈上升趋势，欠熟期达高峰值11.5mg/（g·FW），后期下降明显。中部叶片叶黄质含量于定长期达高峰值11.5mg/（g·FW），发育中后期含量持续下降，末期保持平衡。上部叶片前中期持续下降，尚熟时期达一低谷值7.13mg/（g·FW），尚熟—成熟期间含量快速积累，成熟期有一小高峰，然后快速下降。完熟期上部叶片中叶黄质含量为6.12mg/（g·FW）仍为中下部叶片的约2倍，但含量已大大低于前期，为前期的1/2，见图4-8。

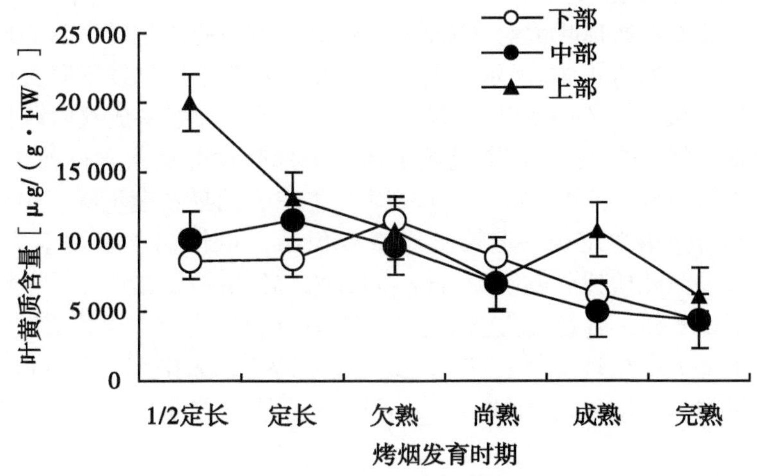

图4-8　烤烟叶片中叶黄质的动态变化

5. 总类胡萝卜素的含量变化

总类胡萝卜素含量随生育时期的推进总体呈下降趋势（图 4-9）。其中，下部叶片前期总类胡萝卜素下降缓慢，定长后期则下降较快，发育末期下降趋势减缓。中部叶片总体下降平稳，其中尚熟—成熟阶段下降较快，成熟—完熟阶段降幅趋缓。上部叶片1/2定长—定长阶段下降较少，定长—尚熟阶段平稳下降，尚熟—成熟时期总类胡萝卜素含量积累明显，成熟—完熟阶段小幅下降。发育前期上部叶片总类胡萝卜素含量较多，欠熟时期下部叶片含量较高，后期中下部叶片含量较少，其中 1/2 定长期上部叶片总类胡萝卜素含量为下部、中部叶片含量的 115%左右，含量达 39. 25mg/（g・FW），发育末期中部叶片、下部叶片含量基本相同，为 9. 7mg/（g・FW）左右，上部叶片含量为 24. 69 mg/（g・FW），为中部、下部叶片的 2. 6 倍。

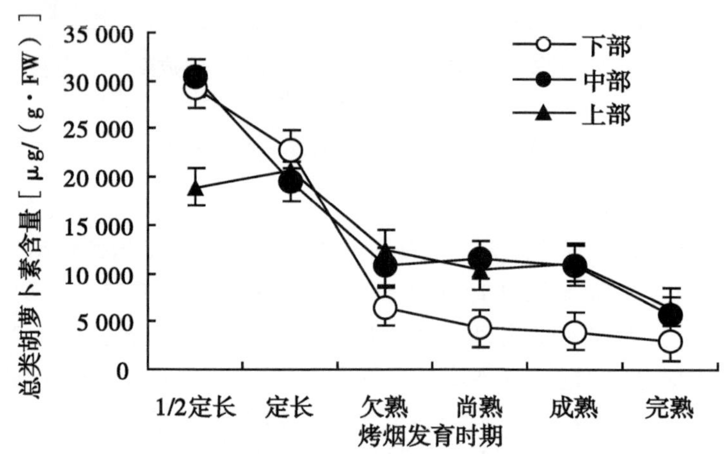

图 4-9 烤烟叶片中总类胡萝卜素的动态变化

6. 叶黄素的含量变化

含氧的类胡萝卜素通称叶黄素（Xanthophylls）。本研究所称叶黄素为叶黄质、新黄质、紫黄质的总称。如图 4-10 所示，上部叶片叶黄素前中期持续下降，尚熟时期降至低谷，含量仅为 9. 82mg/（g・FW），含量为本期最低，尚熟—成熟阶段快速积累，成熟期含量为尚熟期的 142. 3%，末期继续下降。下部叶片叶黄素含量前中期持续上升，欠熟—尚熟阶段达到最大值 15. 5mg/（g・FW）左右，后期快速下降。中部叶片叶黄素含量变化总体较小，1/2 定长—定长阶段略有积累，定长期含量达最大值 15. 87mg/（g・FW），定长—尚熟阶段降幅平稳且降幅较小，尚熟—成熟阶段下降较快，成熟后期叶黄素代谢基本平衡，含量变化较小。上部叶片叶黄素含量在生育前期、后期均处于较高水平，其中 1/2 定长期含量达 27. 1mg/（g・FW），为中部、下部叶片的 180%左右，完熟期含量为 8. 6mg/（g・FW），为中部、下部叶片含量的 140%左右。

三、小结与讨论

质体色素（叶绿素和类胡萝卜素）是影响烟叶品质和可用性的主要成分之一。它

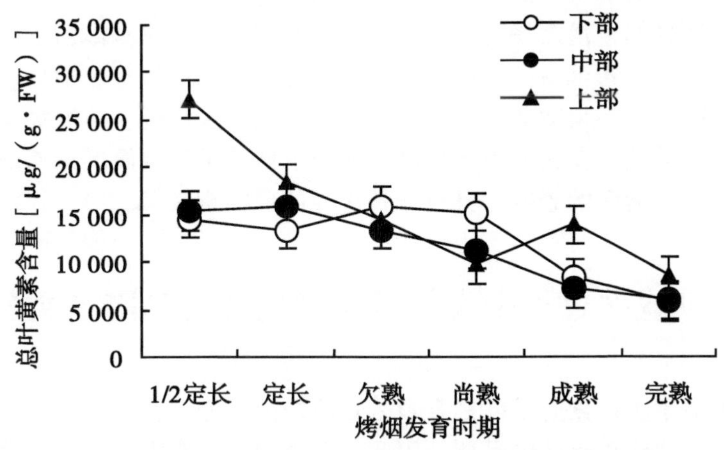

图 4-10 烤烟叶片中叶黄素的动态变化

不仅决定了调制后烟叶的色泽，而且其相关降解产物与烟叶的香气质和香气量密切相关。因此，烤烟生长成熟期和调制后质体色素的含量变化，将直接影响到烟叶制品的香气风格和工业可用性。国内外研究均表明，烟叶质体色素的降解产物是所测定的挥发性香气物质中含量最高的成分，它们占中性挥发性物质总量的85%~96%。因此，深入研究烟叶中质体色素的形成、转化和降解规律，阐明其降解产物与烤烟香气风格的形成，以及与遗传、生态、栽培、调制等过程的关系，对通过生物和农艺措施提高烟叶香气质和香气量具有重要意义。

类胡萝卜素在成熟过程中的变化总趋势是逐渐减少，且在调制过程中降解加速，但不同色素、不同调制方法、采用不同的试验条件，结果有所不同。Weybrew 发现，成熟期间叶黄素、新黄质、紫黄质含量下降，但随着叶片的扩张和充实，胡萝卜素含量有所增加。Whitefield 等观察到所有色素均随成熟过程的推进而下降，但各色素下降的速度依不同部位的叶片而不同。Gopalam 等分析了印度烤烟成熟期间色素含量的变化，发现胡萝卜素含量逐渐下降，其他色素只在烟叶过熟以后才下降。Court 研究结果表明，在生长发育过程中各种色素均表现为逐渐降低，偶尔的色素含量升高与降雨或灌溉相关，因此土壤水分状况与色素含量有显著关系。

本研究表明，烤烟发育过程中叶绿素、类胡萝卜素总的趋势为随生育时期的推进而逐渐下降，但不同部位叶片的叶绿素、类胡萝卜素变化有明显差异。其中叶绿素类色素随部位的上升发育前期含量下降，发育末期含量上升，随部位的上升叶绿素降解进程减慢；上部叶片生育后期各种类胡萝卜素含量都较高；与下部叶片、中部叶片相比，上部叶片完熟时期总类胡萝卜素、β 胡萝卜素、新黄质、紫黄质、叶黄质、叶黄素含量均较高，其中 β 胡萝卜素含量最高，为 16.1mg/（g·FW），其次为叶黄素 8.612mg/（g·FW）、叶黄质 6.116mg/（g·FW）、紫黄质 0.652mg/（g·FW）、新黄质 1.844mg/（g·FW）；上部样品总叶绿素、叶绿素 a、叶绿素 b 分别为 41.5mg/（g·FW）、33.4mg/（g·FW）和 18.1mg/（g·FW）。

近年来的研究表明，类胡萝卜素具有提高光合效率、抑制和清除自由基的作用，这对改善烟叶品质和降低烟气自由基伤害具有重要意义。因此，在卷烟产品开发中，类胡萝卜素及其降解产物的含量，将是卷烟配方设计和烟叶原料调香配伍形成香气风格的重要化学组分，也是今后烤烟生产和研究中需加以重点关注的指标。但烤烟香气量、香气质、烤烟典型风味与哪一类胡萝卜素关系密切尚需进一步研究。研究烟草发育过程中叶绿素、类胡萝卜素的代谢变化，找出提高类胡萝卜素含量和降解叶绿素的关键时期和措施，降低烟草对人体健康的影响，具有非常重要的现实意义。

第二节　烤烟成熟过程中类胡萝卜素变化与其降解香气物质关系

烟叶类胡萝卜素类色素是烟叶重要致香物质的前体物，类胡萝卜素类色素及其降解物种类、含量直接决定着烟叶的品质，因此，对类胡萝卜素类色素及相关因素的研究在国内外烟草行业一直是一个热点。新鲜烟叶的类胡萝卜素类色素主要有叶黄素、新黄质、紫黄质和β-胡萝卜素。烤烟型烟叶中的胡萝卜素是由68%的β-胡萝卜素和32%的新-β-胡萝卜素组成的混合物，而叶黄素的构成为60%的叶黄质、22%的新黄质和18%的紫黄质。胡萝卜素类色素类物质的降解因双键断裂的部位不同产生很多致香物质，如大马酮、紫罗兰酮、二氢弥猴桃内酯、柠檬醛等对烟叶香味有十分重要的作用。Weeks发现，在烟叶质量提高的同时，类胡萝卜素类降解物含量明显增加。有研究表明，在烟叶总挥发性香气成分中，类胡萝卜素类降解产物的含量仅次于叶绿素降解产物（占8%~12%），类胡萝卜素降解产生的香味物质阈值相对较低、刺激性较小，香气质较好，对烟叶香气贡献率大，是影响烟叶香气质和量的重要组分。

Lloyd 等首先对烤烟的挥发物成分进行了研究鉴定。Wahlburg 等从烤制和陈化的烟叶中分离鉴定了数百种与香味有关的成分，研究了烘烤和陈化对致香成分形成和含量变化的影响，提出了主要致香成分的前提物和降解转化路线。刘百战等对云南烤烟不同部位、不同成熟度及不同颜色的烟叶中的 14 种香味成分进行了定量测定比较。本节重点研究四川省攀西地区烤烟成熟过程中类胡萝卜素类色素代谢及其降解中性香味产物变化，初步探讨攀西地区类胡萝卜素类色素与其降解致香产物间相互关系，并根据对不同成熟时期致香物质种类及含量变化趋势的研究，为攀西地区特色优质烤烟生产提供理论依据。

一、材料与方法

（一）试验设计

大田试验在四川省凉山州烟草研究所会理县老街乡试验田进行，供试品种为云烟85。试验田地势平坦，前作水稻，沙壤土。试验田基本肥力：有机质含量 4. 16%，水解氮 57. 7mg/kg，速效磷 29. 7mg/kg，速效钾 258mg/kg。

取样部位：烤烟下部叶片（4~6）、中部叶片（9~12），分别于未熟（Immature）、欠熟（Unripe）、尚熟（Mature）、成熟（Ripe）、完熟（Mellow）、烤后（Flue-cured）

分 6 次取样，每处理重复 3 次。成熟标准见第四章第一节。

（二）测定方法

1. 总类胡萝卜素含量测定

总类胡萝卜素含量的测定采用分光光度计法。

2. 类胡萝卜素类物质含量测定

β-胡萝卜素、叶黄质测定方法为反相高效液相色谱法。

3. 中性香味物质提取及定性定量分析

见第五章香气物质分析。

（三）统计分析

相关统计分析采用 SPSS 10.0 统计软件进行。

二、结果与分析

（一）不同成熟时期烤烟下部叶片类胡萝卜素类色素代谢规律

攀西地区烤烟下部叶片类胡萝卜素类色素代谢变化总体变化趋势为成熟前期类胡萝卜素类色素含量整体上升，然后随成熟时期的推进而下降（图 4-11）。其中总类胡萝卜素、β-胡萝卜素等色素在尚熟期积累达最大值，叶黄质于欠熟期达最大值，所有色素均于烤后样含量最低。叶绿素类色素烤后含量最低，类胡萝卜素类色素烘烤调制过程降解较少。叶黄质成熟期间代谢基本达到动态平衡，含量保持在 20 000μg/g 以上；烤后下部叶片叶黄质含量仅为 8 000μg/g 左右，烘烤调制过程中降解幅度较大；β-胡萝卜素次之。

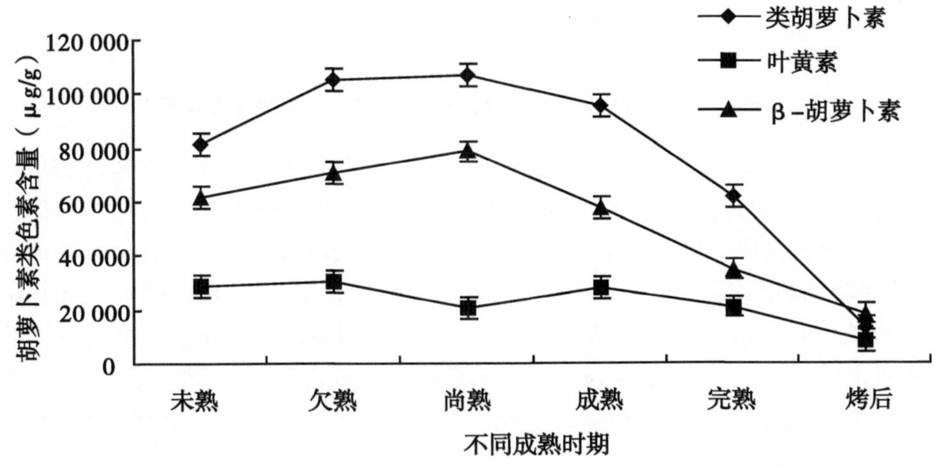

图 4-11　不同成熟时期下部烤烟叶片类胡萝卜素类色素含量变化

（二）不同成熟时期烤烟下部叶片类胡萝卜素类色素降解规律

利用 GS/MS 定性了烤烟不同成熟时期叶片杀青样中的类胡萝卜素降解产物，主要有大马酮、β-紫罗兰酮、二氢猕猴桃内酯、巨豆三烯酮等 6 种中性香味物质，其中巨豆三烯酮类定性出 A、B、C 等 3 种异构体（图 4-12）。总体分析，攀西地区烤烟下部叶片成熟期以前类胡萝卜素降解产物平衡在 16～18μg/g，成熟—完熟时期该降解产物增加较快，完熟期测定出类胡萝卜素降解产物达 24. 7μg/g，增加 45. 3%。其中大马酮占类胡萝卜素降解产物的比重较大，且比重随成熟时期的推进而增大，成熟期达 73. 5%，完熟期及烤后样稳定在 64%左右；大马酮绝对含量随成熟时期推进总体呈上升趋势，成熟前期为 8μg/g 左右，成熟中期增至 12μg/g 左右，完熟期达 16μg/g 左右，烤后烟样含量最大，为 22. 3μg/g。二氢猕猴桃内酯在烤烟下部叶中整体呈下降趋势，未熟期含量最高，为 6. 32μg/g，与同期大马酮含量相近，未熟—欠熟期下降幅度较小，欠熟—尚熟期降幅最大，由欠熟期的 5. 66μg/g 降至 2μg/g，成熟后期及烘烤调制过程中其含量基本稳定在 2μg/g 水平。

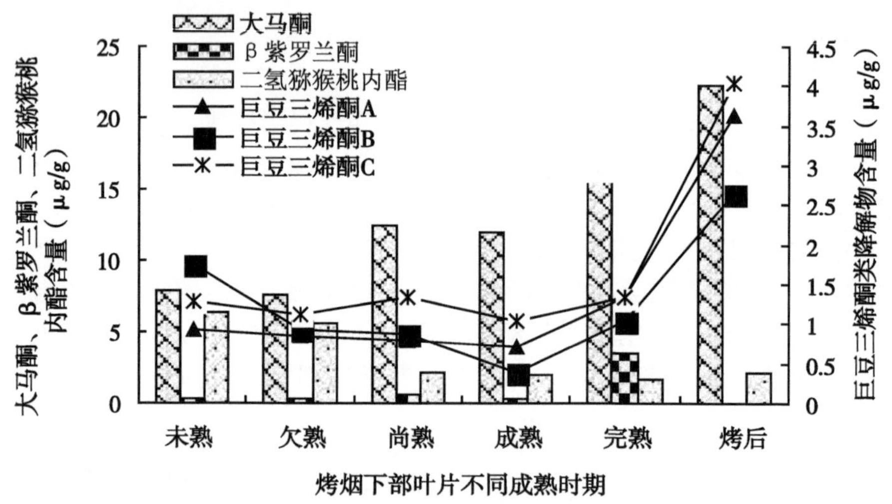

图 4-12　不同成熟时期下部烤烟叶片类胡萝卜素类色素降解变化

相关报道认为，巨豆三烯酮有 5 个同分异构体。本次研究发现，攀西烤烟成熟过程中及烤后均为 3 个同分异构体，3 个同分异构体成熟过程变化不大，烘烤调制促进了巨豆三烯酮的积累。其中未熟其巨豆三烯酮 B>巨豆三烯酮 C>巨豆三烯酮 A，其他时期均以巨豆三烯酮 C 含量较高；巨豆三烯酮 A 未熟—成熟期含量相对稳定，为 0. 8μg/g 左右，完熟期增至 1. 34μg/g，烤后为 3. 62μg/g。巨豆三烯酮 B 于成熟前中期下降趋势明显，成熟期含量最低，仅为 0. 37μg/g，完熟期增至 1μg/g 左右，烤后为 2. 65μg/g。巨豆三烯酮 C 整个成熟过程代谢基本平衡，均为 1. 2μg/g 左右，烘烤调制期间增至 4. 04μg/g，为含量最高的巨豆三烯酮。

（三）不同成熟时期烤烟中部叶片类胡萝卜素类色素代谢规律

攀西地区烤烟中部叶片类胡萝卜素类色素含量随成熟时期推进而逐渐降低，不同色素具体代谢特征略有差异（图 4-13）。未熟期类胡萝卜素类色素含量均最高，达50 000μg/g，该时期叶黄质：β-胡萝卜素≈30：70；欠熟期 β-胡萝卜素、叶黄质分别达到最大值32 380μg/g 和17 570μg/g，该期叶黄质：β-胡萝卜素≈35：65；尚熟期叶黄质：

β-胡萝卜素≈40：60，总叶绿素：总类胡萝卜素≈75：25；成熟期叶黄质：β-胡萝卜素≈30：70；完熟期叶黄质：β-胡萝卜素≈35：65,；烤后烟叶黄质：β-胡萝卜素≈20：80，烤后样中叶黄质、β-胡萝卜素分别为2 500μg/g、9 800μg/g。

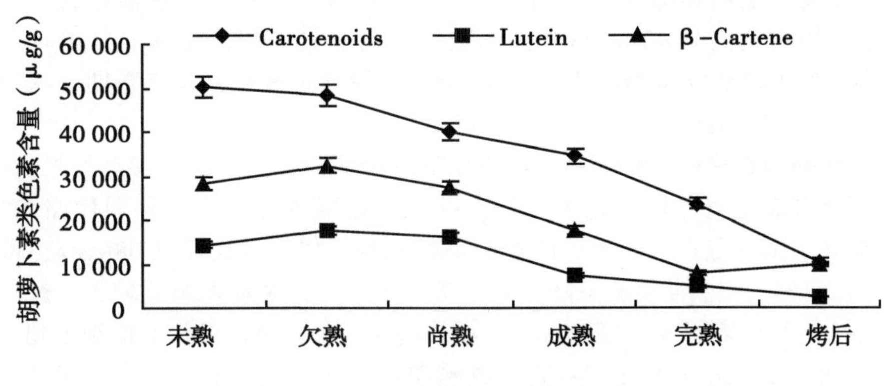

图 4-13　不同成熟时期中部烤烟叶片类胡萝卜素类色素代谢变化

（四）不同成熟时期烤烟中部叶片类胡萝卜素类色素降解规律

攀西地区烤烟中部叶片类胡萝卜素类色素降解致香物未熟—成熟期间随成熟推进而增加，成熟期达到成熟过程中杀青样的最大值 33. 6μg/g，成熟—完熟期含量有所降低，烤后样类胡萝卜素降解增香物增至 48. 4μg/g，为烤后下部叶的 140%（图 4-14）。

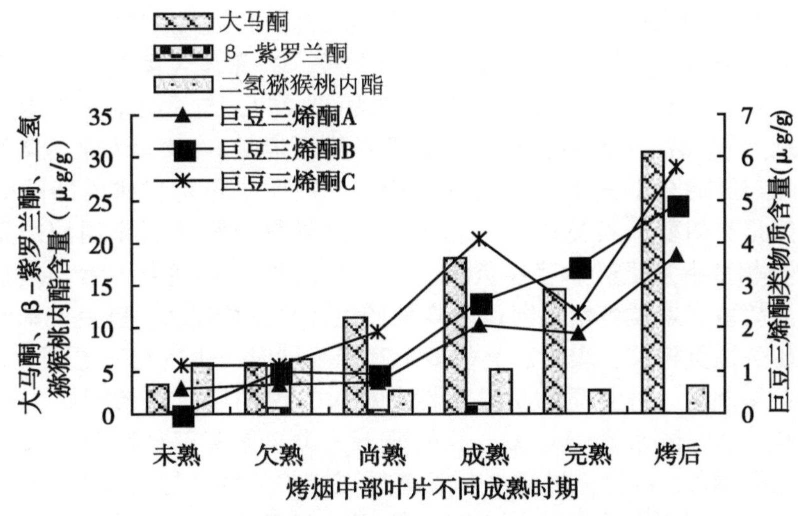

图 4-14　不同成熟时期中部烤烟叶片类胡萝卜素类色素降解变化

总体来看，大马酮是攀西地区烤烟类胡萝卜素类色素降解的主要产物，其中未熟期大马酮占类胡萝卜素类色素降解产物的比例较小，为 30%；欠熟期为 5. 93μg/g，占该期降解产物的 40%；尚熟期为 11. 27μg/g，占该期类胡萝卜素类色素降解产物的 62%；

成熟期为 18.28μg/g，积累达到最大值，占同期降解产物的 55%；完熟期大马酮绝对含量降至 14.55μg/g，所占比重为 58.5%；烘烤调制对大马酮产生起重要作用，调制后其含量增至 30.67μg/g，为完熟期的两倍左右或稍多，占烤后样类胡萝卜素降解产物的 63.4%。二氢猕猴桃内酯随成熟时期的推进呈逐渐降低趋势，成熟前期含量较高，为 6μg/g 左右，所占比例为 40%～50%，成熟中后期含量下降，完熟期、烤后样稳定在 3μg/g 左右，所占比例降至 10%左右。β-紫罗兰酮含量较低，且完熟期、烤后样均检测不到含量，说明该类物质影响攀西地区烤烟香气质、香气量很小。

巨豆三烯酮类致香物（烟草中非常重要的香味成分，国外有人甚至称之为烟草酮）随成熟时期推进而呈整体增长趋势。其中巨豆三烯酮 A 未熟—尚熟期代谢基本平衡，含量保持在 0.7μg/g 左右；尚熟—成熟期增长较快，成熟期达到 2.08μg/g，增长幅度接近 300%；成熟—完熟期略有下降，烘烤调制对巨豆三烯酮 A 影响较大，烤后烟含量达 3.7μg/g。巨豆三烯酮 B 全期随成熟时期推进而增长显著，未熟期检测不到含量，欠熟期、尚熟期含量稳定在 1μg/g 左右，成熟期增至 2.62μg/g，完熟期达到 3.45μg/g，为同期含量最大的巨豆三烯酮类致香物，烤后烟其含量为 4.88μg/g，为第二大巨豆三烯酮类致香物。巨豆三烯酮 C 于未熟—成熟期持续增加，成熟期达 4.11μg/g，为同期最大的巨豆三烯酮类致香物，成熟—完熟期其含量下降明显，降幅接近 50%，烤后烟巨豆三烯酮含量为 5.76μg/g，占同期类胡萝卜素类色素降解致香物的 12%。

（五）不同成熟时期烤烟叶片类胡萝卜素类色素及其降解产物相关性研究

不同成熟期攀西地区烤烟下部叶片类胡萝卜素类色素间均呈显著性正相关，其中β-胡萝卜素与总类胡萝卜素呈极显著正相关（表 4-1）。类胡萝卜素类色素与其降解产物间多呈显著性负相关。其中大马酮与叶黄质呈极显著性负相关，与总类胡萝卜素、β-胡萝卜素呈显著性负相关，表明大马酮的降解前提物多来自叶黄质的降解前提物，少量或许来自总类胡萝卜素和 β-胡萝卜素。β-紫罗兰酮与类胡萝卜素类色素均呈负相关，其中与 β-胡萝卜素的相关系数为-0.258，与总类胡萝卜素、叶黄质的相关系数分别为-0.07、-0.02，推测 β 紫罗兰酮可能是 β-胡萝卜素的降解产物。二氢猕猴桃内酯与类胡萝卜素类色素均呈正相关，说明二氢猕猴桃内酯的降解前提物较复杂，可能是类胡萝卜素类色素与相关异戊二烯聚合物共同作用的结果。巨豆三烯酮 A 与总类胡萝卜素呈极显著性负相关，与叶黄质、β-胡萝卜素均呈显著性负相关，预示总类胡萝卜素类色素共同作用降解产生巨豆三烯酮 A。巨豆三烯酮 B 与总类胡萝卜素呈显著性负相关，表明总类胡萝卜素降解同时产生巨豆三烯酮 B。巨豆三烯酮 C 与总类胡萝卜素、叶黄质均呈显著性负相关，说明巨豆三烯酮 C 的产生与总类胡萝卜素、叶黄质的降解密切相关。类胡萝卜素类色素降解产物间相关关系为：大马酮与巨豆三烯酮 A、巨豆三烯酮 C 呈显著性正相关关系，与二氢猕猴桃内酯呈负相关关系；巨豆三烯酮 A 与大马酮、巨豆三烯酮 B 呈显著性负相关关系，与巨豆三烯酮 C 呈极显著性负相关关系。不同成熟期攀西地区烤烟中部叶片类胡萝卜素类色素间均呈显著正相关（表 4-1）。

表 4-1　攀西地区烤烟叶片类胡萝卜素类色素及其降解产物相关性分析

部位		色素种类					
		大马酮	β紫罗兰酮	二氢猕猴桃内酯	巨豆三烯酮 A	巨豆三烯酮 B	巨豆三烯酮 C
下部	Cartenoids	-0.864*	-0.076	0.317	-0.945**	-0.837*	-0.896*
叶片	β-cartene	-0.851*	-0.258	0.420	-0.850*	-0.651	-0.765
Lugs	lutein	-0.954**	-0.022	0.608	-0.892*	-0.687	-0.899*
中部	Cartenoids	-0.934*	0.473	0.696	-0.941*	-0.973*	-0.854*
叶片	β-cartene	-0.780	0.411	0.653	-0.836*	-0.908*	-0.722
Cutters	lutein	-0.839*	0.335	0.519	-0.908*	-0.924*	-0.820*

** 表示 0.01 的显著水平；* 表示 0.05 的显著水平

大马酮、巨豆三烯酮类致香物均与类胡萝卜素类色素呈负相关，其中大马酮与总类胡萝卜素、叶黄质呈显著性负相关，而攀西地区烤烟中叶黄质为总类胡萝卜素的重要构成成分，表明大马酮的产生与叶黄质降解密切相关，与β-胡萝卜素降解关系不密切。β-紫罗兰酮、二氢猕猴桃内酯含量与类胡萝卜素类色素降解呈正相关，表明其产生条件及降解前提物比较复杂，或许与类胡萝卜素类色素降解无关，或许与其本质化学特性易散失有关。巨豆三烯酮 A、巨豆三烯酮 B 与类胡萝卜素类色素显著负相关，推测其产生是叶黄质、β-胡萝卜素及其他痕量类胡萝卜素类色素共同降解的产物，且其产生与色素降解同步。巨豆三烯酮 C 与总类胡萝卜素、叶黄质呈显著性负相关，显示其产生与叶黄质降解关系相当密切。

三、讨论

香气是烟叶品质的主要内容，烟叶的香气量、香气质是各种致香物组分含量、比例及相互作用共同决定的。国外从 20 世纪 80 年代开始出现香味前提物糖苷结合态香味成分研究及应用专利。刘百战等就加料前后烟草游离及糖苷结合态香味成分进行深入研究。姜远茂等就栽培草莓品种果实香味前提物氨基酸进行相关分析，推测氨基酸对草莓香气成分影响较大。史宏志等就烟叶在成熟和调制过程中主要致香前提物的含量变化及化学转化进行及综述，指出烟叶成熟和调制过程是香气前提物降解、香气物质形成和转化的主要时期。

攀西地区烤烟下部叶片成熟期以前类胡萝卜素降解产物较少，成熟—完熟时期该降解产物增加较快，完熟期测定出类胡萝卜素降解产物达2 470μg/g，而中部叶片类胡萝卜素类色素降解致香物未熟—成熟期间随成熟推进而增加，成熟期达到成熟过程中杀青样的最大值3 360μg/g，成熟—完熟期含量有所降低，烤后样类胡萝卜素降解增香物增至4 840μg/g，为烤后下部叶的 140%，适熟采收烤烟叶片对攀西地区烤烟品质形成具有重要作用。其中下部叶片、中部叶片大马酮占类胡萝卜素降解产物的比重均较大，且比重随成熟时期的推进而增大；二氢猕猴桃内酯随成熟时期的推进呈逐渐降低趋势，成熟前期含量较高；β-紫罗兰酮成熟过程中含量较低，且完熟期、烤后样均检测不到含量；巨豆三烯酮类致香物随成熟时期推进而呈整体增长趋势。

Enzell 研究认为，类胡萝卜素在单线态氧分子的攻击下，生成 A、B、C 等 3 种氧化物中间体，重排分解后生成氧化产物。其中 β-胡萝卜素在 6~7、7~8、8~9 和 9~10 不同位置上发生键的断裂，可生成二氢猕猴桃内酯、β-紫罗兰酮等；叶黄质在 9~10 位发生断裂，可生成 3-羟基-α-紫罗兰酮，经过氧化还原，生成 3-氧化-α-紫罗兰醇，再脱水形成巨豆三烯酮。“金攀西”烤烟成熟过程中类胡萝卜素类色素与其降解产物的相关分析发现，表明大马酮的产生与叶黄质降解密切相关，与 β-胡萝卜素降解关系不密切；二氢猕猴桃内酯与类胡萝卜素类色素均呈正相关，说明二氢猕猴桃内酯的降解前提物较复杂，可能是类胡萝卜素类色素与相关异戊二烯聚合物共同作用的结果；巨豆三烯酮类致香物与类胡萝卜素类色素显著负相关，推测其产生是叶黄质、β-胡萝卜素共同降解的结果。

王瑞新等对河南 4 个烤烟品种主要香气物质进行了定性分析，其中类胡萝卜素降解的 β-大马酮、巨豆三烯酮等为主要香气物质。洪涛等、宫长荣等、赵铭钦等、马常力等研究得出相似结论，表明河南烤烟特征香气与类胡萝卜素降解香气物质关系密切。谢卫等对福建烤烟香气成分进行了初步研究，结果表明类胡萝卜素降解香气物质主要有 β-紫罗兰酮、大马酮、二氢大马酮、二氢猕猴桃内酯等，与河南烤烟类胡萝卜素降解产物明显不同。

攀西地区烤烟下部叶片类胡萝卜素类色素代谢变化成熟过程中总体变化趋势为成熟前期类胡萝卜素类色素含量整体上升，然后随成熟时期的推进而下降；与下部叶片不同，中部叶片类胡萝卜素类色素含量随成熟时期推进而逐渐降低。

攀西地区烤烟不同成熟时期叶片杀青样中的类胡萝卜素降解产物，主要有大马酮、β-紫罗兰酮、二氢猕猴桃内酯、巨豆三烯酮等 6 种中性香味物质，其中巨豆三烯酮类定性出 A、B、C 等 3 种异构体。攀西地区烤烟成熟过程中类胡萝卜素变化及其降解香气物质种类、构成比例等可能是其特色品质形成的重要物质基础。

第三节　烘烤过程中质体色素代谢研究

本节重点研究河南省豫西地区烤烟烘烤过程中类胡萝卜素类色素代谢及其降解中性香味产物变化，初步探讨豫西地区类胡萝卜素类色素与其降解致香产物间相互关系，并根据对不同烘烤阶段致香物质种类及含量变化趋势的研究，为豫西地区特色优质烤烟生产提供理论依据。

一、材料与方法

（一）试验设计

大田试验在河南省洛宁县赵村乡赵村试验田进行，供试品种为 K326。试验田地势平坦，前作水稻，沙壤土。试验田基本肥力：有机质含量 4. 16%，水解氮 57. 7mg/kg，速效磷 29. 7mg/kg，速效钾 258mg/kg。前茬作物为烟草。移栽密度 15 000株/hm^2，行距 120cm，株距 55cm。移栽时间：2006 年 5 月 10 日。田间种植管理按照豫西烟草种植标准化操作规程进行。

取样部位：烤烟下部叶片（5~6）、中部叶片（10~12）、上部叶片（17~18）。分别于下部 5~6 叶位叶片、中部 10~12 叶位片叶、上部 17~18 叶位叶片正常成熟时，分别采收烟叶 4 竿，统一装置于烤房第 2 棚中部，按照烤房配套“三段式”烘烤工艺烘烤。分别于烤前、烘烤 24h、48h、72h、96h 和烤后初烤烟取样 200g，分 6 次取样，每处理重复 3 次，于 LGJ-18 型低温冷冻干燥机（北京松源兴华科技发展有限公司制造）上-53℃低温干燥。

（二）测定方法

1. 总类胡萝卜素含量测定

总类胡萝卜素含量的测定采用分光光度计法。

2. 类胡萝卜素类物质含量测定

β-胡萝卜素、叶黄质测定方法为反相高效液相色谱法。工作条件为：液相色谱仪系统包括 Waters515 泵，Waters2487 紫外可见光分光光度检测器，Empower 色谱工作站，Rheodyne7725i 型手动进样阀，甲醇为 Sigma 公司生产的色谱纯试剂，异丙醇为 J. T. Baker 公司生产的色谱纯试剂；叶黄质植物色素标准物由日本 WAKO 公司生产，β-类胡萝卜素购于 Sigma 公司，β-阿朴-8′-胡萝卜醛。称取不同成熟时期烤烟叶片杀青样品 1g，放入 100ml 三角瓶，用 60ml 90%丙酮（内含 0. 1% BHT）于摇床振荡萃取 30min，过滤，滤渣用 10ml 90%丙酮（内含 0. 1% BHT）洗涤 2~3 次，定容至 100ml，取其中 6ml 到离心管，加入 0. 1g 醋酸铅，10 000r/min 4℃低温离心 5min，用 0. 45μm 针头过滤器过滤。整个测定过程在黑暗中进行。

3. 中性香味物质提取及定性定量分析

中性香味物质提取及定性定量分析采用 HP5890-5972 气质连用仪。杀青叶片粉末状样品→水蒸气蒸馏→二氯甲烷萃取（10g 烟叶+1g 柠檬酸+350ml 蒸馏水+0. 5ml 内标于 500ml 圆底烧瓶中，再加 60ml 二氯甲烷于另一 250ml 圆底烧瓶中，60℃水浴加热 250ml 圆底烧瓶，用同时蒸馏萃取仪蒸馏萃取。）→无水硫酸钠干燥有机相→60℃水浴浓缩至 1ml 左右即得烟叶的精油。经前处理制备得到的分析样品，由 GC/MS 鉴定结果和 NIST 库检索定性。GC/MS 分析条件如下：色谱柱：HP-5（60m×0. 25mm. i. d. ×0. 25 μm d. f. ）；载气及流速：He 0. 8ml/min；近样口温度：250℃；传输线温度：280℃；离子源温度：177℃；升温程序：50℃，2min→2℃/min→120℃，5min→2℃/ min→240℃，30min；分流比和进样量 1 ∶ 15，2 μl；电离能 70eV；质量数范围 50~500amu；MS 谱库 NIST02；采用内标法定量。

（三）统计分析

相关统计分析采用 SPSS10. 0 统计软件进行。

二、结果与分析

（一）不同烘烤阶段豫西烤烟下部叶片类胡萝卜素类色素变化

豫西地区烤烟下部叶片类胡萝卜素类色素含量总体变化趋势为均随烘烤阶段的推进而下降（图 4-15）。其中总类胡萝卜素、β-胡萝卜素等色素在烘烤 0~24h 阶段下降幅度较大，为 40%左右；烘烤 24~48h 阶段，叶黄素降幅较大，为 73%；各类胡萝卜素均于烘烤 72h 时含量基本稳定，其中总类胡萝卜素含量为 266.7μg/g、β-胡萝卜素含量为 209.2μg/g、叶黄素含量为 50.4μg/g、新黄质含量为 5.3μg/g；烘烤 96h—烘烤结束，各类胡萝卜素含量均不同程度下降，其中烘烤结束时新黄质含量为 0μg/g，总类胡萝卜素为 234μg/g，β-胡萝卜素含量为 195.2μg/g，叶黄素含量为 39.1 μg/g。

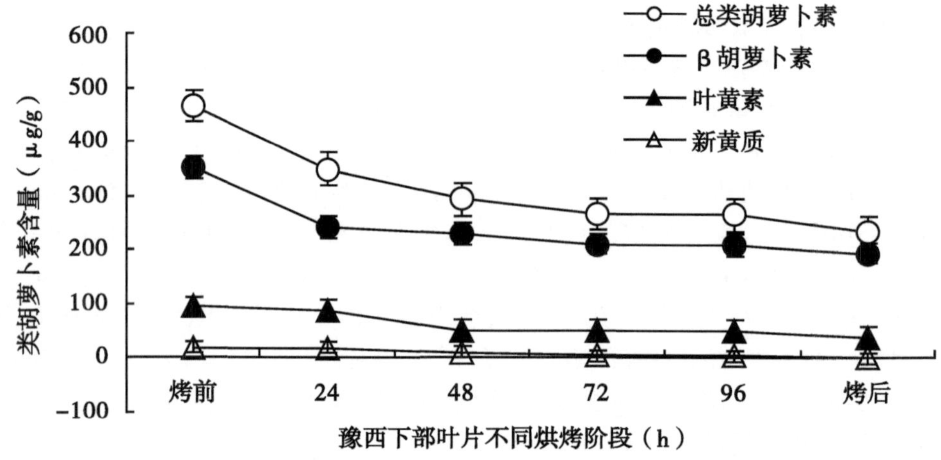

图 4-15 不同烘烤阶段烤烟下部叶片类胡萝卜素类色素变化

（二）不同烘烤阶段豫西烤烟下部叶片类胡萝卜素类色素降解物质变化

利用 GS/MS 定性了豫西烤烟不同烘烤阶段叶片冻干样品中的类胡萝卜素降解产物，主要有 β-大马酮、香叶基丙酮、二氢猕猴桃内酯、三羟基-β-二氢大马酮、巨豆三烯酮等 8 种中性香味物质，其中巨豆三烯酮类定性出 1、2、3、4 等 4 种异构体（图 4-16）。总体分析，豫西地区烤烟下部叶片烘烤前类胡萝卜素降解产物为 12.90μg/g，烘烤过程前期 0~48h 内类胡萝卜素降解产物变化较小，48h 时含量为 17.00μg/g，48~72h 阶段含量增加近 10μg/g，增幅达 60%左右；72~96h 阶段含量又增加近 10μg/g，增幅为 37%；96h—烘烤结束阶段增幅为 27.6%，烘烤结束时类胡萝卜素降解产物含量为 46.02μg/g，为烘烤前的 356.7%，烘烤过程强烈地促进类胡萝卜素的降解。其中 β-大马酮占类胡萝卜素降解产物的比重较大，且比重随烘烤过程的推进而增大，烘烤前期为 29.4%，烘烤过程中稳定在 45%左右，其中烘烤 96h 达到最大值 51.8%，烘烤结束又回落到 45%左右；β-大马酮绝对含量随成熟时期推进总体呈上升趋势，烘烤前期为

3.8μg/g 左右，烘烤中期增至 10μg/g 左右，烤后烟样含量最大，为 22.6μg/g。二氢猕猴桃内酯在豫西烤烟下部叶中整体呈上升趋势，初烤烟叶样品含量最高，为 5.98μg/g，烘烤 0~24h 过程中含量基本不变，仅为 0.7μg/g，烘烤 24~48h 过程中增幅达 114.4%，48h 时含量为 1.35μg/g，48~96h 阶段二氢猕猴桃内酯含量徘徊在 1.5μg/g 左右，烘烤 96h 后—初烤结束，该物质含量增幅达 360.8%，初烤烟叶样品含量为 5.98μg/g。三羟基-β-大马酮烘烤过程全期均稳定在 2.0μg/g 左右，变化较小。香叶基丙酮烘烤 48h 阶段之前，含量变化较小，均为 0.7μg/g，烘烤 48~72h 过程中增幅较大，达 392.4%，烘烤 72h 时含量为 3.1μg/g，烘烤 72~96h 过程中增幅仍达 79.7%，烘烤 96h 时达最大值 5.53μg/g，烘烤 96h 后含量略有降低，烘烤结束时香叶基丙酮含量为 3.42μg/g。

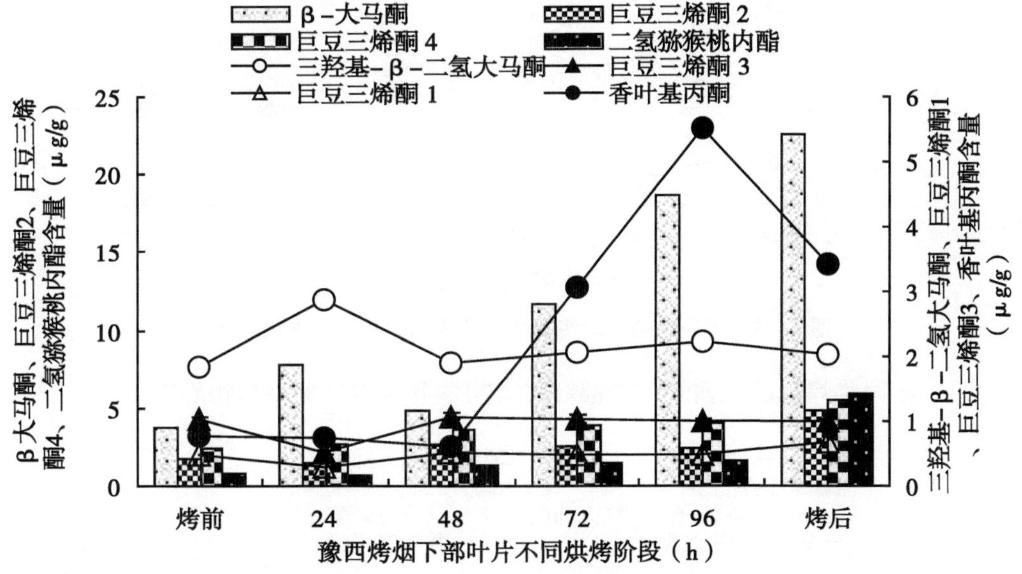

图 4-16　不同烘烤阶段烤烟下部叶片类胡萝卜素类色素降解物质变化

相关研究报道，巨豆三烯酮有 5 个同分异构体，本研究发现豫西地区烤烟烘烤过程中及烤后均为 4 个同分异构体，4 个同分异构体在烘烤过程中变化规律明显不同，烘烤调制总体促进了巨豆三烯酮的积累。烘烤过程中其巨豆三烯酮 4>巨豆三烯酮 2>巨豆三烯酮 3>巨豆三烯酮 1，巨豆三烯酮 3、巨豆三烯酮 1 烘烤过程中含量相对稳定，其中巨豆三烯酮 3 含量稳定在 1.0μg/g 左右，巨豆三烯酮 1 稳定在 0.5μg/g 左右。巨豆三烯酮 2、巨豆三烯酮 4 随烘烤的进程积累较多，其中巨豆三烯酮 4 烘烤前含量为 2.5 μg/g，烘烤结束时含量达 5.5μg/g，为含量最大的巨豆三烯酮类物质，增幅达 122.7%；巨豆三烯酮 2 烘烤前含量为 1.75μg/g，烘烤结束时含量为 4.81μg/g，增幅达 175.1%。烘烤结束时巨豆三烯酮 4：巨豆三烯酮 2：巨豆三烯酮 3：巨豆三烯酮 1 为 46：40：8.3：5.7，而烘烤前该比例为 43.3：30.5：17.8：8.4，其变化原因在于巨豆三烯酮 2、巨豆三烯酮 4 在烘烤过程中积累较多，巨豆三烯酮 1、巨豆三烯酮 3 含量是基本不变的。

（三）不同烘烤阶段豫西烤烟中部叶片类胡萝卜素类色素变化

豫西地区烤烟中部叶片类胡萝卜素类色素含量均随烘烤阶段的推进而下降，各类胡萝卜素烤前均为不同部位叶片含量最大值（图 4-17）。其中总类胡萝卜素、β-胡萝卜素等色素在烘烤 0～24h 阶段下降幅度较大，为 30%左右；烘烤 24～48h 阶段降幅为 20%左右；烘烤 24～48h 阶段，叶黄素降幅较大，为 27%。中部叶片均于烤后烟叶类胡萝卜素含量较低，其中总类胡萝卜素含量为 282.2μg/g，为下部叶片总类胡萝卜素的 120.5%；β-胡萝卜素为 240.3μg/g，为下部叶片的 23.2%；叶黄素为下部叶片的 107.4%；新黄质含量均为 0μg/g。

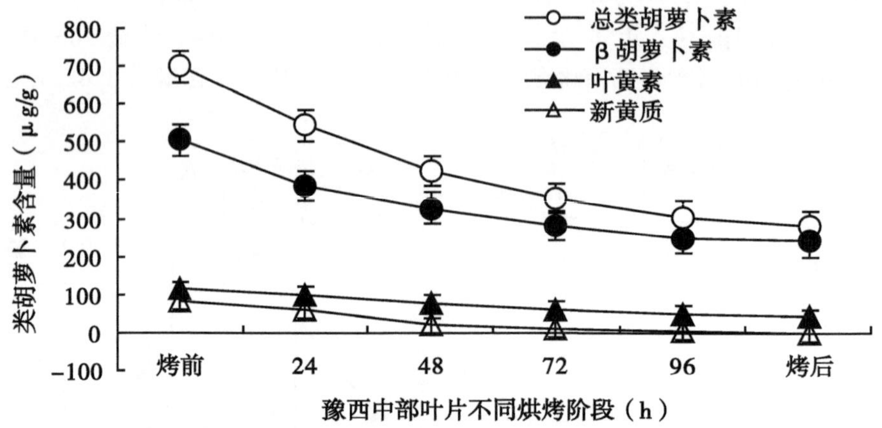

图 4-17　不同烘烤阶段烤烟中部叶片类胡萝卜素类色素变化

（四）不同烘烤阶段豫西烤烟中部叶片类胡萝卜素类色素降解物质变化

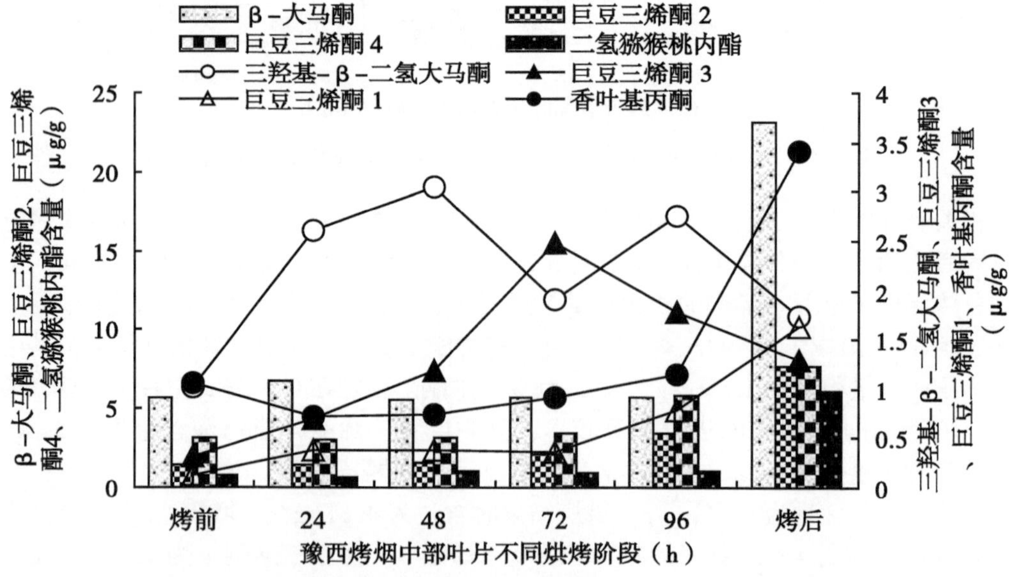

图 4-18　不同烘烤阶段烤烟中部叶片类胡萝卜素类色素降解物质变化

豫西地区烤烟中部叶片类胡萝卜素类色素降解致香物烘烤过程中随烘烤阶段的推进而增加，烘烤 72h 以前，含量变化较小，烘烤 72h 后降解产物积累加速，烘烤结束时达最大值 52.5μg/g，为烤后下部叶的 114%（图 4-18）。

总体看，β-大马酮是豫西地区烤烟中部叶片类胡萝卜素类色素降解的主要产物，其中烘烤前期 β-大马酮占类胡萝卜素类色素降解产物的比例较大，为 41.7%；随烘烤阶段的推进其含量变化不大，烘烤 96h 时含量为 5.68μg/g，占该期降解产物总量的 25.2%；烘烤 96h—烘烤结束阶段该物质积累剧烈，烘烤结束时含量达 23.10μg/g，占该期类胡萝卜素类色素降解产物的 44%，增幅达 306.7%。二氢猕猴桃内酯在豫西烤烟中部叶中整体呈上升趋势，烘烤 0~72h 过程中含量基本不变，仅为 0.8μg/g 左右，烘烤 72~96h 过程中增幅达 25.5%，96h 时含量为 1.12μg/g，烘烤 96h 后—初烤结束，该物质含量增幅达 445.0%，初烤烟叶样品含量最高，为 6.08μg/g。三羟基 β 大马酮烘烤过程全期均稳定在 2.0μg/g 左右，变化较小。香叶基丙酮烘烤 96h 阶段之前，含量变化较小，均为 1.0μg/g 左右，烘烤 96h—烘烤结束时香叶基丙酮含量为 3.40μg/g，为该物质同期最大值。

巨豆三烯酮类致香物随烘烤阶段的推进而呈整体增长趋势。其中巨豆三烯酮 2 烘烤 0~48h 阶段代谢基本平衡，含量保持在 1.5μg/g 左右；烘烤 48h 后开始积累，烘烤 96h—烘烤结束阶段积累幅度较大，烘烤结束时含量达 7.61μg/g，与烘烤 96h 含量相比增长幅度接近 120%；巨豆三烯酮 4 为含量最大的巨豆三烯酮类物质，积累规律与巨豆三烯酮 2 基本相同，烘烤 0~48h 阶段代谢基本平衡，含量保持在 3.2μg/g 左右；烘烤 48h 后开始积累，烘烤 96h—烘烤结束阶段积累幅度较大，烘烤结束时含量达 7.61μg/g，与烘烤 96h 含量相比增长幅度为 30%；巨豆三烯酮 3 烘烤 0~72h 阶段随烘烤阶段的推进呈积累态势，烘烤 72h 时含量达最大值 2.47μg/g，然后开始下降，烘烤结束时含量为 1.3μg/g；巨豆三烯酮 1 烘烤全期呈积累态势，其中前期积累较慢，烘烤 72h 后积累较快，烘烤结束时含量为 1.63μg/g。烘烤结束时巨豆三烯酮 4：巨豆三烯酮 2：巨豆三烯酮 3：巨豆三烯酮 1 为 41.9：41.9：7.1：9.1。

（五）不同烘烤阶段豫西烤烟上部叶片类胡萝卜素类色素变化

豫西地区烤烟上部叶片类胡萝卜素类色素含量均随烘烤阶段的推进而下降（图 4-19）。其中总类胡萝卜素、β-胡萝卜素等色素在烘烤 0~24h 阶段下降幅度较大，为 40%左右，烘烤 24~48h 阶段降幅较小，烘烤 48h—烘烤结束阶段，基本为均速下降，降幅为 50%左右；烘烤 24~48h 阶段，叶黄素降幅较大，为 47.9%。上部叶片均于烤后烟叶类胡萝卜素含量较低，其中总类胡萝卜素含量为 256.3μg/g；β-胡萝卜素为 205.4μg/g；叶黄素为下部叶片的 50.8%；新黄质含量为 0μg/g。

（六）不同烘烤阶段豫西烤烟上部叶片类胡萝卜素类色素降解物质变化

豫西地区烤烟上部叶片类胡萝卜素类色素降解致香物烘烤过程中随烘烤阶段的推进而增加，烘烤 96h 以前，含量呈波浪式变化，烘烤 96h 后降解产物积累明显，烘烤结束时达最大值 47.6μg/g，为烤后中部叶的 90.7%、下部叶片的 103.5%（图 4-20）。

总体看，β-大马酮是豫西地区上部叶片类胡萝卜素类色素降解的主要产物，其中烘烤 96h 前，含量在 6.0μg/g 左右浮动，烘烤 96h—烘烤结束阶段该物质积累剧烈，烘烤结束时含量达 22.46μg/g，占该期类胡萝卜素类色素降解产物的 47.2%。二氢猕猴桃内酯在豫西烤烟上部叶烘烤 0~72h 过程中含量持续增加，烘烤 72h 含量达最大值

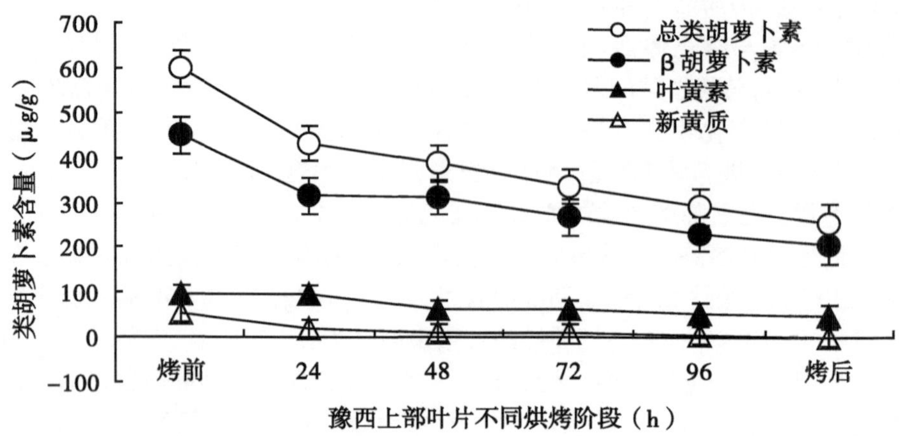

图 4-19　不同烘烤阶段烤烟上部叶片类胡萝卜素类色素变化

5.72μg/g 左右，烘烤 72～96h 过程中降幅达 117.5%，96h 时含量为 2.63μg/g，烘烤 96h 后—初烤结束，该物质含量缓慢回升，增幅为 50.0%，初烤烟叶样品含量为 3.86μg/g。三羟基-β-大马酮烘烤前期含量较高，为 2.6μg/g，其余烘烤阶段均稳定在 2.0μg/g 左右，变化较小。香叶基丙酮烘烤 96h 阶段之前，含量变化较小，均为 1.5μg/g 左右，烘烤 96h—烘烤结束时香叶基丙酮含量为 3.12μg/g，为该物质同期最大值。

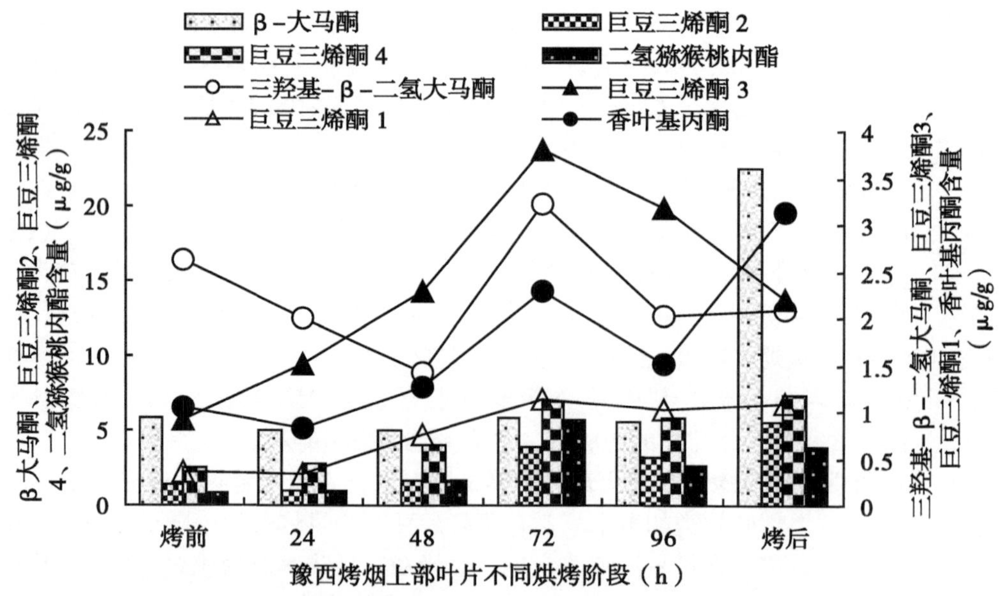

图 4-20　不同烘烤阶段烤烟上部叶片类胡萝卜素类色素降解物质变化

巨豆三烯酮类致香物随烘烤阶段的推进而呈整体增长趋势。其中巨豆三烯酮 2 烘烤 0～48h 阶段代谢基本平衡，含量保持在 1.5μg/g 左右；烘烤 48h 后开始积累，烘烤 96h—烘烤结束阶段积累幅度较大，烘烤结束时含量达 5.50μg/g；巨豆三烯酮 4 为含量最大的巨豆三烯酮类物质，总体呈积累态势，烘烤72h时含量已达7.0μg/g左右，烘烤96h时含量略有下降，烘烤96h—烘烤结束阶段又有所积累，烘烤结束时含量达7.29μg/g，占初烤烟叶巨豆三烯酮类香气物质总量的45.4%；巨豆三烯酮3、1烘烤0~72h阶段随烘烤阶段的推进呈积累态势，烘烤72h时含量分别达最大值3.80μg/g、1.12μg/g，然后开始下降，烘烤结束时含量分别为2.19μg/g、1.09μg/g，分别占初烤烟叶巨豆三烯酮类香气物质总量的13.6%、6.8%。

（七）不同部位豫西烤烟叶片类胡萝卜素类色素及其降解产物相关性

不同部位豫西地区烤烟叶片类胡萝卜素类色素间均呈显著性正相关（表4-2）。其中下部叶片β-胡萝卜素、叶黄素、新黄质与总类胡萝卜素呈极显著正相关，β-胡萝卜素与叶黄素、新黄质呈显著性正相关，叶黄素与新黄质呈极显著正相关；中部叶片β-胡萝卜素、叶黄素、新黄质与总类胡萝卜素呈极显著正相关，β-胡萝卜素与叶黄素、新黄质呈极显著性正相关，叶黄素与新黄质呈极显著正相关；上部叶片β-胡萝卜素、叶黄素、新黄质与总类胡萝卜素呈极显著正相关，β-胡萝卜素与叶黄素呈显著性正相关、与新黄质呈极显著性正相关，叶黄素与新黄质呈显著正相关。

表4-2　豫西地区烤烟叶片类胡萝卜素间类色素相关性分析

部位	色素种类	总类胡萝卜素	β胡萝卜素	叶黄素	新黄质
下部叶片	总类胡萝卜素	1			
	β胡萝卜素	0.98**	1		
	叶黄素	0.93**	0.84*	1	
	新黄质	0.90**	0.81*	0.95**	1
中部叶片	总类胡萝卜素	1			
	β胡萝卜素	1**	1		
	叶黄素	0.98**	0.97**	1	
	新黄质	0.99**	0.98**	0.97**	1
上部叶片	总类胡萝卜素	1			
	β胡萝卜素	1**	1		
	叶黄素	0.90**	0.86*	1	
	新黄质	0.98**	0.97**	0.87*	1

** 表示0.01的显著水平；* 表示0.05的显著水平

豫西烤烟叶片不同烘烤阶段类胡萝卜素类色素与其降解产物间多呈显著性负相关（表4-3）。其中下部叶片β-大马酮与总类胡萝卜素、新黄质呈显著性负相关，与β-胡萝卜素、叶黄素呈负相关，表明β-大马酮的降解前提物多来自新黄质的降解前提物，少量或许来自总类胡萝卜素和β-胡萝卜素；巨豆三烯酮2与类胡萝卜素类色素均呈负相关，其中与叶黄素、新黄质呈显著性负相关，表明巨豆三烯酮2多来自叶黄素和新黄质的降解；巨豆三烯酮4与类胡萝卜素均呈显著性负相关，其中与叶黄素、新黄质呈极显著性负相关，表明巨豆三烯酮4多来自叶黄素和新黄质的降解；二氢猕猴桃内酯与类胡萝卜素类色素均呈负相关，其中与新黄质呈显著性负相关，表明其产生与新黄质降解关系密切；三羟基-β-大马酮与总类胡萝卜素、β-胡萝卜素呈负相关，与叶黄素、新黄质呈正相关关系，表明其产生与β-胡萝卜素的降解有关，与其他色素关系较小；巨豆三烯酮3与类胡萝卜素呈负相关关系；巨豆三烯酮1、香叶基丙酮与类胡萝卜素呈负相关关系，其中分别与新黄质呈显著性负相关，表明它们的产生与新黄质的降解关系密切。

表4-3 豫西地区烤烟叶片类胡萝卜素类色素及其降解产物相关性分析

部位	色素种类	类胡萝卜素降解产物							
		β大马酮	巨豆三烯酮2	巨豆三烯酮4	二氢猕猴桃内酯	三羟基β大马酮	巨豆三烯酮3	巨豆三烯酮1	香叶基丙酮
下部叶片	总类胡萝卜素	-0.75*	-0.67	-0.84*	-0.59	-0.03	-0.19	-0.46	-0.64
	β胡萝卜素	-0.71	-0.57	-0.75*	-0.51	-0.22	0.00	-0.30	-0.58
	叶黄素	-0.71	-0.77*	-0.89**	-0.65	0.35	-0.54	-0.72	-0.62
	新黄质	-0.87*	-0.82*	-0.95**	-0.76*	0.28	-0.46	-0.74*	-0.78*
中部叶片	总类胡萝卜素	-0.45	-0.66	-0.70	-0.51	-0.42	-0.78*	-0.71	-0.47
	β胡萝卜素	-0.44	-0.63	-0.68	-0.49	-0.46	-0.78*	-0.70	-0.44
	叶黄素	-0.55	-0.76*	-0.80*	-0.61	-0.25	-0.74*	-0.79*	-0.59
	新黄质	-0.41	-0.61	-0.65	-0.48	-0.41	-0.80*	-0.66	-0.44
上部叶片	总类胡萝卜素	-0.50	-0.76*	-0.86*	-0.66	0.16	-0.73*	-0.86*	-0.71
	β胡萝卜素	-0.51	-0.75*	-0.84*	-0.64	0.15	-0.70	-0.82*	-0.69
	叶黄素	-0.48	-0.81*	-0.90**	-0.71	0.09	-0.77*	-0.96**	-0.76*
	新黄质	-0.39	-0.66	-0.79*	-0.62	0.24	-0.74	-0.81*	-0.62

** 表示0.01的显著水平；* 表示0.05的显著水平

中部叶片不同烘烤阶段类胡萝卜素类色素与其降解产物间均呈显著性负相关。其中β-大马酮、二氢猕猴桃内酯、三羟基β大马酮和香叶基丙酮与类胡萝卜素呈负相关关系；巨豆三烯酮1，2，4与类胡萝卜素呈负相关关系，其中与叶黄素呈显著性负相关关系，表明巨豆三烯酮1，2，4来源于叶黄素的降解；巨豆三烯酮3与类胡萝卜素呈显著性负相关关系，表明巨豆三烯酮3的产生为类胡萝卜素共同降解的结果。除三羟基β大马酮外，上部叶片烘烤过程中其他类胡萝卜素降解产物均与各类胡萝卜素呈负相关关系，其中巨豆三烯酮1和巨豆三烯酮4与各类胡萝卜素均呈显著性负相关关系，与叶黄素呈极显著性负相关，表明巨豆三烯酮1，4的产生与叶黄素的降解密切相关；巨豆三烯酮2与总类胡萝卜素、β胡萝卜素和叶黄素呈显著性负相关关系，表明巨豆三烯酮2的形成与β胡萝卜素和叶黄素的降解关系密切；其中β-大马酮、二氢猕猴桃内酯和三羟基β大马酮与类胡萝卜素呈负相关关系；巨豆三烯酮3和香叶基丙酮与各类胡萝卜素均呈负相关关系，巨豆三烯酮 3 和香叶基丙酮与叶黄素呈显著性负相关，表明巨豆三烯酮 3 和香叶基丙酮的产生与叶黄素的降解密切相关。豫西烤烟不同部位不同烘烤阶段类胡萝卜素降解差异可能是不同部位间香气差异产生的主要原因之一。

三、讨论

豫西地区烤烟叶片类胡萝卜素类色素含量随烘烤阶段的推进而逐渐降低。不同烘烤阶段烤烟叶片类胡萝卜素类色素间均呈显著性正相关。烤烟叶片类胡萝卜素类色素降解致香物烘烤过程中随烘烤阶段的推进而增加，下部叶片烘烤前类胡萝卜素降解产物为 12.90μg/g，烘烤过程前期 0~48h 内类胡萝卜素降解产物变化较小；中部叶片烘烤 72h 以前，含量变化较小，烘烤 72h 后降解产物积累加速，烘烤结束时达最大值 52.5 μg/g，为烤后下部叶的 114%；上部叶片类胡萝卜素类色素降解致香物烘烤过程中随烘烤阶段的推进而增加，烘烤 96h 以前，含量呈波浪式变化，烘烤 96h 后降解产物积累明显，烘烤结束时达最大值 47.6μg/g。烘烤过程强烈地促进类胡萝卜素的降解。

四、结论

豫西地区烤烟叶片类胡萝卜素类色素含量随烘烤阶段的推进而逐渐降低。不同烘烤阶段烤烟叶片类胡萝卜素类色素间均呈显著性正相关。

豫西烤烟不同烘烤阶段叶片冻干样品中的类胡萝卜素降解产物，主要有 β-大马酮、香叶基丙酮、二氢猕猴桃内酯、三羟基-β-二氢大马酮、巨豆三烯酮等 8 种中性香味物质，其中巨豆三烯酮类定性出 1、2、3、4 等 4 种异构体，总体看，β-大马酮是豫西地区上部叶片类胡萝卜素类色素降解的主要产物。豫西烤烟不同烘烤阶段类胡萝卜素变化及其降解香气物质种类、构成比例等可能是其特色品质形成的重要物质基础。

第四节　卷烟加工过程中烟草质体色素代谢研究

烟叶中的质体色素一直被认为是对烟叶品质有重要作用的一类化合物。烟叶的颜色是色素的外观表现，色素中的类胡萝卜素是一类风味和香气的前体，经过生物降解后，可产生近百种香气化合物，如巨豆三烯酮、氧化异佛尔酮、β-大马酮、β-紫罗兰酮、二氢猕猴桃内酯等烟草中重要的香味物质。它们中的大部分阈值低，刺激性小，对香气贡献率大，是形成卷烟细腻、高雅和清新香气的主要成分。叶绿素降解产物新植二烯（Neophytadiene）占烟叶挥发性香味物质总量的 85%以上。新植二烯在烟草燃烧时可直接进入烟气，具有减轻刺激性、醇和烟气的作用，近年来也有某些研究者认为其含量与清香型香气风格密切相关。质体色素降解产物占烟叶中性挥发性香味物质总量的 85%~96%，在陈化、调制、加工过程中色素降解完全和得当，会使烟叶香气增加，色泽鲜亮，提高烟叶的品质和可用性。因此研究烟叶中质体色素在烟草制品生产中的变化对品质的提升具有十分重要的意义。本文对烟草质体色素在卷烟加工过程中的含量变化做了研究，以期为生产实际进行指导。

一、材料与方法

（一）材料

湖北、湖南、云南产不同年份烟叶样品；2004 年红花大金元 HYB2F 样品；河南中烟某牌号成品卷烟及叶组。

（二）样品处理与分析

称取 2g（精确至 0.0001g）由原烟或卷烟制品制的试样，置于 50ml 三角瓶中，准确加入 25ml 90%（体积分数）丙酮的水溶液，冰浴下超声波萃取 20min。取适量萃取液经 0.45μm 微膜过滤器过滤。滤液装入 2ml 棕色色谱瓶中进行 HPLC 分析，分析条件为：

色谱柱：Waters Nova-Pak-C_{18}（3.9×150mm，4μm）；柱温：30℃；进样量：10μl；检测波长：450nm。流动相：A，异丙醇；B，乙腈+水（体积比 80：20），平衡时间：6min；梯度洗脱，条件如表 4-4。

表 4-4　流动相的淋洗梯度

时间（min）	%B	柱流速（ml/min）
0	100	0.5
40	0	0.5

采用标样保留时间进行比较定性，外标法定量。所得样品的色谱图如图 4-21 所示。

二、结果与讨论

（一）陈化时间对质体色素含量的影响

陈化是烟叶吸食品质形成过程中的重要环节。因为当年收获烤制的烟叶（原烟）在品质上尚存在着不同程度的缺陷。如在吃味方面表现为粗糙、苦、辣、涩及滞吞等；在气味方面表现为香气量少、香气质差、地方性杂气和青杂气较多，刺激性较大，烟叶色泽及燃烧性也不符合要求。因此，必须经过陈化以促使烟叶内在化学成分的转化，使上述缺陷得到改善，以达到卷烟工业生产的要求。陈化时间是制约陈化效果的一个重要因素，本研究选择了不同类型的烟叶在不同的陈化时间下质体色素含量的变化。

样品清单见表 4-5，其中每一系列中样品依次都是随着陈化时间的逐渐增加而定义的；其中变化比例是陈化时间最长的样品与未陈化样品的差值与未陈化样品的比值，同时以每个系列的第一个值（1#、5#、9#样品）定义为该系列的参考值，同系列的其他样品除以该系列的参考值得到相对值，再以相对值作图，来考察每个系列中各个指标的

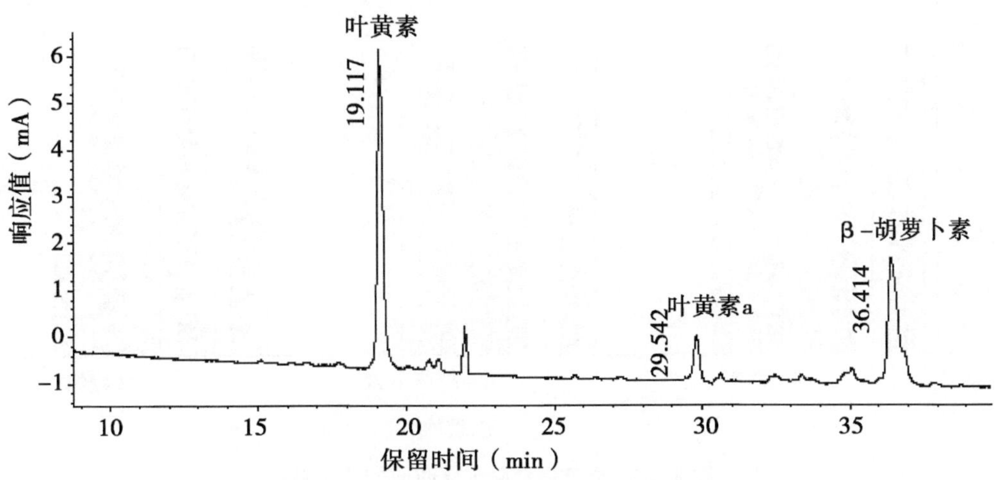

图 4-21　典型原烟样品萃取液中质体色素色谱图

变化情况（图 4-22）。

表 4-5　陈化烟叶样品测定结果

省份	产地	编号	等级	品种	提供年份	叶黄素（μg/g 烟叶）	β-胡萝卜素（μg/g 烟叶）	叶绿素 b（μg/g 烟叶）
湖北	建始	1	COTT/S	白肋烟	04. 04	13. 31	4. 5	1. 81
		2	COTT/S	白肋烟	05. 01	12. 38	2. 25	1. 03
		3	COTT/S	白肋烟	06. 01	9. 32	1. 8	0. 52
		4	COTT/S	白肋烟	07. 01	7. 99	1. 4	0. 31
湖南	郴州	5	C3F	烤烟	04. 04	11. 94	5. 3	1. 74
		6	C3F	烤烟	05. 01	8. 36	5. 46	1. 02
		7	C3F	烤烟	06. 01	6. 93	3. 71	0. 64
		8	C3F	烤烟	07. 01	5. 01	3. 45	0. 37
云南	玉溪	9	C3F	烤烟	04. 04	12. 31	5. 10	1. 41
		10	C3F	烤烟	05. 01	11. 81	4. 34	1. 15
		11	C3F	烤烟	06. 01	10. 56	4. 03	0. 59
		12	C3F	烤烟	07. 01	10. 05	2. 91	0. 46

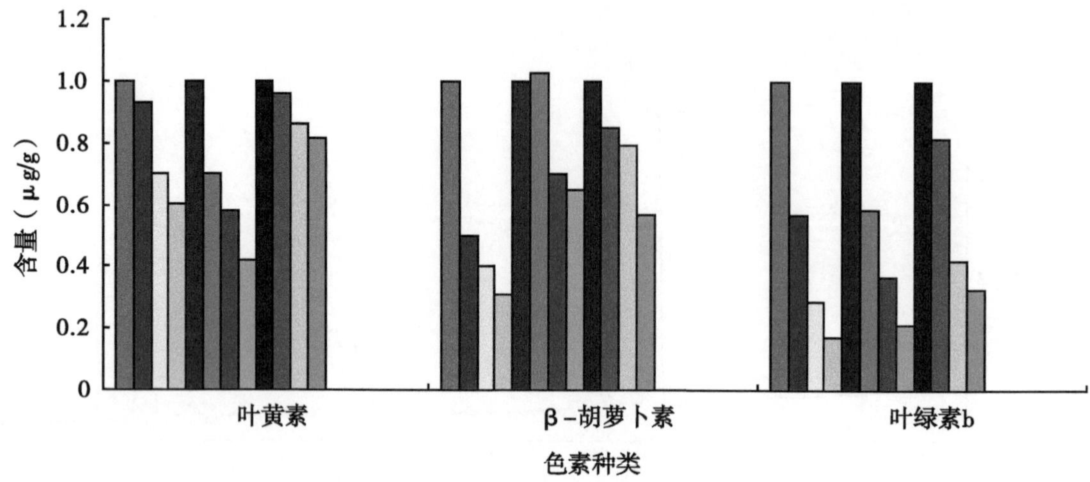

图 4-22　质体色素随陈化时间的变化趋势

实验发现，各种色素成分随着陈化时间的增加而逐渐降低，变化幅度比较大（表 4-6），例如，郴州烤烟中叶黄素的变化幅度达到 58.04%，建施的白肋烟中 β-胡萝卜素的降低幅度高达 68.89%，叶绿素 b 降低了 82.87%。烘烤变黄末期大部分叶绿素已降解，叶绿素的含量较新鲜烟叶降低了很多，因此烟叶的色泽发生了明显的改变，减少了烟叶含青。类胡萝卜素的降解主要是由于发生氧化作用引起，其速度远低于叶绿素降解速度。烟叶在发酵过程中，这些色素进一步降解，叶绿素的降解产物新植二烯、绿原酸及类胡萝卜素的降解产物 β-大马酮、β-紫罗兰酮均是烤烟的重要香气物质。可见，发酵过程中上述色素的降解不仅有利于烟叶色泽的转变，而且有利于烟叶香气的增加，烟叶的外观和内在质量都得到了明显的提升。

表 4-6　质体色素在陈化过程中的变化情况

	1# （μg/g 烟叶）	变化比例 （%）	5# （μg/g 烟叶）	变化比例 （%）	9# （μg/g 烟叶）	增减比例 （%）
叶黄素	13.31	-39.97	11.94	-58.04	12.31	-18.36
β-胡萝卜素	4.50	-68.89	5.30	-34.90	5.10	-42.94
叶绿素 b	1.81	-82.87	1.74	-78.74	1.41	-67.38

（二）真空回潮、松散回潮工艺对质体色素含量的影响

真空回潮和松散回潮处理过程通过改变介质的温度和湿度等工艺参数来控制烟叶的加工质量。真空回潮工艺具有松散烟叶、提高含水率、去除清杂气、提高其耐加工性等多种功效。但是使用真空回潮工艺后，在保温阶段和真空回潮后的出料、运输和包装过程中，物料长时间处于高温状态下，会发生复杂的化学变化。因此本研究选择郑州烟草研究院工艺室提供的 2004 年红大 HYB2F 样品，考察了 2 种工艺处理条件下未处理样品和低、中、高三种处理强度下样品中质体色素的变化。

真空回潮：通过提高喷射蒸汽温度和保湿时间增加工艺强度。

松散回潮：通过升高热风温度增加工艺强度。

由图 4-23 可以看出，随工艺强度的增强，叶黄素和 β-胡萝卜素的含量有逐渐增加的趋势，但总体来说，在真空回潮工艺中，叶黄素、β-胡萝卜素都比未处理时的有所降低。由图 4-24 可以看出，在松散回潮过程中叶黄素含量降低，β-胡萝卜素没有显著变化，类胡萝卜素总量下降。因此色素在回潮工艺中大都降低，真空回潮降低幅度大于松散回潮降低幅度，无论是真空回潮还是松散回潮，都有利于烟叶中质体色素的降解。选择合适的处理强度，有利于色素降解更充分，从而生成更多的致香物质，并且改善烟叶的外观色泽。

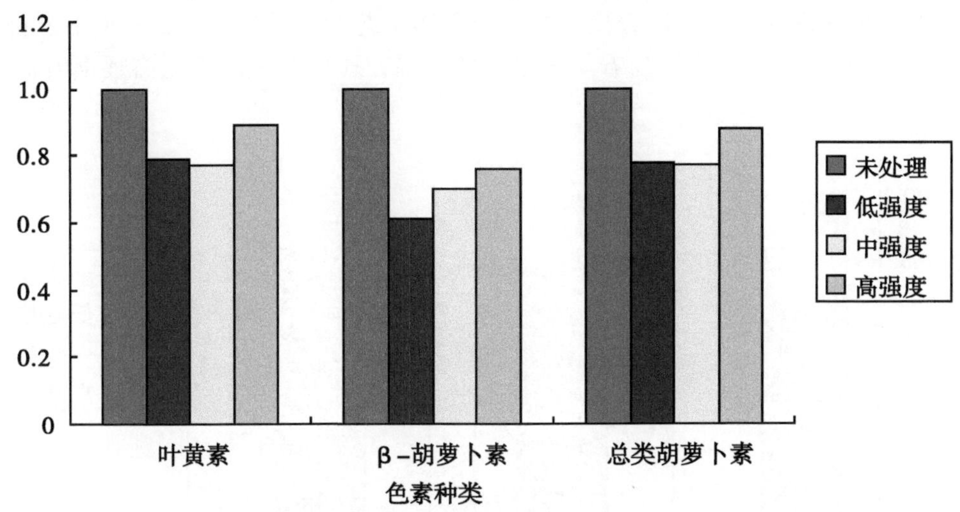

图 4-23　真空回潮过程样品中中质体色素随工艺处理强度的变化趋势

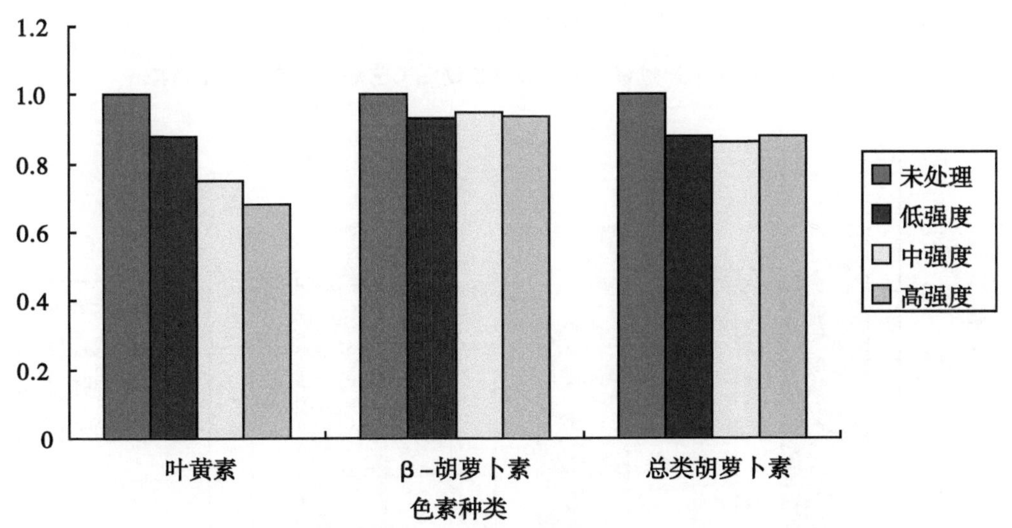

图 4-24　松散回潮过程样品中中质体色素随工艺处理强度的变化趋势

（三）滚筒干燥和气流干燥对质体色素含量的影响

我国目前的烤烟加工中，干燥方式基本是滚筒干燥和气流干燥为主。滚筒干燥后的烟丝质量主要取决于筒壁温度、热风温度及转速，气流干燥后的烟丝质量取决于热风温度、流量，入口叶丝水分以及蒸汽施加量等参数。已经有研究表明，国产烟叶经滚筒干燥或气流干燥后，酮类、醛类、烯类、苯类、酯类、酸类和香味总量均增加。因此干燥过程的高温高湿度变化必然会影响到在线烟草制品的质体色素含量。本研究选择郑州烟草研究院工艺室提供的2004年红大HYB2F样品，考察了2种工艺处理条件下未处理样品和低、中、高三种处理强度样品中质体色素含量的变化。

滚筒干燥：通过提高壁温和热风温度增加工艺强度。

气流干燥：通过提高工作风温增加工艺强度。

由图4-25和图4-26可以看出，在滚筒干燥工艺中，叶黄素、β胡萝卜素都有降低趋势；在气流干燥工艺中，随着工艺强度的增强，质体色素的含量有逐渐升高的趋

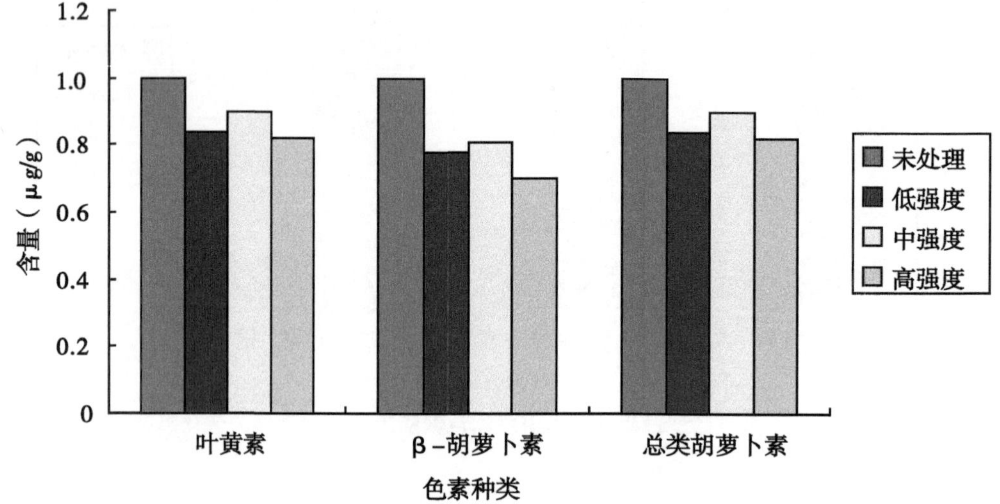

图4-25　滚筒干燥过程样品中质体色素随工艺处理强度的变化趋势

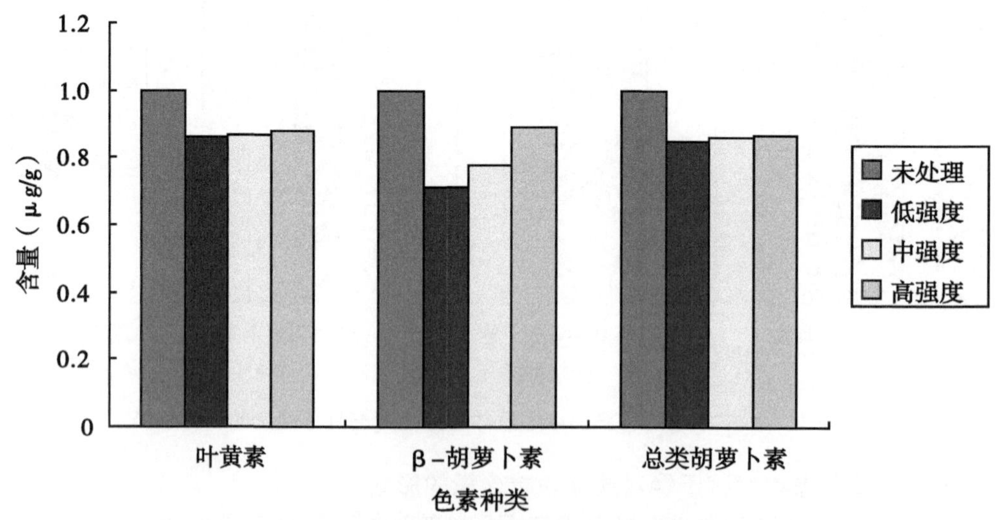

图4-26　气流干燥过程样品中质体色素随工艺处理强度的变化趋势

势；但与未处理样品比较，无论气流干燥还是滚筒干燥，质体色素的含量均呈下降趋势。这有可能是降解转化成了其他物质，与贾玉国等的研究结果是一致的。

（四）河南某牌号卷烟经在线工艺过程后质体色素含量的变化。

本研究选择了河南中烟某牌号卷烟的叶组在以下几个不同处理工艺条件（表4-7）下质体色素含量的变化。

表4-7　样品信息

编码	取样点	说明
1	加料前	叶组（含造纸法薄片）
2	加料后	叶组（含造纸法薄片）
3	HT 前	叶组（含造纸法薄片）
4	HT 后	叶组（含造纸法薄片）
5	烘丝后	叶组（含造纸法薄片）
6	加香后	全叶组（掺对过三丝）
7	条烟	成品卷烟

图中的数据均是各样品数据以成品卷烟（7号样品）为基准值相除得到的结果。由图4-27可以看出，叶黄素在掺对三丝后明显下降；β-胡萝卜素经HT和烘丝两个工艺处理后含量连续下降，而叶黄素变化则较小。色素总量在掺对三丝后明显下降，其他过程则变化不明显。

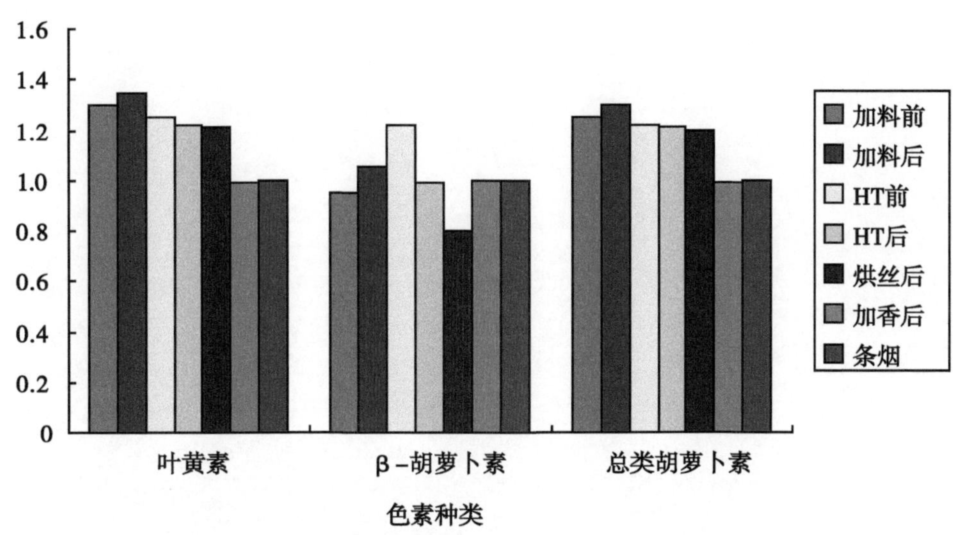

图4-27　某牌号卷烟经在线工艺过程后质体色素含量的变化

三、小结

本文研究了几个主要卷烟加工过程如烟叶发酵、回潮、干燥过程中烟草中质体色素的含量随加工强度的变化情况，并对河南中烟某牌号卷烟在线加工过程中质体色素的含量变化进行了研究。结果表明，烟草质体色素的含量随着陈化时间的增加而逐渐降低，变化幅度比较大；在回潮工艺中都降低，真空回潮降低幅度大于松散回潮降低幅度；在干燥工艺中，各种质体色素都有降低趋势，但在气流干燥工艺中，虽然与未处理样品比较质体色素含量均下降，但随着工艺强度的增强，质体色素的含量有逐渐升高的趋势。叶黄素在掺对三丝后明显下降；β-胡萝卜素经 HT 和烘丝两个工艺处理后含量连续下降，而叶黄素变化则较小。色素总量在掺对三丝后明显下降，其他过程则变化不明显。

第五章　烤烟质体色素代谢的生理机制

第一节　烤烟发育过程中脂氧合酶、质体色素与叶绿素荧光参数的关系

脂氧合酶（Lipoxygenase，EC l. 13. 11. 12）是脂类尤其是不饱和高级脂肪酸降解代谢的重要酶，它催化 1，4-二烯不饱和脂肪酸和类胡萝卜素的过氧化，产生与香味有关的挥发性羰基化合物。脂氧合酶与植物衰老的关系一直为人们关注，但迄今对此仍存在不同的观点。Leshem 等研究表明叶片衰老与内源 LOX 活性相关。Feierabend 报道小麦和黑麦离体叶片衰老过程中 LOX 活性并未增加。Kockritz 等将大豆 LOX-1 和从小鼠网状细胞中分离的 LOX 与小麦叶绿体一起保温，发现小麦的叶绿体电子传递速率受到抑制。苏行、孙谷畴等研究发现，LOX-1 对叶绿体色素有漂白作用以及对叶绿体 PSⅡ氧化侧、Q 与 PQ 位点敏感。脂氧合酶是类胡萝卜素降解的关键酶，类胡萝卜素在脂氧合酶（LOX）作用下氧化分解的中间产物香叶醇、紫罗兰酮、紫黄质、黄质醛等是烟叶重要的致香物质，其中黄质醛是脱落酸（ABA）合成必不可少的前体物，因此 LOX 对烟叶香气质、香气量的形成具有重要影响。

由于长期单一施用无机化肥，土壤有机质含量下降，我国烟叶呈现“营养比例失调，油分少，香气量不足”现象。饼肥配施能改善烟叶品质，增加烟叶香气，改善吃味，有利于糖分和芳香物的积累，从而赋予烟叶优良的品质。相关研究多集中在饼肥配施对烤烟生理过程及产质的影响。研究烤烟叶片发育过程中脂氧合酶、叶绿体色素与叶绿素荧光参数的关系及其饼肥配施效应，探讨不同肥料条件下脂氧合酶对叶绿体色素代谢及叶绿素荧光的影响，以期丰富优质烤烟品质形成理论。

一　材料与方法

（一）试验材料

试验于 2004 年度在河南农业大学科教示范园区（郑州毛庄）网室内进行，供试品种为 K326。试验用素烧陶盆，高 40cm，盆口直径 40cm，盆底直径 35cm。试验前，先在网室内起垄，按 100cm×45cm 行、株距，将陶盆置于垄上。

试验设两个处理：CK 为无机肥处理，每盆施纯 N 2. 5g，各处理 NH^{4+}-N 与 NO^{3-}-N 按 1∶3，且 N∶P_2O_5∶K_2O=1∶2∶2. 5；饼肥配施处理为氮肥按化肥+50%饼肥（腐熟的芝麻饼肥）配施，有机氮肥按纯 N 4%×70%计算，其他同无机肥处理。

每盆装土 20kg，装盆前土经过风干，并过 0.5mm×1mm 网筛。供试土壤情况：pH 值=7.8，有效氮 5.05mg/kg，有效磷 10.1mg/kg，速效钾 105mg/kg。按试验设计，将土壤与肥料混合均匀后装盆，其中饼肥混匀前已经过充分腐熟、风干，并过 3mm 网筛，重过磷酸钙经研磨过 3mm 网筛。装盆时每盆埋插塑料管供浇水用。

5 月 17 日移栽烟苗，移栽后定量浇水，保持每盆含水量基本一致，每处理 50 盆，共 100 盆。田间管理如常规。

（二）测定项目

取烤烟中部叶片（从下往上数第 11～12 片），分别于叶片发育 15d、25d、35d、45d、55d、65d 分 6 次取样，每处理重复 3 次。分别测定烤烟发育过程中叶片脂氧合酶（LOX）、叶绿素含量、叶绿素荧光参数。

（三）测定方法

1. 叶绿素和总类胡萝卜素含量测定

叶绿素含量的测定采用分光光度计法。取剪碎的新鲜烟叶样品 0.2g，加少量石英砂和碳酸钙粉及 2～3ml 80%丙酮研磨成匀浆，再加丙酮 10ml 提取，以相应的提取液作对照，在 UV—2000 型分光光度计上测定 663nm、645 nm、470nm 处的光密度值。以 Arnon 法公式计算叶绿素和总类胡萝卜素的含量。计量单位：mg/g。

2. 叶绿素荧光参数测定

用英国 Hansatech 公司生产的 FMS_2脉冲调制式荧光仪测定经暗适应 30min 叶片的最大荧光（Fm）、固定荧光（Fo）及稳态荧光（Fa）、光照条件下最大荧光（Fm'），并计算 PSⅡ活性（Fv/Fo）、PSⅡ最大光能转换效率（Fv/Fm）、实际光化学效率（ϕPSⅡ）、化学淬灭系数（qP）和非光化学淬灭系数（qN），以及光抑制程度，分别按下式计算[8]：$Fv/Fo=(Fm-Fo)/Fo$，$Fv/Fm=(Fm-Fo)/Fm$，$\phi PS\text{Ⅱ}=(Fm'-Fa)/Fm'$，$qP=(Fm'-Fs)/(Fm'-Fo)$，$qN=(Fm-Fm')/Fm'$，光抑制程度以 $1-qP/qN$ 衡量。

3. 脂氧合酶活性测定

参照 Seklya 的方法提取粗酶液后，10 000×g（4℃）离心 15min，上清液用于 LOX 活性测定。取酶液 0.3ml，加 0.7ml 底物，摇匀、置 30℃下保温 5min，加入 2.0ml 无水乙醇，摇匀加入 3.0ml60% 乙醇，摇匀吸取 1.0ml，用 60% 乙醇稀释至 10.0ml，在 D234nm 比色。取 0.3ml 酶液装入试管，在 70～80℃水浴中加热 5～10min，然后取出加 0.7ml 底物在 30℃保温 5min，加入 2.0ml 无水乙醇摇匀，加入 3.0ml 60%乙醇，摇匀吸取 1.0ml，稀释至 10.0ml，作对照。

（四）相关统计分析

相关统计分析采用 SPSS 10.0 统计软件进行。

二、结果与分析

（一）烤烟叶片发育、成熟过程中叶绿素代谢变化

烤烟发育过程中叶绿素含量随生育时期的推进而逐渐下降，发育前中期下降较快，

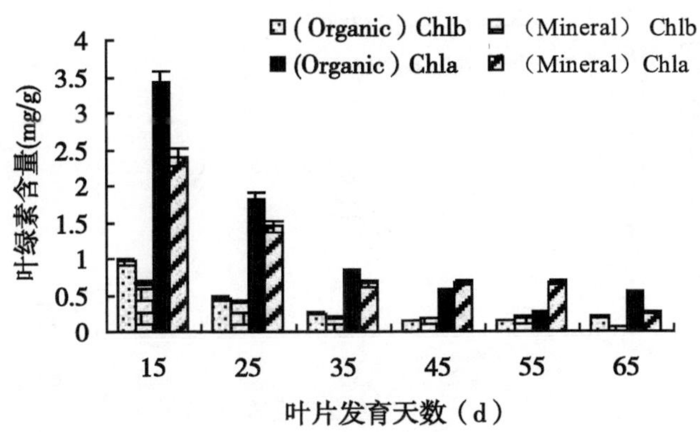

图 5-1　烤烟叶片发育过程中叶绿素代谢变化

发育后期其代谢趋于平衡，下降缓慢（图 5-1）。其中饼肥配施处理中叶片发育前期叶绿素含量高于无机肥处理，叶绿素 a 为 3. 42mg/g，叶绿素 b 为 0. 96mg/g，分别是无机肥处理的 142. 83%、161. 56%；而叶片发育末期仍高于无机肥处理，叶绿素 a 为 0. 522mg/g，叶绿素 b 为 0. 198mg/g，分别是无机肥处理的 208. 65%和 313. 91%。

（二）烤烟叶片发育、成熟过程中总类胡萝卜素代谢变化

由图 5-2 可知，烤烟叶片发育过程中总类胡萝卜素代谢趋势总体随叶片的生长衰老而逐渐分解，饼肥配施对叶片总类胡萝卜素有促进作用。烤烟发育过程中饼肥配施处理的类胡萝卜素高于无机肥处理，25d 时饼肥配施处理总类胡萝卜素含量为 0. 4812mg/g，而同期无机肥处理总类胡萝卜素含量仅为 0. 37mg/g，为饼肥配施处理的 75%左右；生育中后期其含量与无机肥处理有所交错，生育末期饼肥配施处理仍高于无机肥处理，为无机肥处理的 140%。

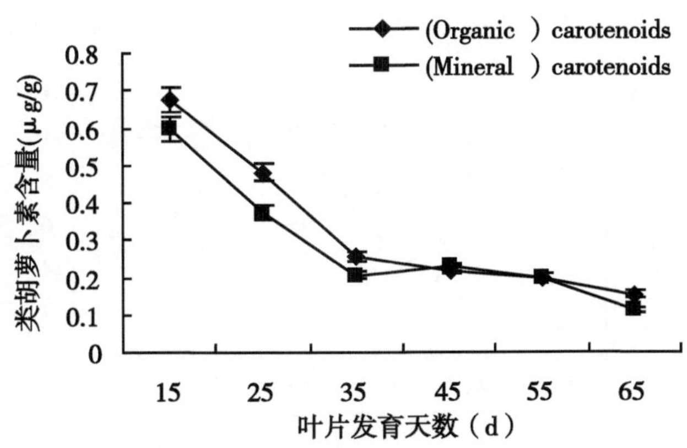

图 5-2　烤烟叶片发育过程中类胡萝卜素代谢变化

（三）烤烟叶片发育、成熟过程中 LOX 活性变化

脂氧合酶（LOX）活性在烤烟发育过程中随生育时期的不同有较大变化（图 5-3），一般情况下随叶片发育时期推进而快速上升，尚熟期达到顶峰，然后随叶片衰老而活性下降。其中无机肥处理的脂氧合酶（LOX）活性在烤烟发育前期（15～25d）高

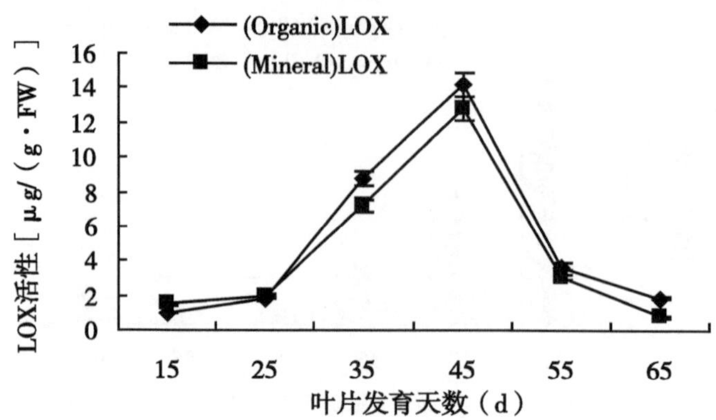

图 5-3　烤烟叶片发育过程中脂氧合酶（LOX）活性

于饼肥配施处理，分别为 1.465 μg/（g·FW）和 2.0 μg/（g·FW），是饼肥配施处理的 148.6%和 107.1%。25d 后，饼肥配施处理的脂氧合酶（LOX）活性一直高于无机肥处理，为 8.8 μg/（g·FW）、14.2 μg/（g·FW）、3.67 μg/（g·FW）、1.87 μg/（g·FW），分别是无机肥处理的 122.2%、110.9%、119.6%、233.3%。

（四）烤烟叶片发育、成熟过程中 PSⅡ活性（Fv/Fo）、PSⅡ最大光能转换效率（Fv/Fm）和实际光化学效率（ϕPSⅡ）的变化

PSⅡ活性在整个生育时期内变化较小（图 5-4），其中饼肥配施处理除 45d 时 PSⅡ活性略小于无机肥处理外，其他时期均略大于无机肥处理；25d 时饼肥配施处 PSⅡ活性为 0.781，是无机肥处理的 115%，相差达极显著。PSⅡ最大光能转化效率在烤烟叶片发育期间变化明显，整体呈下降趋势（图 5-5）；其中 25d 时两处理均有一低谷，45d

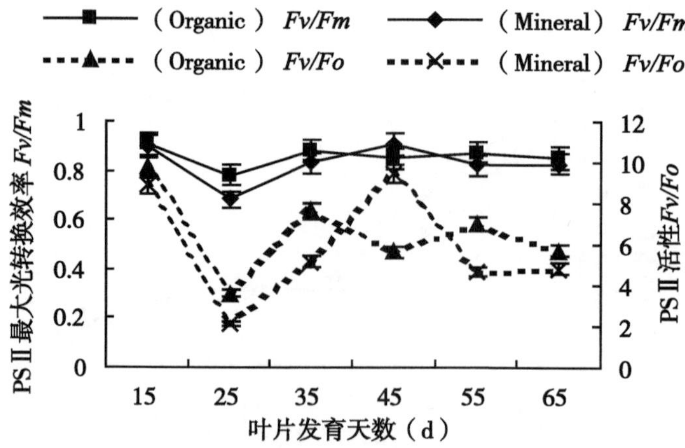

图 5-4　烤烟叶片发育过程中 PSⅡ活性及 PSⅡ最大光能转化效率

时无机肥处理达到顶峰 9.44 而明显高于饼肥配施处理，为该处理的 1.68 倍；其他时期饼肥配施处理 PSⅡ最大光能转化效率均大于无机肥处理，达极显著水平，其中 15d 时为无机肥处理的 109.1%，25d 时为无机肥处理的 167.3%，35d 时为无机肥处理的 147.8%，55d 时为无机肥处理的 151%，65d 时为无机肥处理的 118.3%。从图 5-5 可以

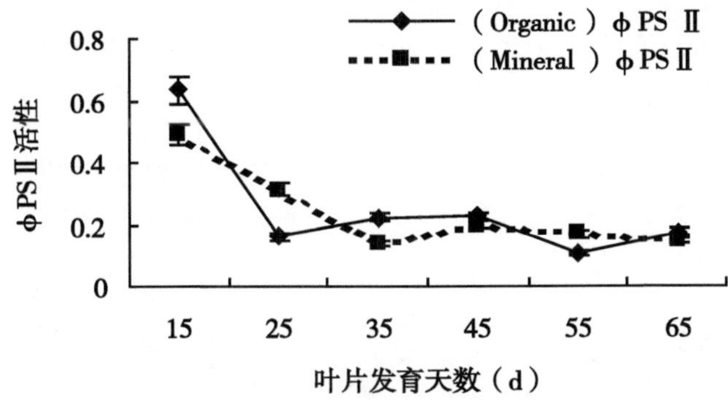

图 5-5　烤烟叶片发育过程中 PSⅡ实际光化学效率变化

看出，PSⅡ实际光化学效率随生育时期的推进而下降，饼肥配施处理影响 PSⅡ实际光化学效率效果明显，15d 时 PSⅡ实际光化学效率达 0.636，比无机肥处理高 29.5%，达极显著水平；35d 时 PSⅡ实际光化学效率为 0.224，是无机肥处理的 1.6 倍，45d 时 PSⅡ实际光化学效率 0.224，比无机肥处理高 13.2%；到 65d 时 PSⅡ实际光化学效率下降明显，但仍高于无机肥处理 18%；无机肥处理于 25d、55d 时明显高于饼肥配施处理。

（五）烤烟叶片发育过程中光化学淬灭系数（*qP*）、非光化学淬灭系数（*qN*）和光抑制程度（1-*qP*/*qN*）的变化

光化学淬灭系数（*qP*）是对 PSⅡ原初电子受体 Q_A 氧化态的一种量度，代表 PSⅡ反应中心开放部分的比例，反映 PSⅡ天线色素吸收的光能用于光化学反应的份额。试验结果表明（图 5-6）：随着生育时期的推进，光化学淬灭系数呈下降趋势，不同肥料

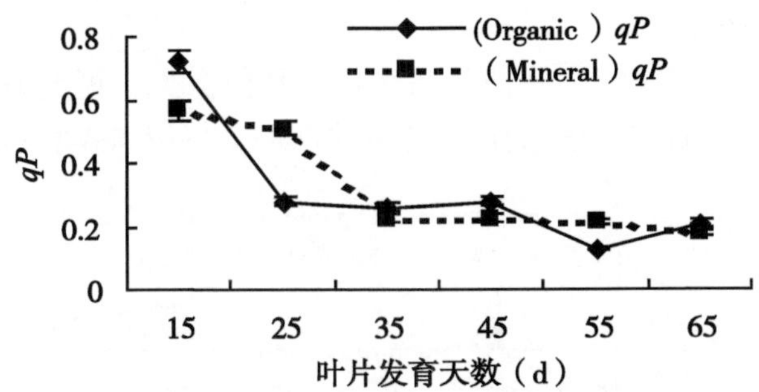

图 5-6　烤烟叶片发育过程中光化学淬灭系数变化

处理的光化学淬灭效果不同。生育前期（15d）饼肥配施处理的光化学淬灭系数高于无机肥处理，为 0.716，是无机肥处理的 126.5%；25d 时无机肥处理显著高于饼肥配施处理，为 0.511，是饼肥配施处理的 184.5%；55d 时无机肥处理光化学淬灭系数仍为饼肥配施处理的 168.5%；发育末期饼肥配施处理略高于无机肥处理，为 0.208。说明无机肥处理有利于烤烟叶片发育中期、饼肥配施处理有利于烤烟叶片发育前期、末期的 PSⅡ反应中心维持较高比例的开放程度，减少不能进行稳定电荷分离，不参与光合电子线形传递的 PSⅡ反应中心关闭部分的比例。

非光化学淬灭系数（qN）反映 PSⅡ反应中心非辐射能量耗散能力的大小，也就是

说它代表PSⅡ天线色素吸收的光能不能用于光合电子传递，而以热的形式耗散掉的光能部分。从图5-7可以看出，生育前期非光化学淬灭系数于定长期有一高峰，这可能与河南中部当时高光强有关；随着生育时期的推进，非光化学淬灭系数（qN）不断增

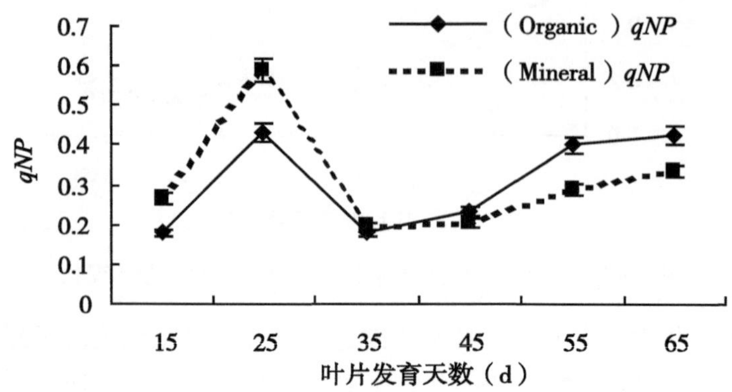

图5-7　烤烟叶片发育过程中非光化学淬灭系数变化

加，这与烤烟叶片的衰老有关，不断衰老的叶片不能把捕捉的光能有效地用于光合作用，通过增加非辐射能量的耗散，保护光合器官不至于受到进一步伤害。不同肥料处理的非光化学淬灭系数反应不同，烤烟发育前期无机肥处理的非光化学淬灭系数显著高于饼肥配施处理，15d、25d分别为0.267、0.589，分别是饼肥配施处理的148.3%、118.3%，说明前期无机肥处理以热的形式耗散掉的光能部分大于饼肥配施处理；烤烟叶片发育后期饼肥配施处理明显高于无机肥处理，55d、65d时分别为0.402、0.426，分别是无机肥处理的139.1%和126.8%，达极显著差异，表明饼肥配施处理在发育后期保护光合器官能力较强。

$1-qP/qN$可以作为可能发生光抑制的指标，其值愈大，说明发生光抑制的可能性愈大。从图5-8中可以看出，随着生育时期的推进，$1-qP/qN$值变大，发生光抑制的

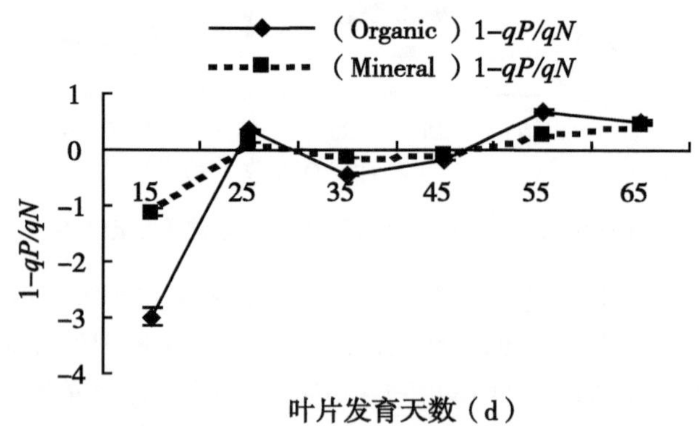

图5-8　烤烟叶片发育过程中可能光抑制情况

可能性随之增大，但不同肥料处理影响烤烟叶片发育因时期不同而表现差异。烤烟叶片发育前期（15d）无机肥处理的$1-qP/qN$值为-1.12，是饼肥配施处理的2.66倍，发生

光抑制的可能性大。25d 时饼肥配施处理的 1-qP/qN 值为 0.36，是无机肥处理的 2.71 倍，此期饼肥配施处理发生光抑制的可能性较大。35d、45d 无机肥处理 1-qP/qN 值均高于饼肥配施处理，分别为饼肥配施处理的 3 倍、1.93 倍。55d、65d 饼肥配施处理则高于无机肥处理，为 0.68 和 0.52，分别是无机肥处理的 2.64 倍、1.12 倍。

（六）烤烟叶片发育过程中 LOX 与叶绿体色素、叶绿素荧光参数的关系

烤烟叶片发育过程中脂氧合酶（LOX）与叶绿体色素、叶绿素荧光参数无显著性相关关系，叶绿体色素与叶绿素荧光参数关系密切（表 5-1）。饼肥配施条件下，LOX 活性与 1-qP/qN 呈正相关关系，表明 LOX 与叶片发育过程中发生光抑制的可能性有关；与光化学猝灭系数（qP）、非光化学猝灭系数（qN）、实际光化学效率（ϕPSⅡ）、呈负相关关系，反映了 PSⅡ天线色素吸收的光能用于光化学反应的份额、PSⅡ反应中心非辐射能量耗散能力的大小、PSⅡ反应中心在有部分关闭情况下的实际原初光能捕获效率与 LOX 活性呈负相关；LOX 活性与叶绿体色素均呈负相关关系，表明 LOX 可能促进叶绿体色素的降解，但相关因素复杂。相关研究发现，叶绿体色素与 1-qP/qN 均呈显著性负相关关系，表明叶绿体色素含量降低是烤烟叶片可能发生光抑制的主要原因；叶绿素 a、叶绿素 b 与光化学猝灭系数（qP）呈极显著正相关关系，表明 PSⅡ天线色素吸收的光能用于光化学反应的份额与叶绿素含量关系密切；实际光化学效率（ϕPSⅡ）与叶绿体色素呈显著性正相关关系，表明 PSⅡ反应中心在有部分关闭情况下的实际原初光能捕获效率与叶绿体色素含量关系密切。无机肥条件下得出相似结论。

表 5-1　烤烟叶片发育过程中 LOX、叶绿体色素与叶绿素荧光参数关系

处理	色素种类	qP	qNP	ΦPSⅡ	1-qP/qNP	Fv/Fo	Fv/F_m	LOX
饼肥配施处理	叶绿素 a	0.937**	-0.376	0.881*	-0.860*	0.448	0.178	-0.477
	叶绿素 b	0.946**	-0.377	0.906*	-0.882*	0.535	0.276	-0.521
	类胡萝卜素	0.891*	-0.366	0.812*	-0.801	0.314	0.034	-0.398
	LOX	-0.270	-0.479	-0.236	0.151	-0.109	0.053	1.000
无机肥处理	叶绿素 a	0.949**	0.224	0.981**	-0.851*	0.259	0.028	-0.322
	叶绿素 b	0.951**	0.233	0.969**	-0.844*	0.226	0.003	-0.319
	类胡萝卜素	0.936**	0.185	0.939**	-0.873*	0.312	0.072	-0.269
	LOX	-0.406	-0.541	-0.350	-0.014	0.516	0.426	1.000

三、讨论与结论

一般认为，LOX 可启动植物组织膜脂过氧化作用，其过氧化产物直接参与叶绿素降解进程。植物组织衰老过程常伴随着膜透性增加、膜脂含量下降和磷脂酶催化膜磷脂降解，导致游离脂肪酸积累等现象。其中游离不饱和脂肪酸在 LOX 作用下形成氢过氧化物，该物进一步被催化成自由基，结果自由基一方面攻击叶绿素卟啉大环双键，促进叶绿素降解，另一方面继续攻击叶绿体膜，使膜透性增加，导致位于膜上的叶绿素降解酶被释放，与位于类囊体膜上的叶绿素接触，进而加快叶绿素的降解。Jaren-Galan 等在研究体外橄榄叶绿体色素与 LOX 提取物的关系时发现，叶绿体色素与亚油酸混合在一起时，叶绿素和内胡萝卜素降解速度有所提高，当向混合物中再加入 LOX 时，则其降解速度更加急剧上升。Barimalaa 和 Gordon 也得出类似的结果。他们认为 LOX 催化不饱和脂肪酸氧化形成自由基而攻击分解色素。叶绿素荧光动力学技术在测定叶片光合作用过程中，光系统对光能的吸收、传递、耗散、分配等方面具有独特的作用，与“表观性”的气体交换指标相比，叶绿素荧光参数更具有反映“内在性”特点，被称为测定叶片光合功能快速、无损伤的探针。

在荧光诱导动力学参数的测定中，可变荧光 Fv 反映可参与 PSⅡ（光系统Ⅱ）光化学反应的光能辐射部分，固定荧光 Fo 代表不参与 PSⅡ光化学反应的光能辐射部分，最大荧光 $Fm=Fv+Fo$，可变荧光与固定荧光的比值（Fv/Fo）可以代表光系统Ⅱ（PSⅡ）活性，可变荧光与最大荧光的比值（Fv/Fm）可以代表最大光能转换效率或 PSⅡ光化学的最大效率，实际光化学效率（ϕPSⅡ）反映 PSⅡ反应中心在有部分关闭情况下的实际原初光能捕获效率。PSⅡ活性在整个生育时期内变化较小；PSⅡ最大光能转化效率在烤烟叶片发育期间变化明显，整体呈下降趋势；PSⅡ实际光化学效率随生育时期的推进而下降；随着生育时期的推进，光化学淬灭系数呈下降趋势，非光化学淬灭系数（qN）不断增加，发生光抑制的可能性随之增大。以上参数表明饼肥配施处理在发育后期保护光合器官能力较强，有利于烤烟发育过程中合成较多的碳水化合物参与烟草品质形成。

烤烟发育过程中叶绿素、总类胡萝卜素含量随生育时期的推进而逐渐下降，发育前中期下降较快，发育后期其代谢趋于平衡。脂氧合酶（LOX）活性在烤烟发育过程中随生育时期的不同有较大变化，一般情况下随叶片发育时期推进而快速上升，尚熟期达到顶峰，然后随叶片衰老而活性下降，总体上饼肥配施处理脂氧合酶（LOX）活性较高。脂氧合酶（LOX）与叶绿体色素、叶绿素荧光参数无显著性相关关系，叶绿体色素与叶绿素荧光参数关系密切，LOX 活性与 $1-qP/qN$ 呈正相关关系，与光化学淬灭系数（qP）、非光化学淬灭系数（qN）、实际光化学效率（ϕPSⅡ）呈负相关关系，LOX 活性与叶绿体色素均呈负相关关系，叶绿体色素与 $1-qP/qN$ 均呈显著性负相关关系，叶绿素 a、叶绿素 b 与光化学淬灭系数（qP）呈极显著正相关关系，实际光化学效率（ϕPSⅡ）与叶绿体色素呈显著性正相关关系。烤烟叶片发育过程中叶绿体色素为叶绿素荧光参数提供物质基础，脂氧合酶同时促进了叶绿体色素代谢和叶绿素荧光参数的变化，可能是烤烟品质形成的生理生化基础。烤烟样品发育过程中品质形成的生理机制及其饼肥促进烤烟品质形成的具体生理机制尚需进一步研究。

第二节　饼肥配施对烤烟发育过程中叶片光合特性的调控效应研究

烟草叶片 96%左右的干物质直接与间接来自光合作用。而氮素营养是人们调控作物生长及光合生产率的重要手段之一。刘雪松，刘贞琦等发现大田生育期内烤烟的净光合速率（Pn）呈单峰曲线形式，各部位叶 Pn 高峰出现时期及峰值不同。由于长期单一施用无机化肥，土壤有机质含量下降，我国烟叶呈现“营养比例失调，油分少，香气量不足”现象。饼肥配施能改善烟叶品质，增加烟叶香气，改善吃味，有利于糖分和芳香物的积累，从而赋予烟叶优良的品质。相关研究多集中在饼肥配施对烤烟生理过程及产质的影响。研究烤烟叶片发育过程中叶绿体色素与叶绿素荧光参数、光合特性的关系及其饼肥配施效应，探讨不同饼肥用量条件下叶绿体色素变化及叶绿素荧光的影响，以期丰富优质烤烟品质形成理论。

一、材料与方法

（一）试验材料

试验于 2005 年度在河南农业大学科教示范园区（郑州毛庄）网室内进行，供试品种为 K326。试验用素烧陶盆，高 40cm，盆口直径 40cm，盆底直径 35cm。试验前，先在网室内起垄，按 100cm×45cm 行、株距，将陶盆置于垄上。

试验设五个处理，每盆施纯 N 3.0g，各处理（NH_4^+-N）：（NO_3^--N）按 1：3，且 N：P_2O_5：K_2O=1：2：2.5。处理 A：无机肥处理；处理 B：75%无机肥+25%有机肥处理；处理 C：50%无机肥+50%有机肥处理；D：25%无机肥料+75%腐熟饼肥；E：100%腐熟饼肥。有机氮肥按纯 N 4%×70%计算，其他同无机肥处理。

每盆装土 20kg，装盆前土经过风干，并过 0.5mm×1mm 网筛。供试土壤情况：pH 值=7.8，有效氮 50.5mg/kg，有效磷 10.1mg/kg，速效钾 105mg/kg。按试验设计，将土壤与肥料混合均匀后装盆，其中饼肥混匀前已经过充分腐熟、风干，并过 3mm 网筛，重过磷酸钙经研磨过 3mm 网筛。装盆时每盆埋插塑料管供浇水用。

5 月 17 日移栽烟苗，移栽后定量浇水，保持每盆含水量基本一致，每处理 30 盆，共 150 盆。田间管理如常规。

（二）实验方法

1. 叶片叶绿素和类胡萝卜素含量测定

采用分光光度计法测定。

2. 叶片净光合速率测定

于第 10 片叶片展开之日（6 月 17 日）选取生长一致的叶片 5 片，挂牌标记，用英国产 CIRAS-1 型便携式光合作用测定系统，活体测定叶片的 Pn，以 5 片叶的 Pn 的平均值为该处理的 Pn 值。

3. 荧光参数的测定

选取照光一致的中部叶片，采用 FMS2 脉冲调制式荧光仪（英国 Hansatech 科学仪器公司）测定光适应下的最大荧光（*Fm′*）、稳态荧光（*Fs*）等荧光参数；暗适应 30min 后测定初始荧光（*Fo*）、最大荧光（*Fm*）和光系统Ⅱ的最大光化学效率（*Fv/Fm*）。在自然光照下，上午 10:30 到 11:30 间进行，参照 Genty 等的方法进行计算。

二、结果与分析

（一）不同饼肥用量配施对烤烟叶片光合色素的调控效应

由表 5-2 可知，5 个处理的各光合色素含量均随着叶片衰老而逐渐降低。4 个处理的叶绿素含量均在叶片展开后的第 20~30d 达到最大值，其中饼肥用量小于 50%的 A、B 处理于 30d 达到最大值 1.67mg/（g·FW）和 1.57mg/（g·FW）；饼肥用量大于 50%的 C、D、E 处理于 20d 达到最大值 1.89mg/（g·FW）、2.2mg/（g·FW）和 1.98mg/（g·FW）；而后 A、B 处理的叶绿素含量急剧下降，而 C、D、E 处理的叶绿素含量保持一段较高的水平而后下降，在后期仍有较高的含量，70d 时三处理叶绿素仍分别为 0.37mg/（g·FW）、0.45mg/（g·FW）和 0.53mg/（g·FW），叶绿素含量随着饼肥用量的增加而增加。这说明随生育进程的推进，高饼肥用量处理的叶绿素含量降解缓慢，更有利于生育后期烤烟叶片捕获更多的光能供光合作用所利用。类胡萝卜素含量在各个时期均随着施饼肥量增加而增加，但 D、E 处理类胡萝卜素含量较 C 处理增加不明显，发育末期随饼肥用量的增加，各处理类胡萝卜素含量依次为 0.04mg/（g·FW）、0.037mg/（g·FW）、0.06mg/（g·FW）、0.08mg/（g·FW）和 0.09mg/（g·FW）。饼肥处理在生育后期仍能维持较高类胡萝卜素含量，有利于植株抗逆性，延缓叶片衰老，因为 Car 尤其是 β-胡萝卜素能猝灭不稳定的三线态 Chl 和具有强氧化作用及对光合膜有潜在破坏作用的单线态氧，从而保护受光激发的 Chl 免遭后期强光氧化的破坏，降低光合膜受损程度，使光合作用得以进行。

表 5-2　不同饼肥配施条件下烤烟叶片光合色素含量的变化

		测定时期（d）					
		20	30	40	50	60	70
Chl a+Chl b [mg/（g·FW）]	A	1.23±0.05	1.67±0.01	0.79±0.02	0.66±0.01	0.18±0.02	0.16±0.01
	B	1.44±0.06	1.57±0.08	1.09±0.03	0.64±0.05	0.32±0.04	0.23±0.02
	C	1.89±0.02	1.33±0.02	0.91±0.01	0.69±0.01	0.48±0.01	0.37±0.02
	D	2.20±0.05	1.82±0.05	1.05±0.04	0.78±0.03	0.50±0.05	0.45±0.03
	E	1.98±0.02	1.70±0.03	1.18±0.04	0.70±0.01	0.61±0.03	0.53±0.04
Car [mg/（g·FW）]	A	0.19±0.02	0.25±0.02	0.14±0.04	0.11±0.04	0.04±0.01	0.04±0.02
	B	0.27±0.03	0.22±0.02	0.18±0.01	0.09±0.01	0.067±0.01	0.037±0.01
	C	0.35±0.02	0.20±0.02	0.12±0.01	0.15±0.02	0.09±0.01	0.06±0.01
	D	0.32±0.02	0.24±0.01	0.17±0.01	0.13±0.01	0.09±0.01	0.08±0.01
	E	0.29±0.00	0.27±0.01	0.21±0.01	0.10±0.01	0.11±0.00	0.09±0.00

（续表）

		测定时期（d）					
		20	30	40	50	60	70
Chl a/Chl b	A	2. 95±0. 01	2. 48±0. 01	2. 68±0. 01	3. 69±0. 00	2. 73±0. 01	2. 33±0. 00
	B	2. 79±0. 01	2. 45±0. 02	2. 58±0. 03	3. 16±0. 01	2. 43±0. 02	2. 47±0. 01
	C	2. 63±0. 02	2. 46±0. 03	3. 31±0. 06	2. 84±0. 03	2. 79±0. 02	2. 74±0. 04
	D	2. 71±0. 01	2. 47±0. 02	2. 25±0. 01	3. 76±0. 02	2. 52±0. 03	2. 32±0. 01
	E	2. 95±0. 01	2. 69±0. 02	2. 55±0. 05	3. 21±0. 02	2. 91±0. 01	2. 42±0. 03
Chl/Car	A	6. 36±0. 02	6. 71±0. 01	5. 80±0. 03	5. 74±0. 05	4. 91±0. 01	4. 47±0. 02
	B	5. 34±0. 02	7. 08±0. 03	6. 11±0. 05	6. 78±0. 01	4. 80±0. 05	6. 27±0. 04
	C	5. 46±0. 01	6. 77±0. 02	7. 49±0. 03	4. 70±0. 02	5. 29±0. 04	5. 92±0. 01
	D	6. 99±0. 05	7. 64±0. 01	6. 09±0. 03	6. 13±0. 02	5. 78±0. 01	5. 86±0. 03
	E	6. 78±0. 03	6. 24±0. 05	5. 76±0. 06	7. 07±0. 06	5. 82±0. 01	5. 98±0. 07

C 处理的 Chl a/Chl b 在 40d 达到最大值，而后逐渐下降，A、B、D、E 处理的 Chl a/Chl b 也均于 50d 达到最大值，然后快速下降，并且于 60d 后明显低于 C 处理，这表明适宜的饼肥用量更有利于促进 Chl b 合成，能减缓 Chl b 随生育进程的降解速度，Chl b 是捕光色素蛋白复合体的重要组成部分，增加其相对含量有利于形成更多捕光色素优于捕获光能。

各处理的 Chl/Car 均于发育前期在一个较高的含量水平上波动变化，而后急剧下降，但随施饼肥用量的增加而增加趋势不明显，配施饼肥均能促进 Chl 合成，减缓生育后期 Chl 相对降解速度，从而有利于生育后期烤烟叶片的净光合速率的提高。

（二）不同饼肥用量配施对烤烟叶片净光合速率（*Pn*）的调控效应

由图 5-9 可以看出，A、B、C、D 处理烤烟叶片净光合速率均于 20d 达到最大值，E 处理于 30d 时达到最大值，而后随着生育进程的推进逐渐降低，并且 C、D 处理叶片的净光合速率均较高，发育 20d 时 C、D 处理净光合速率达 15μmol/（m^2 · s）左右，B 处理为 13. 9μmol/（m^2 · s），A、E 处理最低，仅为 11. 5μmol/（m^2 · s）左右；发育 60d 时，A、B、C 处理较高，均在 2μmol/（m^2 · s）以上，其中 C 处理为 2. 3μmol/（m^2 · s），DE 处理均在 2μmol/（m^2 · s）以下。这说明适量配施饼肥能延缓叶片衰老，提高叶片对光能的捕获量及其转化效率，并最终促进净光合速率（*Pn*）的提高，100%饼肥反而降低了净光合速率，相关生理机制需进一步研究。

（三）不同饼肥用量配施对烤烟叶片 *Fv/Fm* 和 *Fv/Fo* 的调控效应

可变荧光（*Fv*）与最大荧光（*Fm*）的比值（*Fv/Fm*）是暗适应条件下 PSⅡ的最大光化学效率，反映了 PSⅡ反应中心最大光能转化效率，而可变荧光（*Fv*）与固定荧光（*Fo*）的比值（*Fv/Fo*）可代表光合系统Ⅱ（PSⅡ）潜在活性。由表 5-3 可以看出，各处理的 PSⅡ的最大光化学效率均于 60d 以前达到最大值并基本保持稳定，而且随着饼肥用量的增加 PSⅡ的最大光化学效率也增加，60d 时随饼肥用量增加，各处理的最

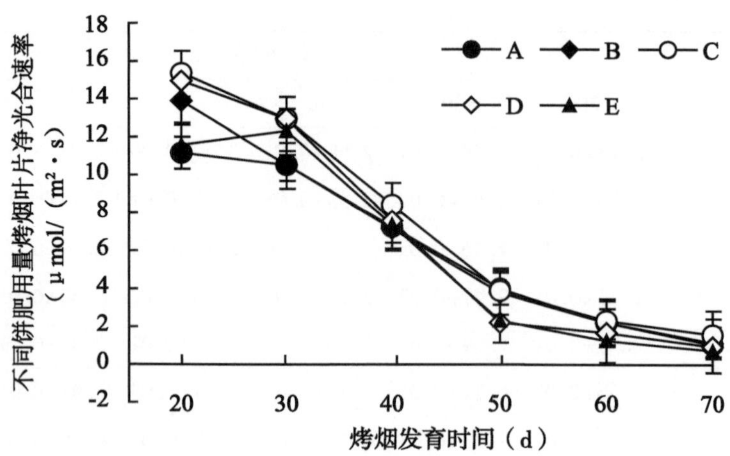

图 5-9　不同饼肥配施条件下烤烟叶片净光合速率变化

大光能转化效率分别为 0.73、0.73、0.75、0.78 和 0.77，E 处理略小于 D 处理。各处理 PSⅡ潜在活性均于 30d 达到最大，且 C 处理活性发育前期明显高于其他处理，达 5.46；发育中后期 C、D 处理均高于其他处理，发育 70d 时 PSⅡ潜在活性分别为 3.14、3.38，其他处理均在 3 以下。这说明适当的饼肥配施能够使植株更充分的获得氮素，从而有利于光合碳同化中以蛋白质为主体的各种酶及多种电子传递体等成分的合成，而且 PSⅡ的最大光化学效率和 PSⅡ潜在活性的提高也有利于光合色素把所捕获的光能以更高的速度和效率转化为化学能，从而为碳同化提供更充足的能量，有效改善叶片的光合功能，有利于光合速率的提高。但过量的配施饼肥反而使 PSⅡ的最大光化学效率和 PSⅡ潜在活性下降，不利于叶片光合功能的改善。

表 5-3　不同饼肥配施条件下烤烟叶片 *Fv/Fm* 和 *Fv/Fo* 的变化

		测定时期（d）					
		20	30	40	50	60	70
Fv/Fm	A	0.74±0.08	0.74±0.06	0.74±0.10	0.74±0.15	0.72±0.06	0.70±0.13
	B	0.80±0.05	0.78±0.13	0.76±0.09	0.74±0.04	0.73±0.07	0.71±0.14
	C	0.73±0.12	0.83±0.06	0.80±0.14	0.76±0.06	0.75±0.13	0.74±0.06
	D	0.76±0.05	0.83±0.07	0.82±0.16	0.82±0.10	0.78±0.05	0.74±0.13
	E	0.78±0.10	0.83±0.09	0.79±0.06	0.75±0.07	0.77±0.03	0.78±0.06
Fv/Fo	A	3.52±0.12	3.95±0.23	3.61±0.09	3.27±0.18	2.73±0.16	2.20±0.21
	B	4.41±0.14	4.41±0.21	4.02±0.23	3.62±0.17	3.03±0.32	2.44±0.09
	C	5.41±0.45	5.46±0.26	4.70±0.14	3.93±0.16	3.54±0.41	3.14±0.13
	D	3.75±0.17	4.87±0.23	4.36±0.35	3.84±0.17	3.61±0.13	3.38±0.17
	E	3.93±0.15	4.84±0.11	4.30±0.41	3.76±0.21	3.25±0.36	2.74±0.22

（四）不同饼肥用量配施对烤烟叶片 ΦPSⅡ调控效应

ΦPSⅡ是光合系统Ⅱ（PSⅡ）的实际光化学效率，它反映了在光照条件下 PSⅡ反应中心部分关闭的情况下非环式电子传递效率或光能捕获的效率，表示光化学反应消耗的能量比例。从图 5-10 可以看出，从叶片展开到 40d，各处理的光化学实际效率都在下降；40~50d 期间 D、A 处理光化学实际效率回升明显，随着生育期的延长，不同饼肥用量的变化趋势基本一致，只是下降幅度有所不同；C 处理于发育后期，表现了明显的回升趋势，且发育末期与 D 处理活性基本相同，这说明适量配施饼肥在的生育后期更能促进叶片利用光能，显著提高光能的转化效率及其量子产额，进而为光合碳同化提供充足的还原力。

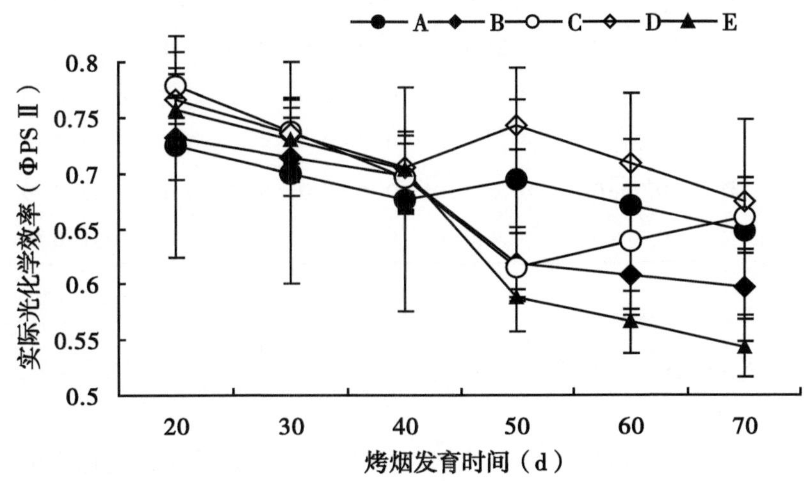

图 5-10 不同饼肥配施条件下烤烟叶片实际光化学效率变化

（五）不同饼肥用量配施对烤烟叶片 q_p 和 q_N 的调控效应

荧光光化学淬灭系数（q_p）是对 Q_A 氧化态的一种度量，表示 PSⅡ反应中心开放部分的比例，由表 5-4 可以看出，各处理均于 20d 达到最大值，而后逐渐下降，且烤烟发育前期荧光光化学淬灭系数随饼肥用量的增加而增加，发育后期 C 处理高于其他处理，但是处理间差异不显著。q_p 值的提高，可增加 PSⅡ反应中心开放部分的比例，有利于 PSⅡ反应中心的电荷分离，从而提高了 PSⅡ的电子传递能力，最终有利于 PSⅡ量子产额的提高。由表 5-3 的结果可以得出，适当的饼肥配施有利于 q_p 的提高，但是继续增施饼肥，发育后期 q_p 反而有下降的趋势。

荧光非光化学淬灭系数（q_N）反映 PSⅡ反应中心非辐射能量耗散能力的大小，即 PSⅡ天线色素捕获的光能不能用于光合作用，而是以热的形式耗散掉了。由表 5-4 可以看出，各处理 q_N 随着生育进程的推进不断提高，这种变化趋势与逐渐衰老的叶片不能把捕获的光能较充分地利用于光合作用，而增强非辐射能量耗散，使光合器官不至于因激发能过剩积累而受到破坏有关。表 5-4 也可以看出发育前期随着饼肥用量的增加 q_N 也在增加，并且具有显著的差异，发育后期 C 处理均低于其他处理。而较高的 q_N 则有利于提高叶片防止强光损伤光合器官的能力，却不利于光合作用中光能的利用。

表 5-4　不同饼肥配施条件下烤烟叶片 q_p 和 q_N 的变化

		测定时期（d）					
		20	30	40	50	60	70
q_P	A	0.88±0.06	0.88±0.02	0.88±0.04	0.87±0.02	0.85±0.07	0.82±0.03
	B	0.90±0.02	0.91±0.04	0.92±0.07	0.87±0.03	0.86±0.04	0.86±0.03
	C	0.93±0.03	0.92±0.01	0.91±0.03	0.91±0.05	0.90±0.04	0.89±0.01
	D	0.94±0.03	0.93±0.01	0.92±0.04	0.89±0.07	0.88±0.02	0.86±0.05
	E	0.94±0.03	0.93±0.01	0.92±0.02	0.85±0.01	0.83±0.01	0.80±0.01
q_N	A	0.16±0.01	0.23±0.01	0.30±0.01	0.31±0.00	0.43±0.01	0.56±0.01
	B	0.19±0.00	0.22±0.01	0.25±0.00	0.24±0.01	0.38±0.01	0.52±0.01
	C	0.21±0.00	0.22±0.01	0.23±0.01	0.23±0.01	0.32±0.01	0.41±0.01
	D	0.23±0.01	0.25±0.01	0.26±0.01	0.33±0.01	0.47±0.02	0.61±0.03
	E	0.27±0.02	0.26±0.04	0.25±0.02	0.36±0.01	0.51±0.08	0.67±0.09

三、小结与讨论

由本试验结果可知，烤烟叶片的光合色素含量、PSⅡ活性、光化学的最大效率以及荧光猝灭系数等方面均随叶片生育进程而呈现明显的变化，最终导致 PSⅡ实际光化学效率及净光合速率呈逐渐下降的趋势。不同饼肥用量处理在光合色素及荧光动力学参数方面存在明显差异，使得 Pn 随叶片衰老表现出不同的特性，在叶片发育末期随饼肥用量的增加，各处理类胡萝卜素含量依次为 0.04mg/（g·FW）、0.037mg/（g·FW）、0.06mg/（g·FW）、0.08mg/（g·FW）和 0.09mg/（g·FW），E 处理的光合色素含量存在明显优势，这就为光能吸收转化准备了充足的物质条件，而且饼肥用量高的处理 PSⅡ活性和转能效率的提高，PSⅡ反应中心开放部分比例的增大，使光合色素吸收的光能更充分地用于光合作用，但试验表明 100%饼肥处理净光合速率较低，可能与该处理荧光光化学猝灭系数（q_p）前期较高、后期较低，和荧光非光化学猝灭系数（q_N）全期较高有关，相关生理机制需进一步研究。

衰老过程中，光合能力明显下降，而 PSⅡ光化学效率（*Fv/Fm*）变化较小，出现光能过剩。如果过剩激发能不能及时耗散掉，则由于反应中心的过度还原而导致 PSⅡ的光破坏。因此，植物通过非光化学能量耗散的增加（q_N增加），减轻对 PSⅡ的破坏。高饼肥用量的 q_N增长较快，这是由于 N60 肥用量的叶绿素含量在后期仍有较高的含量，捕获更多的光能，但是由于实际光化学下降致使所吸收的光能向光化学反应分配的比例降低，导致过剩激发能耗散增多造成的。低饼肥用量增加原因尚需进一步研究。

适当的饼肥配施，能够改善叶片的光合功能，有利于植株把所捕获的光能更有效地用于光合作用，从而促进了 PSⅡ量子效率和叶片光合速率的提高，但是继续增加则不会再提高，更不利于叶绿素荧光动力学参数的改善。从饼肥投入效率的角度来看，也不是施用越多饼肥越好，继续增施饼肥，出现了报酬递减的现象，可见在本试验条件下，饼肥配施 50%处理相对好一点，全生育时期均能较能提高烤烟叶片的光合作用。

第三节　饼肥对旺长期遮光及光照转换后烟草叶片光合效率的影响

烟草是喜光作物，只有在充足的光照条件下才有利于光合作用，提高其产量和品质。烟草产量和品质的形成依赖于光合作用产生的有机物质，提高产量和品质的根本途径是改善烟草的光合性能。旺长期是烟草叶片分化、生长的关键时期，决定了烟株的叶片数量、大小、干物质积累及其烟叶产量和质量的形成。光照强度对植物叶片的光合速率、蒸腾速率、气孔导度、光饱和点及光补偿点有显著影响。杨兴洪等研究表明，遮阴棉花叶片突然转至自然光照条件下，虽然光照度升高，但光合速率却迅速下降。刘贤赵等以番茄为材料，研究了不同生长阶段（开花早期、盛花期和开花后期）夏季午间不同光照度（不遮阴、40%遮阴和 75%遮阴）对氮素在番茄各器官中分配的影响，结果表明，在开花后期适度遮阴有利于氮优先分配给叶组织，改善番茄氮素状况，增加开花后期番茄的经济产量。张文锦等研究了夏季乌龙茶园覆盖遮阴的生态生理生化效应及其对茶树生长、产量和品质的影响，结果表明，适度遮阴，乌龙茶的茶多酚、粗纤维和咖啡碱的含量明显降低，氨基酸含量明显提高，儿茶素品质组分得以优化，提高了夏暑茶的产量和品质。李潮海等探讨苗期遮光及光照转换对两个玉米杂交种叶片光合速率、荧光特性的影响，表明不同杂交种间差异显著。烟株在一天中都要经历不同的光照变化，从全光照到被遮阴。刘国顺等研究了旺长期遮光及光照转换对不同烟草品种光合效率的影响，研究表明，不同的烟草品种的光生态适应特性不同。

由于长期单一施用无机化肥，土壤有机质含量下降，我国烟叶呈现“营养比例失调、油分少、香气量不足”的现象。使用有机肥（饼肥）能改善烟叶品质，增加烟叶香气，改善吃味，有利于糖分和芳香物的积累，从而赋予烟叶优良的品质。韩锦峰等研究表明：50%芝麻饼与化肥配施提高了烤烟品质。相关研究多集中在有机肥（饼肥）对烤烟生理过程及产量和品质的影响。但关于饼肥配施对烟株生长过程中的光合生理、生态的影响效应研究国内外报道较少。另外，当生长在自然光照或弱光条件下的烟草植株突然转至弱光（或自然光照）条件下时，烟草叶片的光合速率及荧光特性必然会由于光强的突然变化而发生变化，而这些变化的持续效应及其环境肥料状况对其变化的影响还缺乏研究。本文通过旺长期烟株叶片的叶绿体色素含量、光合速率、叶绿素荧光参数的测定，研究 50%芝麻饼肥配施条件下旺长期遮光对烟株光合效率的影响，探讨旺长时期光照转换后光合速率与荧光参数的动态适应性变化及其饼肥配施效应，以确定饼肥配施对作物植株光适应特性的影响效应，并丰富烟草光胁迫方面的科学资料。

一、材料与方法

（一）试验材料

试验于2005年度在河南农业大学科教示范园区（郑州毛庄）网室内进行，供试品种为K326。用高40cm、盆口直径40cm、盆底直径35cm的素烧陶盆。试验前，先在网室内起垄，按100cm×45cm行、株距，将陶盆置于垄上。

试验设2个处理，CK为无机肥处理，每盆施纯N 3.0g，NH_4^+-N与NO_3^--N按1：3，N：P_2O_5：K_2O=1：2：2.5；饼肥处理为氮肥按化肥+50%饼肥（腐熟的芝麻饼肥）配施，饼肥按纯N 4%×70%计算，其他同无机肥处理。

每盆装土20kg，装盆前土经过风干，并过0.5mm×1mm网筛。供试土壤pH 7.8，含有效氮50.5mg/kg、有效磷10.1mg/kg、速效钾105mg/kg。按试验设计，将土壤与肥料混合均匀后装盆，其中饼肥混匀前已经过充分腐熟、风干，并过3mm网筛，重过磷酸钙经研磨过3mm网筛。装盆时每盆埋插塑料管供浇水用。

5月17日移栽烟苗，移栽后定量浇水，保持每盆含水量基本一致，每处理15盆，共30盆。田间管理如常规。网室内设置50%遮阴度的遮阴网，遮阴处理于移栽时开始遮阴；正常光照处理、遮阴处理分别于移栽后35d进入旺长期。

（二）测定项目与方法

旺长期取第5片展开叶片（心叶3cm为第1片叶，自上而下计算），分别测定遮阴处理和光照处理烟草叶片的叶绿素含量、类胡萝卜素总量，重复3次。测定两处理及光照转换后的光合速率、叶绿素荧光参数，重复5次。

（三）测定方法

1. 叶绿素和总类胡萝卜素含量测定

采用分光光度计法。

2. 叶片光合速率（Pn）及叶绿素荧光参数测定

于旺长期用CIRAS-1型便携式光合测定系统及FMS2脉冲调制式荧光仪测定不同处理烟草叶片的净光合速率（Pn）、光系统Ⅱ（PSⅡ）最大光能转换效率（*Fv/Fm*）、实际光化学效率（ϕPSⅡ）、化学淬灭系数（q_P）和非光化学淬灭系数（NP_Q）等。每处理每品种测定5株，测定部位为第5片展开叶（心叶3cm为第1片叶，自上而下计算）。光照转换第0、1、2、3、4、5、6d分别连续测定叶片光合速率（Pn）、叶绿素荧光动力学参数。测定时间均为9：00。

二、结果与分析

（一）旺长期遮光条件下不同肥料处理对烟草叶片色素含量的影响

旺长期遮光总体上促进叶片叶绿素、类胡萝卜素含量积累，但不同肥料处理、不同色素类型的累积差异较大（图5-11）。饼肥配施处理、无机肥处理等两处理在遮阴条件下叶绿素a分别增加12%、18%；叶绿素b分别增加36.5%、26.6%；胡萝卜素分别增加 32. 3%、4. 6%；叶绿素 a+b 含量分别增加 18%、20. 3%。表明两处理对遮阴条件响应的敏感性存在差异，其中无机肥条件下叶绿素类增加较多，饼肥配施条件下的类胡萝卜素增幅显著。以上色素含量变化导致遮阴条件下两处理 Chl a/Chl b 比值上升，Chl/Car 比值饼肥处理下降，无机肥处理上升（图 5-12），但不同的处理间 Chl a/Chl b 和 Chl/Car 变化存在较大差异，其中饼肥配施 Chl a/Chl b 上升 21. 8%，无机肥处理仅上升 7. 3%；饼肥配施处理 Chl/Car 下降 12. 1%，无机肥处理 Chl/Car 却上升 15%左右。

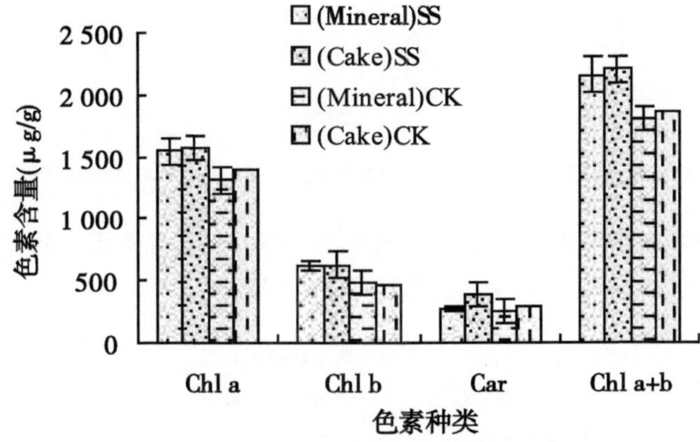

图 5-11 旺长期遮光条件下不同肥料处理对烟草叶片光合色素含量的影响

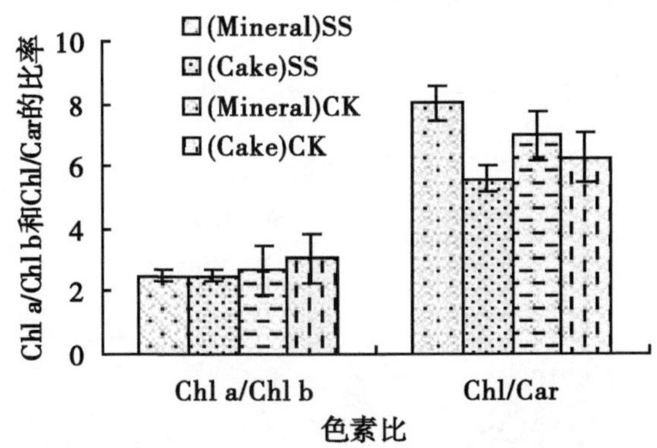

图 5-12 旺长期遮光条件下不同肥料处理对烟草叶片叶绿素 a/b 和叶绿素/胡萝卜素值的影响

（二）旺长期遮光条件下不同肥料处理对烟草叶片光合速率的影响

旺长期遮阴降低了两处理烟草叶片的净光合速率（图 5-13）。在自然光照条件下，两处理净光合速率差别较大，饼肥配施条件下的净光合速率是无机肥条件下的 106. 7%；遮阴条件下饼肥配施处理的净光合速率是无机肥处理的 109. 5%。旺长期遮光处理使两肥料处理的净光合速率都显著降低，但饼肥配施处理比对照低 36. 2%，而无机肥处理降低 37. 8%。由此可见，不同肥料处理的光合速率对旺长期遮阴的响应大体相当，但与无机肥处理相比，饼肥促进了不同光照环境条件下的烟草叶片光合作用。

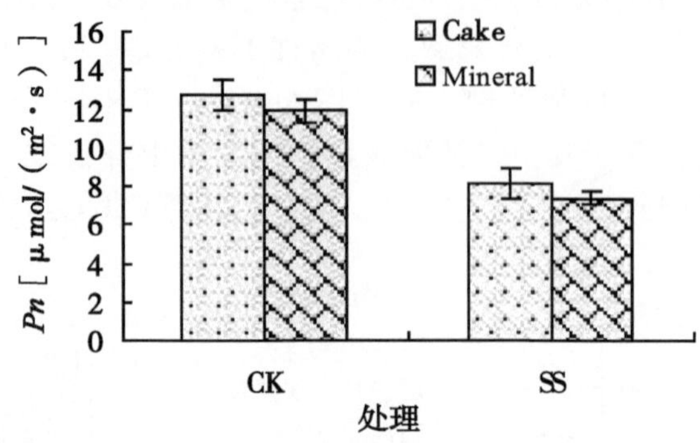

图 5-13 旺长期遮光条件下不同肥料处理对烟草叶片光合速率的影响

(三) 不同肥料处理条件下烟草叶片光合速率对旺长期光照转换的响应

两种不同的光照转换均导致 *Pn* 的急剧下降（图 5-14）。自然光照下生长的烟草转入遮光条件（L→S）时，由于光照减弱，*Pn* 的下降是必然趋势；但是在遮光条件下生长的烟草转入自然光照条件（S→L）时，光度突然增加了，烟草叶片的光合速率仍表现为迅速下降。这可能与烟草前期在遮光条件下形成的光适应性有关。遮光下的烟草从

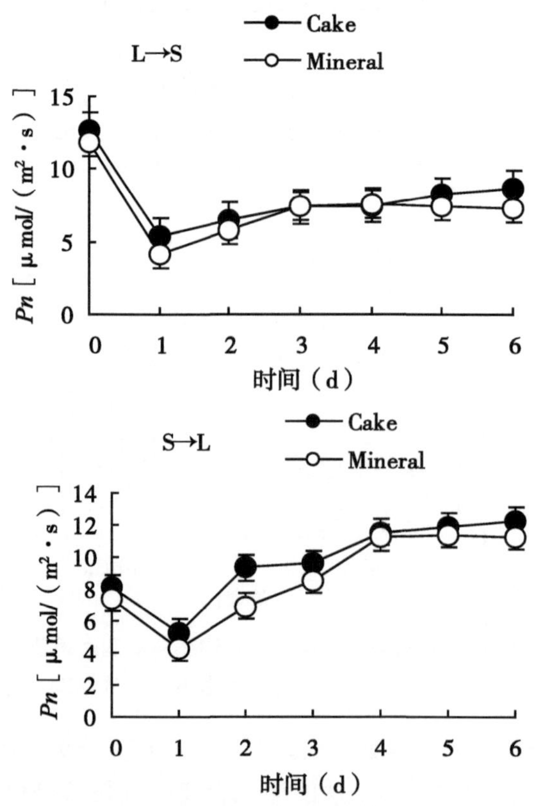

图 5-14 不同肥料处理条件下光照转换后烟草叶片 *Pn* 的变化

组织上和生理上均已适应了弱光条件，当突然转到自然光照条件下，叶片严重不适应强光照射，甚至会造成对光合系统的伤害，由此表现出 *Pn* 的迅速下降。但是随着时间的推移，两个肥料处理条件下烟草叶片的 *Pn* 都逐渐回升，但始终都没有达到自然光照条件下 *Pn* 的水平。两个肥料处理条件下烟草叶片的 *Pn* 开始回升的时间基本相同，但回升速度和趋势在两处理之间表现出了明显的差异。在 L→S 处理中，两处理的 *Pn* 基本都是在 1d 后开始回升，并很快达到稳定，到第 4d 以后，无机肥处理的 *Pn* 基本不再变化，而饼肥配施的 *Pn* 在第 4d 以后继续缓慢回升。到光照转换后第 6d 时，饼肥配施处理的 *Pn* 为无机肥处理的 118. 7%。在 S→L 处理中，饼肥配施处理和无机肥处理的 *Pn* 也都是从 1d 后开始回升，但到第 3d 时两处理的 Pn 比光照转换前均有较大幅度的增加，其中无机肥处理于第 5d 时达到最大值，而饼肥配施的 *Pn* 从第 5d 后仍有小幅增加。第 6d 时的饼肥配施的 *Pn* 是无机肥的 108. 5%。另外，光照转换过程中饼肥配施处理的 *Pn* 始终高于无机肥处理。

（四）不同肥料处理条件下烟草叶片荧光参数对旺长期光照转换的响应

1. 实际光化学效率（ΦPSⅡ）对光照转换的响应

ΦPSⅡ是 PSⅡ的实际光化学效率，反映叶片用于光合电子传递的能量占吸收光能的比例，是 PSⅡ反应中心的部分关闭时的光化学效率。由图 5-15 可以看出，自然光照

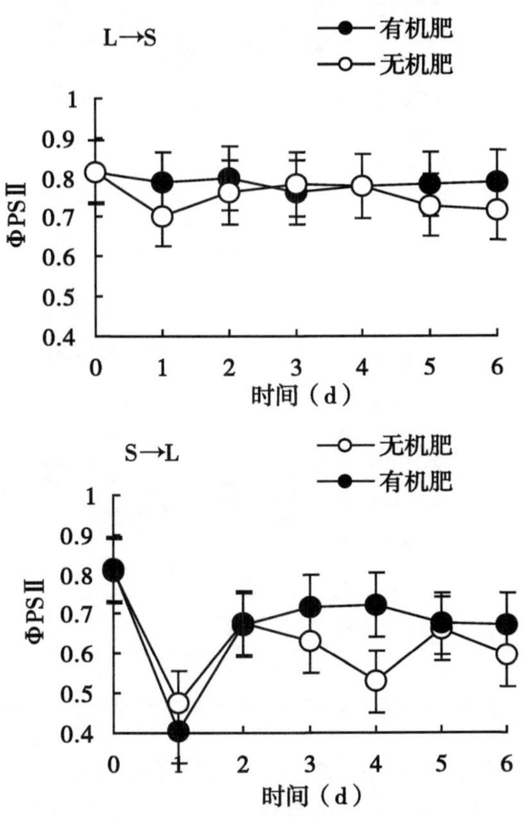

图 5-15　光照转换后不同肥料处理条件下烟草叶片 ΦPSⅡ的变化

转至遮光条件下（L→S）时，无机肥处理烤烟叶片 ΦPSⅡ降低，然后又有所上升，到第 3d 达到光照转换前的水平并保持稳定，然后于第 4d 开始下降。饼肥配施处理叶片的 ΦPSⅡ变化趋势不明显。由遮光到自然光照条件（S→L）后，开始时两处理 ΦPSⅡ迅速下降，到第 1d 后开始上升，但两处理的 ΦPSⅡ的变化趋势明显不同。饼肥配施处理的 ΦPSⅡ从第 2d 至第 4d 稍有上升，然后又稍有下降并稳定于 0.675 左右；而无机肥处理的 ΦPSⅡ从第 2d 达到高峰后到第 4d 迅速下降，第 4d 以后再稍有上升然后下降，第 6d 时饼肥配施处理的 ΦPSⅡ为无机肥处理的 113.3%。光照转换过程中饼肥配施处理的 ΦPSⅡ始终高于无机肥处理，且变化呈稳态进行，表明饼肥配施处理能使烤烟叶片较快适应光照强度变化，始终保持较高的 ΦPSⅡ。

2. 最大光化学效率（*Fv/Fm*）对光照转换的响应

*Fv/Fm*表示暗适应条件下 PSⅡ最大光化学效率，反映了 PSⅡ反应中心最大光能转换效率。两种光照转换处理后，*Fv/Fm* 表现出不同的变化趋势。由图 5-16 可以看出，

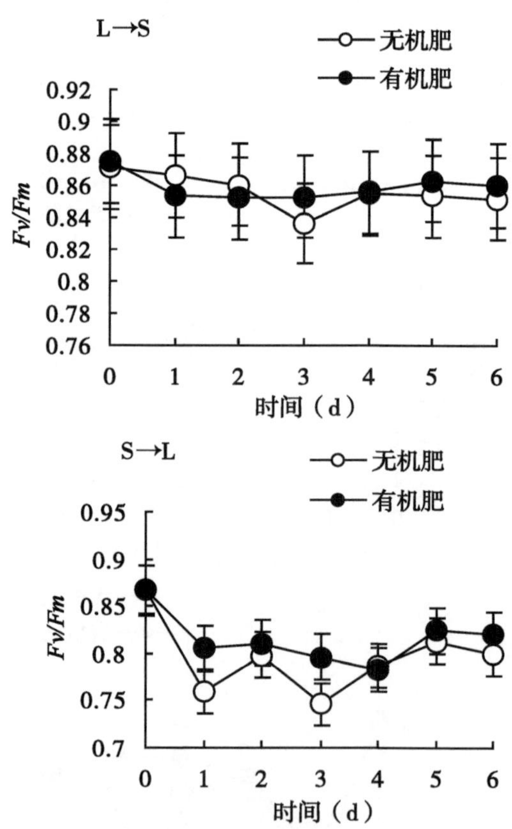

图 5-16　光照转换后不同肥料处理条件下烟草叶片 *Fv/Fm* 的变化

在由自然光照转入遮光条件（L→S）时，两处理的 *Fv/Fm* 变化趋势明显不同，饼肥配施处理于 1d 内下降到最低值 0.85，然后保持稳定并略有回升并稳定在 0.86 左右；无机肥处理在光照转换后 2d 内略有下降，并于第 3d 快速下降到最低值 0.83，然后回升

到0.85的水平。但由遮光到自然光照条件（S→L）下时，两处理烟草叶片的 *Fv/Fm* 变化趋势基本一致，但变化量的差异较大。虽然两处理 *Fv/Fm* 都是从开始到第4d持续下降，然后有所增加，但无机肥处理从第1d到第4d *Fv/Fm* 下降呈跳跃态势进行，且光照转换末期呈下降趋势；饼肥配施处理前4d呈稳态下降，光照转换末期稳定在0.82，为无机肥同期的102.4%。在两个处理中，饼肥配施处理的 *Fv/Fm* 一直都高于无机肥处理，可见不同处理烟草叶片的 *Fv/Fm* 对光照转换的响应不同，饼肥配施能增强烟草对光照转换的适应性。

3. 叶绿素荧光淬灭对光照转换的响应

叶绿素荧光淬灭是叶绿体耗散过剩能量的一种途径，有光化学淬灭和非光化学淬灭两种形式。q_p为光化学淬灭系数，反映了PSⅡ反应中心的开放程度，NPQ指非光化学淬灭，即PSⅡ天线色素吸收的光能不能用于光合电子传递而以热能的形式耗散掉的部分。由图5-16和图5-17可以看出，两种光能转换之间表现出相同的变化趋势，而两

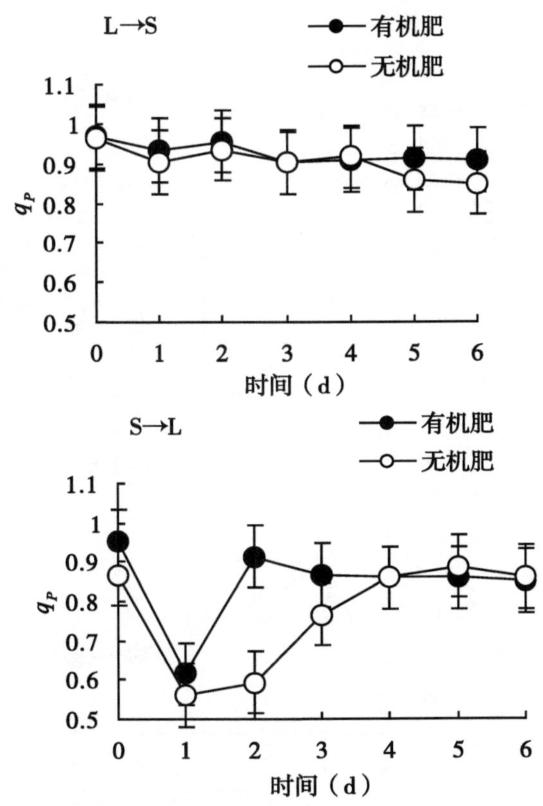

图5-17　光照转换后不同肥料处理条件下烟草叶片 q_p 的变化

个参数的变化趋势表现出明显的差异。自然光照下生长的烟草转入遮光条件（L→S）之后，q_p变化不明显，总体上饼肥配施处理略高于无机肥处理。当从遮光转换到自然光照（S→L）条件下之后，两处理q_p都是先快速下降，然后上升，其中饼肥配施处理于第2d快速回升至0.91，然后略有下降；无机肥处理于第2~4d缓慢回升至饼肥配施处

理的水平，光照转换后期两处理差异较小。

由图 5-18 可知，NPQ 与以上光合、荧光参数变化不同。自然光照下生长的烟草转入遮光条件（L→S）之后，由于光照度的下降导致烟草叶片热耗散部分大大降低，两处理 NPQ 呈稳态下降趋势，其中无机肥处理于第 3d 有一高峰，然后下降；无机肥处理总体 NPQ 高于饼肥配施处理，表明遮阴后无机肥处理烟草叶片热耗散部分较高，不利于弱光条件下的光合作用。当从遮光转换到自然光照（S→L）条件下之后，两处理 NPQ 均于第 1d 快速上升到最大，然后缓慢下降，表明光照转换后（S→L）光强提高，但是烤烟叶片并不能马上增加吸收的光能用于进行光合作用，因此导致烟草叶片光合作用过程中过剩光能增加，其过剩的能量更多地以热能的形式散发掉，导致 NPQ 值的快速增加，光照转换后由于烟草植株自身的调节能力，促进了光合机构对强光的适应，逐步增加吸收的光能用于光合作用的部分，NPQ 值表现出缓慢下降趋势；由于两处理的差异导致 NPQ 值变化不同，饼肥配施促进了光合机构对环境的适应能力，增加了光照转换过程中所吸收光能用于进行光合作用，表现出光照转换中饼肥配施处理的 NPQ 低于无机肥处理。

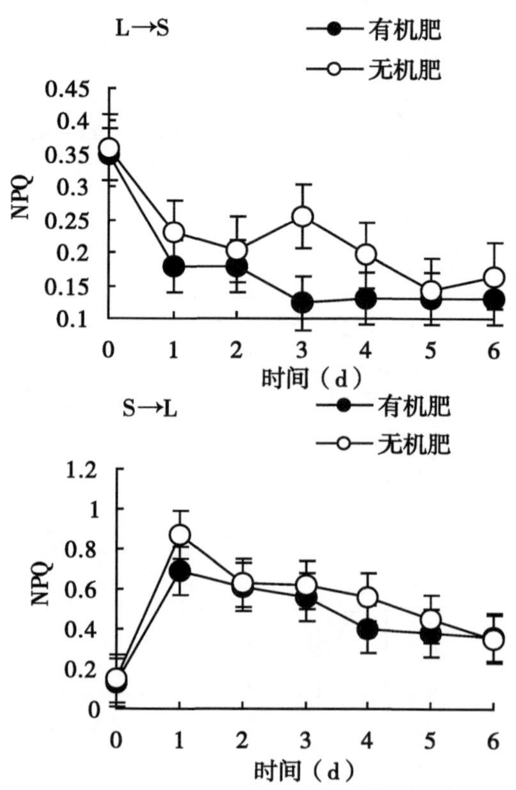

图 5-18　光照转换后不同肥料处理条件下烟草叶片 NPQ 的变化

三、讨论

烟草是一种喜光植物，从系统发育形成的特征来讲，强烈的阳光才能使它生长旺盛，叶厚茎粗，繁殖力强。从人们对烟叶品质的要求来看，在强烈的光照条件下，烟草叶片的栅栏组织和海绵组织加厚，叶片厚而粗糙，叶脉凸出，形成“粗筋暴叶”。过分强烈的光照还会引起日灼病。因此，从栽培的角度出发，要求日光充分而不强烈，对烟草品质形成有利。如果光照不足，叶片细胞分裂慢，且倾向于细胞伸长和细胞间隙的加大，特别是机械组织不发达，植株纤细。同时，由于光照不足，光合作用受阻，植株生长缓慢，成熟延迟，干物质积累减少，叶片薄，香气不足，品质下降。我国云南烟区，日照的短波光线较强，能使烟株健壮生长，增加干物质积累，特别在旺长期的 6—7 月云量多，常常是晴间多云和多云间阴的天气，日光时遮时照，光照和煦，有利于促进烟草的生长和品质的提高。

沈宏等研究饼肥与尿素配施对烤烟生物性状及某些生理指标的影响，综合来看，烤烟叶面积指数以饼肥+尿素处理最优。周应兵等研究当饼肥用量增加时，中部叶的钾离子、烟碱、总糖、还原糖、氯离子的含量均有所增加；上部叶的钾离子、总糖和还原糖的含量也随饼肥用量的增加而升高，但其烟碱和总氮含量降低；下部叶钾离子含量随饼肥用量的增加而明显升高，但其氯离子含量明显降低，对其他成分的影响不大。韩锦峰等研究认为，饼肥协调了烟田土壤 C/N 值，从而有利于烟叶香吃味提高。韦凤杰等研究表明，β-胡萝卜素、叶黄质含量较多，烤烟发育后期 LOX、叶绿素酶活性较高可能是饼肥条件下香气量较多的前提。

江力等研究了不同光强对烟草光合作用的影响，结果表明，K326 是高光合速率的烟草品种，其电子传递活性及光合酶活性均较高。Kasperbauer 研究表明，遮阴烟叶比未遮阴烟叶接受的远红外光多于红外光，从而导致烟株生长差异及烟碱、多酚等含量的不同。遮阴及光照转换对不同烟草品种的影响受其处理前期和光照条件的共同影响，且其变化机理并不相同，此方面的问题应深入研究。遮阴对花生叶片中的总叶绿素及其组分 a 和 b 的含量均有显著影响。总叶绿素及其组分的含量均随遮阴强度的增加而增加，而且在遮阴 75%时达到最高值。在整个生育阶段的所有遮阴处理中，叶绿素 a 和叶绿素 b 的比值基本上保持相同。有人对菜豆、大豆、苜蓿和三叶草等作物也进行了观察，并取得类似的结果，即遮阴增加了这些作物叶绿素含量。

本试验研究表明，饼肥配施对旺长期遮阴及光照转换后烟草叶片色素含量、净光合速率（*Pn*）和叶绿素荧光动力学参数的影响较大，其中遮光促进叶片叶绿素、类胡萝卜素含量积累，尤其是 Chl b 增加的幅度高于 Chl a，而且无机肥条件下叶绿素类增加较多，饼肥配施条件下的类胡萝卜素增幅显著，导致两处理叶片叶绿素 a/b 上升和饼肥配施处理叶绿素/胡萝卜素值下降；遮阴降低了烟草叶片的光合速率；两种不同的光照转换均导致 *Pn*、ΦPSⅡ、*Fv/Fm*、q_p 的急剧下降，可能是烟草叶片本身对光照转换过程产生本能的生理生态响应。光照转换过程中 *Pn*、ΦPSⅡ、*Fv/Fm*、q_p 反应的差异表明不同肥料条件下烟草叶片各有自身的光照生态适应性和不同的光照敏感性。自然光照条件下的烟草植株生长发育良好，具有效率较高的光合器官和光合机构，当将之转入遮阴条件下（L→S），仍能继续发挥作用，比较充分地利用较弱的光照，表现在光照转换后 ΦPSⅡ、*Fv/Fm*、q_p 等光合参数下降较小，但较强的光能利用率并不能完全弥补光强的降低对光合速率的影响，最终 *Pn* 仍表现明显的下降趋势。当从遮光转换到自然光照

(S→L) 条件下之后，已适应弱光照条件的光合器官必然受到较强光照的破坏，过剩光能增加，NPQ 急剧上升，ΦPSⅡ、*Fv/Fm*、q_p 相应地急剧下降。在 L→S 光照转换时不存在光破坏，仅仅是一个适应的过程，因此 S→L 处理对光合效率的影响大于 L→S 处理。可见光照转换后的光合特性变化受其发育时期和光照条件的共同影响，且其变化机理并不相同。

与无机肥处理相比，饼肥配施处理在遮阴及光照转换条件下均保持较高的光合速率、较高的实际光化学效率、最大光化学效率和较强光电子传递能力，表明饼肥配施促进了栽培条件下烟草的光生态适应性。饼肥促进了遮阴条件下类胡萝卜素的大幅度增加及其保持较高的光合特性的具体生理机制尚需进一步研究。

第四节　饼肥对烤烟发育过程中质体色素变化规律的影响及生理机制

烟叶中质体色素及其降解物是烟叶重要的致香物质，质体色素及其降解物的种类、含量直接决定着烟叶的品质，因此，对色素及相关因素的研究在国内外一直是一个热点。质体色素类物质的降解因其双键断裂的部位不同，产生多种致香物质，如大马酮、紫罗兰酮、二氢猕猴桃内酯、柠檬醛等，对烟叶香味有十分重要的作用。Weeks 发现，在烟叶质量提高的同时，类胡萝卜素降解物明显提高，含量明显增加。

使用有机肥（饼肥）能改善烟叶品质，增加烟叶香气，改善吃味，有利于糖分和芳香物的积累，从而赋予烟叶优良的品质。相关研究多集中在有机肥（饼肥）对烤烟生理过程及产质的影响，而有机肥对烤烟叶片发育过程中质体色素代谢、内源激素含量及其相互关系的影响研究国内外未见报道。本研究探讨了饼肥对烤烟叶片发育过程中质体色素含量、内源激素含量活性变化及其相互关系的影响，为采取适宜的生物和农艺措施提高烤烟品质提供理论依据。

一、材料与方法

（一）试验材料与设计

试验于 2005 年度在河南农业大学科教示范园区（郑州毛庄）网室内进行，供试品种为 K326。试验用素烧陶盆，高 40cm，盆口直径 40cm，盆底直径 35cm。试验前，先在网室内起垄，按 100cm×45cm 行、株距，将陶盆置于垄上。

试验设 3 个处理，每盆施纯 N 3.0g，各处理 NH_4^+-N 与 NO_3^--N 按 1∶3，且 N∶P_2O_5∶K_2O=1∶2∶2.5。处理 A：无机肥处理；处理 B：50%无机肥+50%腐熟饼肥处理；C：100%腐熟饼肥。有机氮肥按纯 N 4%×70%计算，其他同无机肥处理。

每盆装土 20kg，装盆前土经过风干，并过 0.5mm×1mm 网筛。供试土壤情况：pH 值=7.8，有效氮 50.5mg/kg，有效磷 10.1mg/kg，速效钾 105mg/kg。按试验设计，将土壤与肥料混合均匀后装盆，其中饼肥混匀前已经过充分腐熟、风干，并过 3mm 网筛，重过磷酸钙经研磨过 3mm 网筛。装盆时每盆埋插塑料管供浇水用。

5 月 17 日移栽烟苗，移栽后定量浇水，保持每盆含水量基本一致，每处理 30 盆，共 150 盆。田间管理如常规。

定位中部第 10 片烟叶，于发生后 3cm 开始计时，分别于发育 20d、30d、40d、50d、60d、70d 取样，开展相关试验。

（二）测定项目与方法

1. 叶片叶绿素和类胡萝卜素含量测定

采用分光光度计法。

2. 内源激素测定

不同处理取样 1g，液氮冷冻，−80℃保存，酶联免疫法测定。激素测定采用中国农业大学作物化控研究室建立的间接酶联免疫吸附法（ELISA）进行，试剂配制与测定步骤参照张志良方法进行。试剂盒亦由中国农业大学作物化控研究室提供。使用美国 CHINETEK 公司 ELX800 自动酶联测读仪进行 OD 值测定，中国农业大学作物化控研究室编制的专用数据库软件计算样品激素浓度和含量。

3. 叶绿素酶活性测定

参照郁志芳等方法。酶干粉的制备：取鲜烟叶 3g，加预冷 80%丙酮 20ml，匀浆后抽虑，用预冷丙酮 10ml、5ml、5ml 三次洗涤固形物，室温干燥粉碎，转入带塞离心管中冷藏备用。每组丙酮粉离心管中加入 2ml 底物 1ml pH 值为 8. 0 磷酸缓冲液，25℃下保温 12h，立即加入 3ml 预冷石油醚充分振摇，3 500r/min，低温离心 5min，记取石油醚的体积，吸取上层清液，在 667nm 波长下测定吸光度。整个测定过程在黑暗中进行。

4. 脂氧合酶（LOX）活性测定

参照 Sekwa 的方法提取粗酶液后，10 000×g（4℃）离心 15min，上清液用于 LOX 活性测定。取酶液 0. 3ml，加 0. 7ml 底物，摇匀、置 30℃下保温 5min，加入 2. 0ml 无水乙醇，摇匀加入 3. 0ml 60%乙醇，摇匀吸取 1. 0ml，用 60%乙醇稀释至 10. 0ml，在 234nm 比色。取 0. 3ml 酶液装入试管，在 70～80℃水浴中加热 5～10min，然后取出加 0. 7ml 底物在 30℃保温 5min，加入 2. 0ml 无水乙醇摇匀，加入 3. 0ml60%乙醇，摇匀吸取 1. 0ml，稀释至 10. 0ml，作对照。

5. 可溶性蛋白质测定

考马斯亮蓝染料结合法。

6. 过氧化物酶（Peroxidase，POD）活性测定

参照吴登如等的方法。

7. 超氧物自由基（O_2^-·）含量测定

参照王爱国等的方法。

8. 电导率、丙二醛（Malondialdehyde，MDA）含量的测定

参照赵世杰方法。

9. 超氧物歧化酶（Superoxide dismutase，SOD）活性的测定

采用硝基四唑蓝还原法。

10. 类胡萝卜素类色素含量测定

β-胡萝卜素、新黄质、紫黄质、叶黄质采用反相高效液相色谱法。见第二章第一节。

（三）相关统计分析

相关统计分析采用 SPSS10.0 统计软件进行。

二、结果与分析

（一）饼肥对烤烟发育过程中质体色素变化规律的影响

1. 饼肥对烤烟发育过程中叶绿素类色素含量变化的影响

烤烟发育过程中叶绿素类色素含量随生育时期的推进而呈明显的下降趋势（图 5-19），不同叶绿素类色素变化和含量随饼肥用量和发育时期有较大差异。总体看，配施

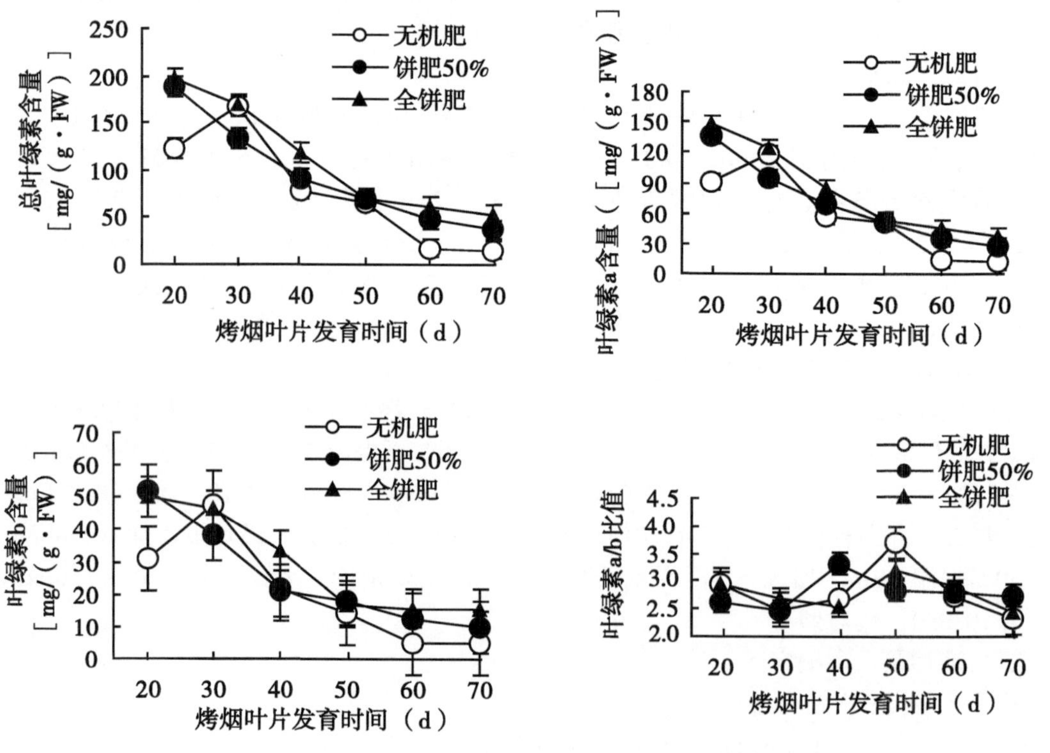

图 5-19　烤烟发育过程中叶绿素类色素含量变化及其饼肥效应

饼肥促进了叶绿素类色素的合成，表现在除无机肥处理在发育 30d 时含量较高外，叶绿素类色素含量明显低于饼肥处理。其中总叶绿素含量随饼肥用量的增加而总体呈提高趋势，全饼肥处理于 30d、40d、60d、70d 时均高于 50%饼肥处理，50%饼肥处理于 20d、40d、50d、60d、70d 时均高于无机肥处理；叶绿素 a 含量随饼肥用量的增加而增加，

20d 时饼肥 50%处理为无机肥处理的 149.5%，全饼肥处理为无机肥处理的 161.6%，发育到 50d 时 3 个处理叶绿素 a 含量基本相同，发育末期无机肥处理叶绿素含量仅为 11.07mg/（g·FW），而此期饼肥 50%处理、饼肥处理的叶绿素 a 含量分别为 27.3mg/（g·FW）、37.3mg/（g·FW）；叶绿素 b 变化趋势与叶绿素 a 基本相同，不同之处在于发育前期饼肥 50%处理的叶绿素 b 含量略高于饼肥处理，中后期均低于饼肥处理，发育末期无机肥处理叶绿素 b 含量仅为饼肥 50%处理的 47.6%，为饼肥处理的 30.8%；叶绿素 a 和叶绿素 b 含量的相对变化体现在叶绿素 a/b 值上，除 40d、70d 时 50%饼肥处理的叶绿素 a/b 高于饼肥、无机肥处理外，其余时期均低于两处理，饼肥处理、无机肥处理间在叶绿素 a/b 差异较小，发育后期叶绿素 a/b 值可部分表示叶绿素降解程度，a/b 值高，表示叶绿素降解程度较高。试验表明，饼肥对叶绿素含量变化影响较大，适宜的饼肥配施将促进发育前期叶绿素类色素的合成和后期的降解，若饼肥用量过高，将导致烤烟发育前期叶绿素类色素含量较低，后期烤烟落黄较慢等问题，不利于烤烟品质的形成。

2. 饼肥对烤烟发育过程中类胡萝卜素类色素含量变化的影响

与叶绿素类色素相同，类胡萝卜素类色素含量随生育时期的推进呈下降趋势（图 5-20），不同处理类胡萝卜素类色素的变化规律随饼肥用量和色素种类的不同有较大差异。总体看，饼肥 50%处理促进了类胡萝卜素类色素的积累，饼肥、无机肥处理对类胡萝卜素含量的影响效应基本相同。其中总类胡萝卜素含量在 40d 时表现为随饼肥用量的增加而含量增加外，其余时期均以饼肥 50%处理含量最高，20d 时，饼肥 50%处理达 34.4mg/（g·FW），同期无机肥处理为 31.2mg/（g·FW），而饼肥处理仅为 27.5mg/（g·FW），明显低于无机肥处理；发育末期无机肥处理总类胡萝卜素下降较快，末期含量仅为 2.5mg/（g·FW），同期饼肥处理为无机肥处理的 172.6%，饼肥 50%为无机肥处理的 281.9%。总叶黄素与总类胡萝卜素表现相同的变化趋势，20d 时饼肥 50%处理含量较高，为无机肥处理的 127.8%，饼肥处理的 126.7%，饼肥、无机肥处理差异较小；30~40d 时总叶黄素含量随饼肥用量的增加而增加；50~60d 期间饼肥 50%处理含量明显高于无机肥、饼肥处理，且饼肥、无机肥处理含量差异较小；发育末期饼肥 50%处理总叶黄素含量明显高于饼肥、无机肥处理，且饼肥处理、无机肥处理差异较大，末期饼肥 50%处理含量达 5.6mg/（g·FW），为饼肥处理的 154.6%，无机肥处理的 3 倍。β-胡萝卜素含量随饼肥用量和发育时期变化较大，烤烟发育 20d 时，随饼肥用量的增加 β-胡萝卜素含量呈递减趋势，该期无机肥处理含量达 9.3mg/（g·FW），为同期最大值，饼肥 50%处理含量为 6.4mg/（g·FW），饼肥处理为 5.4mg/（g·FW）；30d 时饼肥 50%含量最大，无机肥处理次之，饼肥处理最小；40d 时 β-胡萝卜素含量表现出随饼肥用量的增加而增加，饼肥处理含量达 3.2mg/（g·FW），为同期无机肥处理的 217.6%、饼肥 50%处理的 115.1%；发育末期饼肥 50%处理含量最大，为 1.4mg/（g·FW），为无机肥、饼肥处理的 2 倍以上；饼肥处理 30~40d、无机肥处理 40~50d 期间 β-胡萝卜素含量均呈现积累增加现象，该原因尚需进一步研究。叶黄素为含量最大的类胡萝卜素，占总类胡萝卜素的 50%、总叶黄素的 70%左右；总体上饼肥促进叶黄素的积累，但饼肥用量过高不利于该物质的积累；发育末期叶黄素含量以饼肥

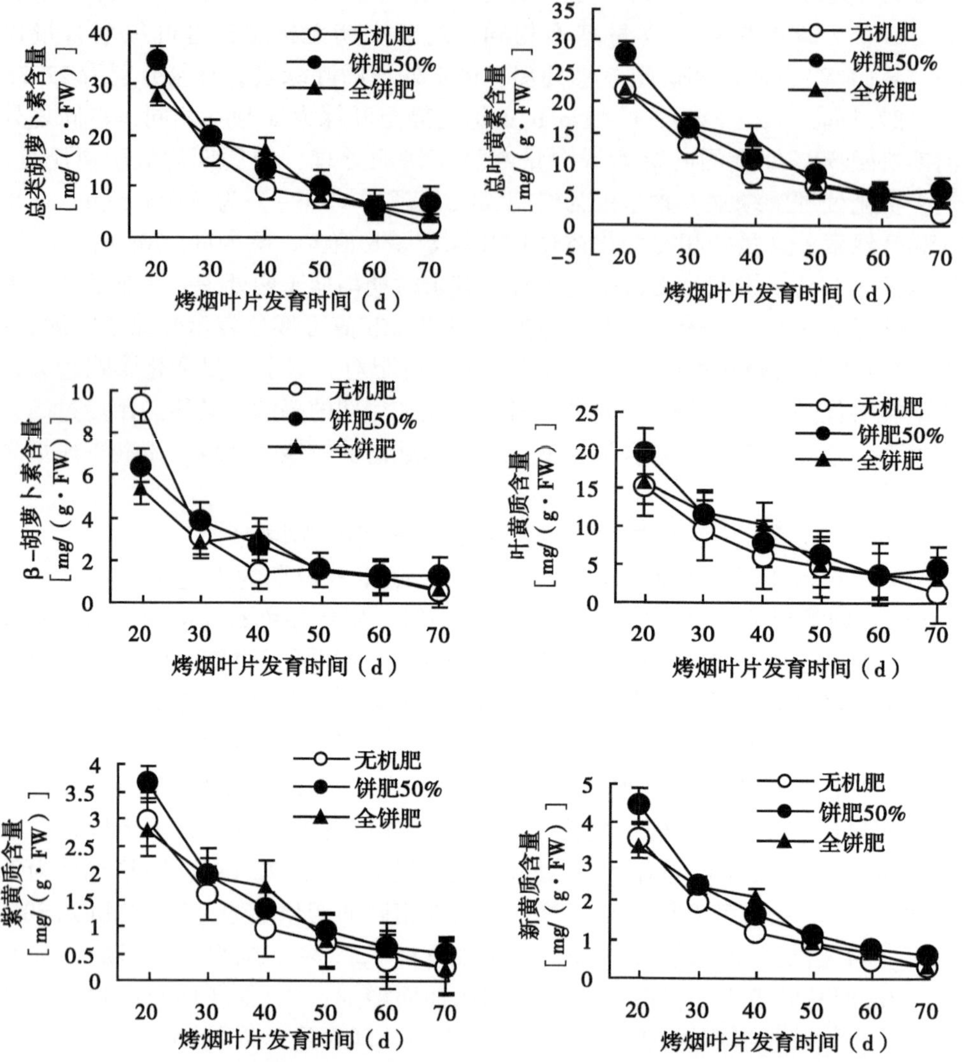

图 5-20　烤烟发育过程中类胡萝卜素类色素含量变化及其饼肥效应

50%处理含量最高，达 4.5mg/（g·FW），为同期饼肥处理的 143.4%、无机肥处理的 351.5%。新黄质、紫黄质含量较小，且随生育时期的推进呈比例下降，其比例基本保持在新黄质/紫黄质为 5/4 左右，发育前期新黄质、紫黄质含量均以饼肥 50%处理最大，发育中期饼肥配施明显促进新黄质、紫黄质含量的提高，发育末期饼肥 50%处理显著高于其余处理。试验表明，饼肥促进类胡萝卜素类色素的积累，适宜的饼肥用量显著提高类胡萝卜素含量。

（二）饼肥对烤烟发育过程中相关生理指标变化的影响

1. 饼肥对烤烟发育过程中激素变化的影响

植物内源激素是植物体内合成的，对植物生长发育和代谢有着重要调节作用的微量有机物质。其中脱落酸（Abscisic acid，ABA）具有促进植物衰老的作用，而细胞分裂素类物质（Cytokinin，CTK）则可延缓衰老。植物内源激素的合成受温度、光照、水分和矿质营养等诸多因子的诱导与调控，相对而言营养因子更容易调控。研究发现，养分供应不足将导致植物叶片 CTK 含量降低，ABA 含量增加，从而加速植物衰老。细胞分裂素类物质（ZRs）能刺激叶片中蛋白质和核酸的合成，阻止细胞中游离氨基酸的累积。脱落酸（ABA）则抑制细胞内蛋白质的合成，加速细胞中蛋白质和 RNA 的分解，促进细胞的衰老。生长素（IAA）含量变化总体趋势为前期含量较高，前中期含量下降至最低点，中期迅速回升，并于 50d 左右达高峰值，然后快速下降（图 5-21）；饼肥对 IAA 含量变化有较

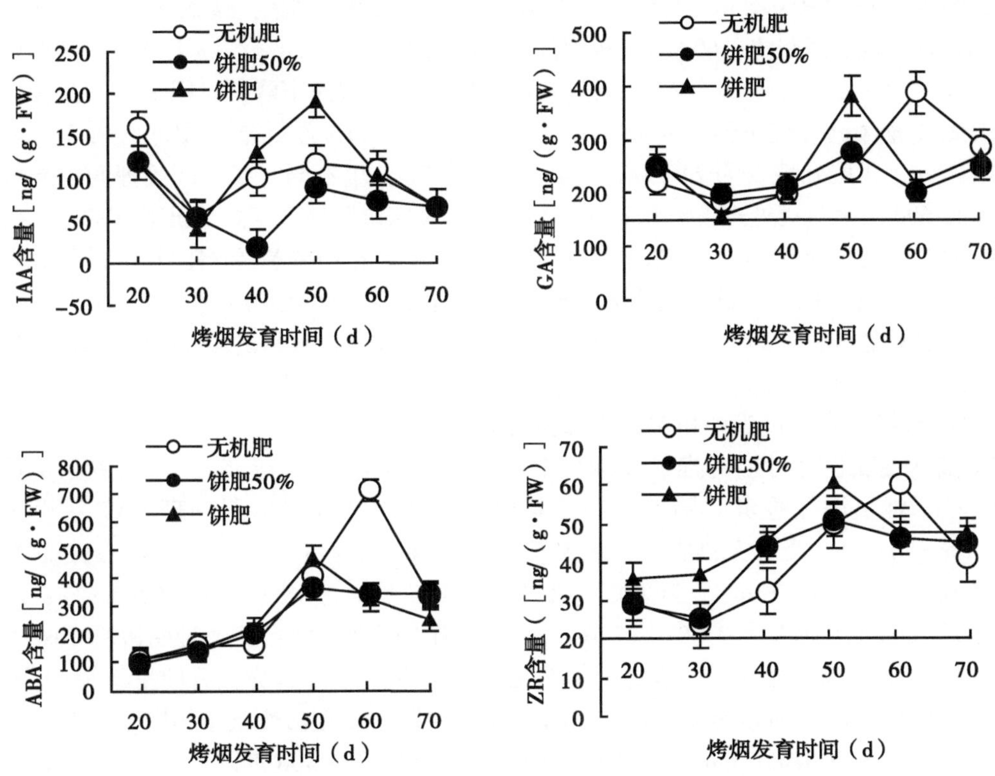

图 5-21　饼肥对烤烟发育过程中激素含量变化的影响

大影响，叶片发育前期，饼肥显著降低 IAA 含量，20d 时无机肥处理含量为 159. 7ng/（g · FW），饼肥处理为 120ng/（g · FW）左右；30d 时无机肥、饼肥 50%处理 IAA 含量基本相同，为 55ng/（g · FW）左右，而饼肥处理仅为 38. 7ng/（g · FW）；40～60d 无机肥、饼肥处理 IAA 含量均高于饼肥 50%处理，且饼肥处理高于无机肥处理；发育末期 3 处理 IAA 含量基本相同，适量配施饼肥降低了发育过程中 IAA 的含量。试验表明，饼肥处理发育前期可能因有机肥肥效缓慢等原因影响了 IAA 的合成，不利于烤烟苗期早发；发育中期无机肥、饼肥处理 IAA 含量较高，较强烈地促进了烤烟叶片的生长，可能不利于内含物的积累；IAA 含量与烤烟品质形成的关系及其作用机制尚需进一步研究。

与 IAA 含量变化不同，前期赤霉素 GA 含量较低，中后期含量较高，末期含量下降明显；其中烤烟发育前 40d 内 3 处理 GA 含量差异较小，40～50d 100%饼肥处理增幅较大，

饼肥50%处理、无机肥处理增加明显，50d时饼肥GA含量最大，达380.7ng/（g·FW），同期饼肥50%处理为276.8ng/（g·FW），无机肥处理仅为243.9ng/（g·FW）；50~60d期间无机肥处理GA呈上升趋势，饼肥处理均呈下降趋势，60d时无机肥处理达最大值387.5ng/（g·FW），同期饼肥处理仅为200ng/（g·FW）左右。发育后期无机肥处理GA下降，饼肥处理呈增加趋势，末期无机肥处理为288ng/（g·FW），饼肥处理为267.8ng/（g·FW），饼肥50%处理仅为249.7ng/（g·FW）。ABA含量发育前中期随生育时期的推进而增加，后期呈下降趋势，不同处理间差异较大；其中发育50d内3处理差异较小，ABA含量均呈递增趋势且含量基本相同；50~60d无机肥处理继续保持较高的增幅，饼肥处理表现下降趋势，60d时无机肥处理ABA含量达711.4ng/（g·FW），同期两饼肥处理仅为350ng/（g·FW）左右，60~70d无机肥处理快速下降，饼肥50%含量保持稳定，饼肥处理含量缓慢下降，发育末期无机肥、饼肥50%含量基本相同，为340ng/（g·FW）左右，饼肥处理仅为247.8ng/（g·FW）。ZR含量不同时期不同处理间差异较大，除发育60d时无机肥处理含量较高外，其余发育时期饼肥处理均高于饼肥50%、无机肥处理，发育末期3处理ZR含量基本相同，均为45ng/（g·FW）左右，其中饼肥处理较高，为47ng/（g·FW）。试验表明无机肥处理发育后期烟叶衰老加剧，饼肥推迟了烤烟后期的成熟衰老进程；其中50%饼肥处理因ABA含量较高，有利于烟叶后期落黄成熟，100%饼肥处理ZR含量较高、ABA含量较低，从而不利于烤烟后期落黄成熟。

2. 饼肥对烤烟发育过程中相关氧化酶类变化的影响

CAT酶活性随生育时期的推进前期呈上升趋势，后期呈下降趋势，且随饼肥用量的增加，酶活性呈增加趋势（图5-22）。其中烤烟发育30d时饼肥处理CAT活性为0.42U/（mg·prot），高于无机肥、饼肥50%处理50%以上；50d时饼肥处理CAT活性达最大值0.77U/（mg·prot），为饼肥50%处理的155.8%、无机肥处理的345.2%；烤烟发育末期饼肥处理活性为0.39U/（mg·prot），仍为同期最大；其余时期饼肥50%处理最大。POD活性随生育时期的推进规律明显，前中期呈上升趋势，后期呈下降趋势，酶活性随饼肥用量的增加而增加（图5-22）；其中前期3处理活性基本相同，20d、30d时活性分别为0.320.01ΔA/min、0.370.01ΔA/min左右；30~40d期间呈明显上升趋势，饼肥处理活性增加最快，饼肥50%处理次之，无机肥处理增幅最小，40d时饼肥处理达0.990.01ΔA/min，同期无机肥处理为0.460.01ΔA/min，饼肥50%处理为0.760.01ΔA/min；50d时3处理POD活性均达最大值，饼肥处理达1.020.01ΔA/min，为同期无机肥处理的170.5%、饼肥50%处理的130.2%；发育后期CAT酶活性快速下降，末期饼肥处理为0.640.01ΔA/min，为饼肥50%处理的180%、无机肥处理的328.8%。SOD活性生育前中期总体随生育期的推进而增加，50d达到最大值，后期快速下降，末期个别处理略有反弹；其中40d前饼肥50%处理SOD活性较高，40d时活性达18.6mg/（g·FW），同期无机肥处理为15mg/（g·FW），饼肥处理为12.4mg/（g·FW）；发育末期无机肥、50%饼肥处理SOD活性较高，达10mg/（g·FW）左右，饼肥处理酶活性仅为6.5mg/（g·FW）。

脂氧合酶（LOX）活性呈跳跃式变化，发育前期随饼肥用量的增加，酶活性呈递增趋势，发育后期饼肥50%处理活性最高。其中30d时，无机肥处理为0.05μmol

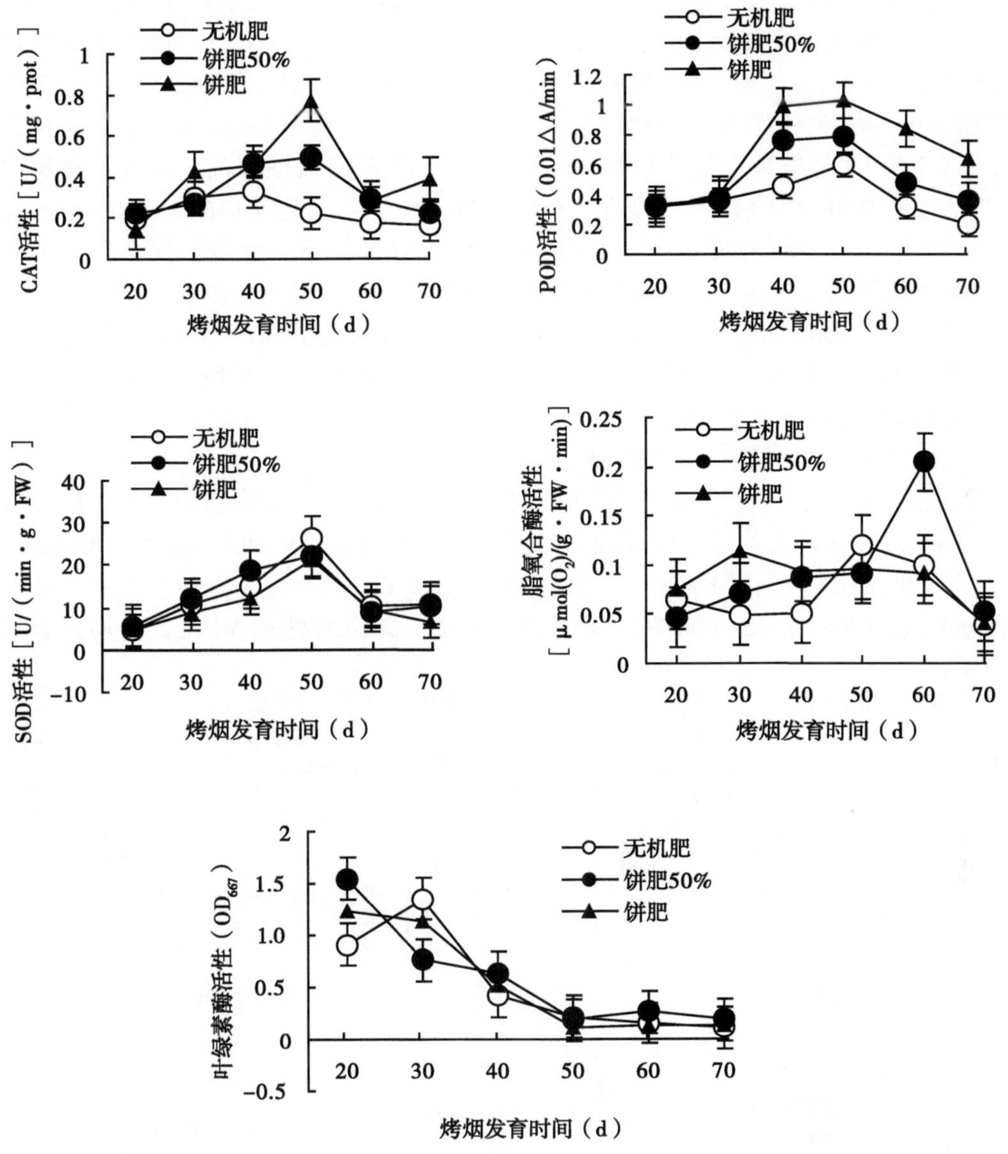

图 5-22 饼肥对烤烟发育过程中相关氧化酶类活性变化的影响

(O_2) / (g · FW · min)，50%饼肥处理为 0.7μmol (O_2) / (g · FW · min)，饼肥处理达 0.11μmol (O_2) / (g · FW · min)；烤烟发育 60d 时饼肥 50%处理 LOX 活性达 0.21μmol (O_2) / (g · FW · min)，同期饼肥处理、无机肥处理活性均为 0.1μmol (O_2) / (g · FW · min) 左右；发育末期饼肥 50%处理 LOX 活性仍为同期最大值，达 0.05μmol (O_2) / (g · FW · min)，饼肥处理、无机肥处理活性均为 0.04μmol (O_2) / (g · FW · min)。叶绿素酶活性总体随生育时期的推进而下降（图 5-22）；其中发育 20d 时饼肥 50%处理为 1.54 (OD_{667})，为饼肥处理的 126.1%、无机肥处理的 176.5%；

20~30d 期间饼肥 50%处理快速下降，饼肥处理下降缓慢，无机肥处理快速上升，30d 时无机肥处理达最大值 1. 36（OD_{667}），同期饼肥处理为 1. 14（OD_{667}），饼肥 50%处理活性仅为 0. 76（OD_{667}）；30~40d 期间无机肥处理降幅最大，饼肥处理次之，饼肥 50%处理降幅最小，40d 时饼肥 50%处理达 0. 64（OD_{667}），为饼肥处理的 126. 2%、无机肥处理的 164. 5%；烤烟发育后期均以饼肥 50%处理叶绿素酶活性较高，发育末期饼肥 50%处理活性为 0. 18（OD_{667}），为饼肥处理的 176. 4%、无机肥处理的 341. 6%。与无机肥处理相比，50%饼肥处理提高了 CAT、POD、SOD 酶活性，促进了发育后期烟叶 LOX、叶绿素酶活性的提高，为烤烟生长发育和后期质体色素等内含物质的降解提供了良好的生理基础；100%饼肥处理提高了 POD 活性，部分提高了 CAT 活性，降低了 SOD 和发育后期的 LOX、叶绿素酶活性，促进了烤烟的生长发育，但不利于烤烟后期烟叶内含物的降解和成熟特征的形成。

3. 饼肥对烤烟发育过程中衰老生理指标变化的影响

烤烟发育过程中丙二醛（MDA）含量前中期保持稳定，后期快速积累，末期含量下降，不同处理表现较大差异（图 5-23）；其中 40d 前饼肥 50%处理 MDA 含量最低，40d 时达最低值 2μmol/（g·FW），同期饼肥处理为 5. 6μmol/（g·FW）、无机肥处理为 4. 4μmol/（g·FW）；40~60d 期间饼肥 50%处理、无机肥处理 MDA 含量均显著积

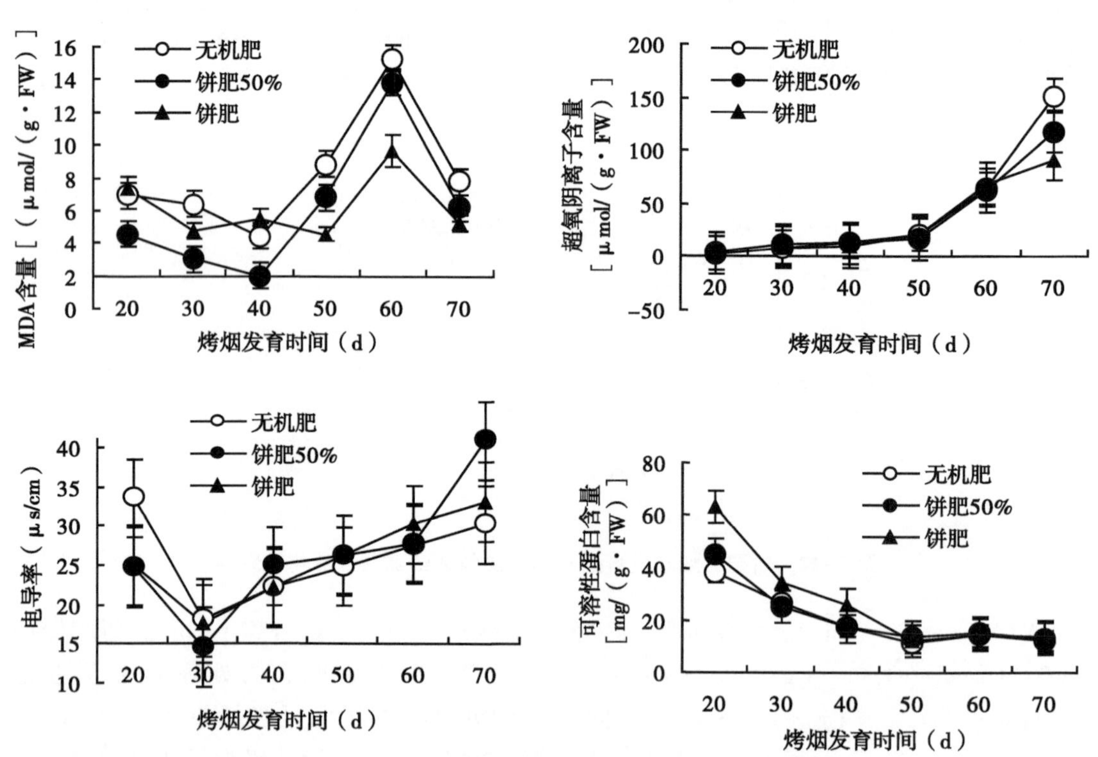

图 5-23　饼肥对烤烟发育过程中衰老生理指标变化的影响

累，饼肥处理于 50~60d 期间快速积累，60d 时无机肥处理含量达最大值 15. 3μmol/

(g·FW)，为饼肥 50%处理的 110.4%、饼肥处理的 157.5%；发育末期无机肥处理含量仍较大，为 7.8μmol/(g·FW)，而同期饼肥 50%处理为 6.2μmol/(g·FW)，饼肥处理为 5.2μmol/(g·FW)，表明随饼肥用量的增加，烟叶成熟衰老进程趋缓。超氧阴离子（O_2^-·）随生育时期的推进而逐渐积累，发育 50d 以前，积累缓慢且各处理间差异较小，50~60d 期间积累明显但各处理间差异仍较小，60~70d 各处理表现出明显的积累差异，无机肥处理积累较快，饼肥 50%处理次之，饼肥处理积累最慢，饼肥对烤烟发育后期叶片中超氧阴离子的积累表现出抑制效应，从而抑制了烤烟叶片的衰老进程；70d 时无机肥处理超氧阴离子含量为 152μmol/(g·FW)，为饼肥 50%处理含量的 129%，饼肥处理的 166.5%。电导率是叶片衰老的重要指标，反映了叶片膜脂过氧化程度。不同处理间电导率前期差异较大，中期差异较小，末期电导率差异显著；20d 时无机肥处理电导率较大，为 33.5μs/cm，两饼肥处理均为 25μs/cm 左右；20~30d 期间电导率呈下降趋势，无机肥降幅最大，达 46%，饼肥处理降幅较小，30d 时无机肥、饼肥处理降至 18μs/cm 左右，饼肥 50%处理降至 14.6μs/cm；40~60d 期间 3 处理均呈缓慢上升趋势，各处理间差异较小；60~70d 饼肥 50%处理表现了强劲的增长趋势，无机肥、饼肥处理仍呈缓慢上升趋势，发育末期饼肥 50%处理电导率达 40.9μs/cm，饼肥处理为 33.1μs/cm，而无机肥仅为 30.2μs/cm。与超氧阴离子变化趋势相反，可溶性蛋白含量随生育时期的推进而逐渐下降，不同处理间表现不同；20~30d 随饼肥用量的增加可溶性蛋白含量明显增加，其中 20d 时饼肥处理的可溶性蛋白达 63.3mg/(g·FW)，为饼肥 50%处理的 140.2%、无机肥处理的 165.6%；30d 时饼肥处理的可溶性蛋白为 34.1mg/(g·FW)，为饼肥 50%处理的 134.8%、无机肥处理的 126.5%；40d 时饼肥处理含量为 25.8mg/(g·FW)，同期无机肥、饼肥 50%处理含量均为 17.5mg/(g·FW) 左右；烤烟发育 50~70d 期间 3 处理可溶性蛋白差异较小，可溶性蛋白含量以饼肥 50%处理较高，但差异不明显。饼肥主要在发育前期影响叶片可溶性蛋白含量，随饼肥用量的增加，含量呈上升趋势。

（三）饼肥对烤烟发育过程中质体色素、相关生理指标间关系的影响及其生理机制

1. 饼肥对烤烟发育过程中质体色素间关系的影响效应

烤烟发育过程中叶绿素、类胡萝卜素间相关关系较为密切，饼肥促进了该相关关系的增强（表 5-5）。无机肥条件下叶绿素 a、叶绿素 b、总叶绿素含量与类胡萝卜素类色素均呈较强的正相关关系，但达不到显著相关程度，其中 β 胡萝卜素与叶绿素类色素的相关系数均为 0.6 左右，相关程度较低。饼肥显著促进了叶绿素类色素与类胡萝卜素类色素的相关关系，饼肥的使用均使两类色素达到极显著相关关系程度，有效地协调了两类色素关系，其中饼肥 50%处理的叶绿素类色素与类胡萝卜素类色素相关系数均达 0.98 以上，表明饼肥 50%处理更能协调色素间关系；饼肥处理的叶绿素类色素与类胡萝卜素类色素相关系数与饼肥 50%处理数据相比局部有降低的趋势，总叶绿素与 β 胡萝卜素的相关系数下降 0.07，叶绿素 b 与 β 胡萝卜素的相关系数下降 0.08，表明 100%饼肥处理与 50%饼肥处理相比，协调叶绿素、类胡萝卜素的相关关系能力有弱化趋势。

表 5-5 饼肥对烤烟发育过程中质体色素间相关系数的影响

	叶绿素 a			叶绿素 b			总叶绿素		
	无机肥	饼肥 50%	饼肥	无机肥	饼肥 50%	饼肥	无机肥	饼肥 50%	饼肥
β 胡萝卜素	0.6	0.98**	0.93**	0.52	0.98**	0.90*	0.58	0.99**	0.92**
叶黄素	0.8	0.98**	0.98**	0.74	0.98**	0.98**	0.79	0.98**	0.98**
紫黄质	0.78	0.98**	0.98**	0.71	0.98**	0.96**	0.76	0.98**	0.97**
新黄质	0.78	0.98**	0.98**	0.71	0.98**	0.96**	0.76	0.98**	0.97**
总类胡萝素	0.74	0.98**	0.98**	0.68	0.98**	0.96**	0.73	0.99**	0.98**
总叶黄素	0.8	0.98**	0.98**	0.74	0.98**	0.97**	0.78	0.98**	0.98**

* 在 0.05 水平上显著相关（2-tailed）

** 在 0.01 水平上显著相关（2-tailed）

2. 烤烟发育过程中质体色素与内源激素关系及其饼肥配施效应分析

质体色素与内源激素间关系较为复杂（表 5-6）。其中除叶绿素 b、总叶绿素与 IAA 呈负相关关系外，无机肥处理的其余色素均与 IAA 呈正相关关系；饼肥 50%条件下促进并加强了叶绿素类色素与 IAA 的正相关关系，其相关系数均有较大提高，稍微削弱了类胡萝卜素类色素与 IAA 的关系；饼肥处理削弱了叶绿素类色素与 IAA 的相关关系，改变了类胡萝卜素类色素与 IAA 的正相关关系，饼肥条件下除 β 胡萝卜素相关系数为 0.06 外，其余均为负值。ABA 与质体色素均呈负相关关系，叶绿素类色素与 ABA 的负相关关系略强于类胡萝卜素类色素，饼肥促进了负相关关系；饼肥 50%条件下质体色素与 ABA 均呈显著性负相关关系，其中叶绿素 a、总叶绿素、β 胡萝卜素与 ABA 呈极显著负相关关系；饼肥用量的进一步增加削弱了负相关关系的持续，饼肥条件下质体色素基本恢复到无机肥水平。无机肥条件下 GA 与质体色素均呈负相关关系，饼肥的使用弱化甚至改变了 GA 与质体色素的负相关关系，其中饼肥 50%处理基本改变了其负相关关系，除叶绿素 b、总叶绿素呈微弱负相关外，其余均为正相关关系，100%饼肥使用削弱了 GA 与质体色素的负相关关系。与其他内源激素不同，饼肥促进了 ZR 与质体色素的负相关关系，其中饼肥 50%处理促进效应明显，100%饼肥次之，无机肥负相关关系较弱。试验表明，50%饼肥配施提高了质体色素与 ABA、ZR 的负相关关系，其中与 ABA 的相关系数均达显著性负相关，部分达极显著水平；降低了与 GA 的负相关程度，使其相关系数在±0.1 左右；对 IAA 与质体色素间相关关系影响较小；表明配施饼肥或土壤有机质含量适中的烟田外源喷施 ABA 有利于质体色素的降解，但 ABA 的提高与烤烟品质形成关系尚需进一步研究。

表 5-6 饼肥对烤烟发育过程中质体色素与内源激素间相关系数的影响

	IAA			ABA			GA			ZR		
	无机肥	饼肥 50%	饼肥	无机肥	饼肥 50%	饼肥	无机肥	饼肥 50%	饼肥	无机肥	饼肥 50%	饼肥
叶绿素 a	0.03	0.37	-0.2	-0.74	-0.93**	-0.76	-0.8	-0	-0.38	-0.8	-0.82*	-0.78

（续表）

	IAA			ABA			GA			ZR		
	无机肥	饼肥50%	饼肥	无机肥	饼肥50%	饼肥	无机肥	饼肥50%	饼肥	无机肥	饼肥50%	饼肥
叶绿素b	-0.12	0.43	-0.3	-0.72	-0.91*	-0.82*	-0.8	-0.1	-0.49	-0.84*	-0.87*	-0.83*
总叶绿素	-0.01	0.39	-0.23	-0.73	-0.93**	-0.78	-0.8	-0.1	-0.41	-0.82*	-0.83*	-0.8
β胡萝卜素	0.66	0.42	0.06	-0.53	-0.92**	-0.68	-0.4	-0	-0.23	-0.49	-0.83*	-0.67
叶黄素	0.53	0.5	-0.11	-0.62	-0.88*	-0.75	-0.5	0.08	-0.36	-0.62	-0.79	-0.75
紫黄质	0.53	0.49	-0.06	-0.68	-0.89*	-0.72	-0.6	0.03	-0.35	-0.66	-0.79	-0.72
新黄质	0.53	0.49	-0.06	-0.68	-0.89*	-0.72	-0.6	0.03	-0.35	-0.66	-0.79	-0.72
总类胡萝素	0.58	0.48	-0.06	-0.61	-0.89*	-0.74	-0.5	0.04	-0.33	-0.6	-0.8	-0.73
总叶黄素	0.53	0.5	-0.09	-0.64	-0.88*	-0.75	-0.5	0.06	-0.35	-0.64	-0.79	-0.74

* 在 0.05 水平上显著相关（2-tailed）

** 在 0.01 水平上显著相关（2-tailed）

3. 烤烟发育过程中质体色素与相关氧化酶类关系及其饼肥配施效应分析

叶绿素酶与烤烟叶片发育过程中质体色素含量关系密切（表 5-7）。其中叶绿素酶与叶绿素类色素无论什么条件下均呈极显著正相关关系，饼肥促进其相关关系的加强，饼肥条件下叶绿素酶与叶绿素类色素相关系数均为 0.99；饼肥配施促进了类胡萝卜素类色素与叶绿素酶的正相关关系；饼肥配施条件下该相关系数达极显著水平，50%饼肥条件下相关系数更为密切，无机肥条件下 β 胡萝卜素与叶绿素酶相关系数为 0.58，饼肥 50%条件下相关系数达 0.99，饼肥条件下降为 0.87，仅为显著正相关关系。脂氧合酶与质体色素相关关系比较复杂，无机肥条件下其相关系数均为-0.3 左右，饼肥 50%条件下强化了负相关关系，该相关系数达-0.5 左右，100%饼肥条件下却改变了其负相关关系；饼肥条件下脂氧合酶与质体色素相关系数均为 0.3 左右，表明饼肥条件下 LOX 与质体色素降解关系不大，LOX 活性的提高不能有效地降解质体色素，其相关机制仍需进一步研究。饼肥促进叶绿素类色素与 SOD、POD、CAT 的负相关关系，随饼肥用量的增加，其负相关系数呈增加趋势，除饼肥弱化了类胡萝卜素类色素与 SOD 的负相关关系外，其余均随饼肥用量的增加，负相关系数呈下降趋势。无机肥条件下 POD 与叶绿素类色素呈正相关关系，与类胡萝卜素类色素呈负相关关系或微弱正相关关系，饼肥促进了 POD 与质体色素的负相关关系，且随饼肥用量的增加而负相关关系加强，饼肥 50%条件下相关系数基本为-0.4～-0.3，饼肥条件下负相关系数达-0.7～-0.6。无机肥条件下除 β 胡萝卜素与 CAT 呈负相关关系外，其余均呈正相关关系；饼肥改变了质体色素与 CAT 的正相关关系；饼肥条件下 CAT 与质体色素均呈负相关关系，且随饼肥用量的增加负相关关系得到强化。试验表明，饼肥弱化了烟叶保护酶系对烤烟叶片中叶绿素的保护作用，该酶系部分的参与了促进质体色素的降解进程，相关生理机制尚需进一步研究。

表 5-7 饼肥对烤烟发育过程中质体色素与相关氧化酶类间相关系数的影响

	叶绿素酶			脂氧合酶			SOD			POD			CAT		
	无机肥	饼肥50%	饼肥	无机肥	饼肥50%	饼肥	无机肥	饼肥50%	饼肥	无机肥	饼肥50%	饼肥	无机肥	饼肥50%	饼肥
叶绿素 a	0.95**	0.97**	0.99**	-0.23	-0.48	0.35	-0.17	-0.34	-0.42	0.21	-0.29	-0.7	0.57	-0.22	-0.5
叶绿素 b	0.98**	0.95**	0.99**	-0.35	-0.48	0.35	-0.25	-0.4	-0.45	0.1	-0.39	-0.7	0.61	-0.31	-0.5
总叶绿素	0.96**	0.96**	0.99**	-0.27	-0.48	0.35	-0.19	-0.36	-0.43	0.18	-0.32	-0.7	0.59	-0.24	-0.5
β 胡萝卜素	0.58	0.99**	0.87*	-0.1	-0.51	0.22	-0.54	-0.47	-0.37	-0.13	-0.41	-0.6	-0.12	-0.36	-0.5
叶黄素	0.77	0.97**	0.95**	-0.13	-0.55	0.32	-0.47	-0.42	-0.38	0.02	-0.38	-0.6	0.17	-0.31	-0.4
紫黄质	0.74	0.98**	0.93**	-0.2	-0.49	0.35	-0.49	-0.44	-0.35	-0.04	-0.37	-0.6	0.12	-0.31	-0.4
新黄质	0.74	0.98**	0.93**	-0.2	-0.49	0.35	-0.49	-0.44	-0.35	-0.04	-0.37	-0.6	0.12	-0.31	-0.4
总类胡萝	0.72	0.98**	0.93**	-0.14	-0.53	0.31	-0.5	-0.44	-0.37	-0.04	-0.38	-0.6	0.07	-0.32	-0.5
总叶黄素	0.76	0.98**	0.95**	-0.15	-0.53	0.33	-0.48	-0.43	-0.37	0	-0.38	-0.6	0.15	-0.31	-0.4

* 在 0.05 水平上显著相关（2-tailed）

** 在 0.01 水平上显著相关（2-tailed）

4. 烤烟发育过程中质体色素与衰老生理指标关系及其饼肥配施效应分析

MDA 与质体色素均呈负相关关系（表 5-8）。其中叶绿素类色素与 MDA 相关关系随饼肥用量的增加负相关关系逐步减弱，无机肥条件下相关系数均为-0.56，饼肥 50%时下降为-0.5，降幅较小，饼肥条件下为-0.1 左右，降幅较大；饼肥对 MDA 与类胡萝卜素类色素关系与叶绿素类色素明显不同，饼肥 50%条件下其负相关关系得到强化，饼肥条件下其相关系数下降显著，降至-0.1 左右，相关生理机制尚不清楚。超氧阴离子与质体色素含量均呈负相关关系，其中无机肥、饼肥 50%处理的负相关系数基本相同，饼肥条件下促进了负相关关系的发展，且对类胡萝卜素类色素的影响效应更明显。无机肥条件下叶绿素类色素与电导率呈负相关关系，与类胡萝卜素类色素呈正相关关系；饼肥条件下电导率与质体色素呈负相关关系，且随饼肥用量的增加，负相关关系得到加强。可溶性蛋白与质体色素均呈正相关关系，其中类胡萝卜素类色素与可溶性蛋白均呈显著性正相关关系，饼肥调整了叶绿素类色素与可溶性蛋白的相关关系，无机肥条件下叶绿素类色素与可溶性蛋白仅为正相关关系，饼肥的使用促进可溶性蛋白与叶绿素类色素呈显著性正相关关系。试验表明，无机肥或 50%饼肥条件下，MDA 可作为烤烟叶片成熟进程的表征参数，适宜的饼肥配施有利于表征效果的提高；超氧阴离子、电导率均随饼肥用量的增加，其相关程度增强，表明饼肥可提高烤烟叶片中离子数量；饼肥促进了可溶性蛋白与叶绿素的正相关关系，相关生理机制需进一步研究。

表 5-8 饼肥对烤烟发育过程中质体色素与衰老生理指标间相关系数的影响

	MDA			超氧阴离子			导电率			可溶性蛋白		
	无机肥	饼肥50%	饼肥	无机肥	饼肥50%	饼肥	无机肥	饼肥50%	饼肥	无机肥	饼肥50%	饼肥
叶绿素 a	-0.56	-0.5	-0.05	-0.77	-0.74	-0.79	-0.41	-0.62	-0.73	0.77	0.95*	0.94*

（续表）

	MDA			超氧阴离子			导电率			可溶性蛋白		
	无机肥	饼肥50%	饼肥	无机肥	饼肥50%	饼肥	无机肥	饼肥50%	饼肥	无机肥	饼肥50%	饼肥
叶绿素b	-0.56	-0.5	-0.1	-0.69	-0.69	-0.77	-0.48	-0.63	-0.76	0.74	0.95*	0.90*
总叶绿素	-0.56	-0.5	-0.06	-0.75	-0.73	-0.79	-0.43	-0.62	-0.74	0.76	0.95*	0.93*
β胡萝卜素	-0.24	-0.5	0.08	-0.51	-0.62	-0.79	0.46	-0.5	-0.57	0.94*	0.98*	0.96*
叶黄素	-0.35	-0.5	-0.07	-0.72	-0.63	-0.83	0.15	-0.47	-0.71	0.97*	0.98*	0.94*
紫黄质	-0.41	-0.5	-0.01	-0.64	-0.64	-0.84	0.23	-0.49	-0.71	0.98*	0.99*	0.93*
新黄质	-0.41	-0.5	-0.01	-0.64	-0.64	-0.84	0.23	-0.49	-0.71	0.98*	0.99*	0.93*
总类胡萝素	-0.33	-0.5	-0.03	-0.65	-0.63	-0.83	0.26	-0.48	-0.69	0.97*	0.98*	0.94*
总叶黄素	-0.37	-0.5	-0.05	-0.7	-0.63	-0.83	0.17	-0.48	-0.71	0.97*	0.98*	0.94*

* 在0.05水平上显著相关（2-tailed）

** 在0.01水平上显著相关（2-tailed）

三、讨论

质体色素（叶绿素和类胡萝卜素）是影响烟叶品质和可用性的主要成分之一，它不仅决定了调制后烟叶的色泽，而且其相关降解产物与烟叶的香气质和香气量密切相关。因此，烤烟生长成熟期和调制后质体色素的含量变化，将直接影响到烟叶制品的香气风格和工业可用性。国内外研究均表明，烟叶质体色素的降解产物是所测定的挥发性香气物质中含量最高的成分，它们占中性挥发性物质总量的85%~96%。因此，深入研究烟叶中质体色素的形成、转化和降解规律，阐明其降解产物与烤烟香气风格的形成，以及与遗传、生态、栽培、调制等过程的关系，对通过生物和农艺措施提高烟叶香气质和香气量具有重要意义。

Janave（1997）以香蕉采后果实为试材，发现SOD处理可抑制叶绿素含量下降，表明活性氧自由基参与其叶绿素降解，并认为活性氧促使Chl a氧化成13^2-OH-Chl a，随后进一步氧化降解成无色物质（Schaber等，1984；Yamauchi和Watada，1994）。另外，由于叶绿素降解的衍生物均为多不饱和双键的4吡咯环结构，从而决定了其易氧化性。Sakaki等（1983）认为活性氧可能参加了对叶绿素4吡咯环的破坏。因此4吡咯环受到活性氧攻击而激活碳环双键的裂解，导致卟啉大环裂解，从而加速叶绿素降解和含量降低。Shellenbeger等（1977）研究“驻绿”基因突变型番茄（能防止或减少叶绿素降解）表明叶绿素降解与类囊体膜脂质氧化分解代谢有关。而MDA是膜脂过氧化的产物，是衡量膜伤害程度的指标之一。

植物组织衰老过程常伴随着膜透性增加、膜脂含量下降和磷脂酶催化膜磷脂降解导致游离脂肪酸积累等现象（Matsuo等，1984）。其中游离不饱和脂肪酸在LOX作用下形成氢过氧化物（Whitaker，1990），该物进一步被催化成自由基，自由基一方面攻击叶绿素卟啉大环双键，促进叶绿素降解；另一方面继续攻击叶绿体膜，使膜透性增加，导致位于膜上的叶绿素降解酶被释放，与位于类囊体膜上叶绿素接触，进而加快了叶绿素的降解（Yamauchi 和 Watada，1991）。Jaren 等（1999）研究在体外橄榄叶绿体色素与 LOX 提取物的关系时发现，叶绿体色素与亚油酸混合在一起时，叶绿素和类胡萝卜素降解速度有所提高，当向混合物中再加入 LOX 时，则其降解速度更加急剧上升。Barimalaa 等（1986）也得出类似的结果。他们认为 LOX 催化不饱和脂肪酸氧化形成自由基而攻击分解色素。

POD 普遍存在于几种亚细胞组织包括叶绿体中（Johnson－Flanagan 和 McLachlan，1990；Kuroda 等，1990）。尽管 POD 是否参与叶绿素降解仍然存在很大争论（Matile 等，1999），但许多实验都表明 POD－H_2O_2 分解系统参与叶绿素降解（Kar 和 Choudhuri，1987；Misako 和 Shimizu，1985；Yamouchi 和 Minamide，1985；Maeda 等，1998；曾韶西等，1991；Yamouchi 和 Hashinaga，1992），他们的研究表明 POD 活性与叶绿素的含量呈高度负相关性，POD 参与了叶绿素的降解。本研究佐证了 POD、SOD、CAT 均参与了质体色素的降解。

尽管都知道赤霉素可延缓植物衰老和脱落酸具有促进衰老作用（Chandler 等，1994），但在质体色素降解过程中起到什么作用仍不清楚。一般认为低浓度的 IAA 抑制呼吸跃变，对果实成熟有抑制作用，高浓度的 IAA 可促进乙烯产生，使用外源 IAA 浓度越高，乙烯形成越快，高浓度的 IAA 主要是诱导 ACC 合成酶的形成（Yang 等，1984）。因此，低浓度 IAA 可抑制乙烯生成，延缓叶绿素降解，高浓度 IAA 反而促进乙烯生成，加速叶绿素降解（阮晓等，2000）。植物激素对叶片衰老进程的调控是一比较复杂的过程，该过程不仅仅取决于某一种激素的消长和其绝对浓度的变化，内源激素间的相互协同作用显得更为重要。GA 可抑制果蔬乙烯生成，延缓叶绿素降解。但 GA 作用大小还要受 ABA 含量的影响，即 GA/ABA 比例大小决定 IAA 的产生和乙烯生成量。GA/ABA 比例高则抑制 IAA 的产生和乙烯生成量，反之则相反（阮晓等，2000）。何萍等（1999）认为，玉米叶片衰老的可能过程首先是内源激素含量变化，继而影响到 Ca^{2+}跨膜运输，进而导致膜脂过氧化，由此引起叶绿素和蛋白质降解。

植物激素在调节植物的衰老中具有重要作用，植物衰老是众多激素相互协调平衡的结果。细胞分裂素类物质延缓衰老主要与其能抑制衰老过程中蛋白水解酶和 RNase 活性上升，减缓蛋白质和核酸降解有关，ABA 促进衰老则与其促进蛋白水解酶和 RNase 活性上升，加速蛋白质和核酸降解有关。已有研究表明，植物激素与活性氧代谢具有密切的联系，ABA 处理使叶片和叶绿体 H_2O_2含量增加，叶片 SOD 活性和 CAT 活性下降。细胞分裂素类物质能激活 SOD 活性，对能抑制 SOD 活性的 ABA 有拮抗作用。细胞分裂素还可作为自由基清除剂，抑制超氧自由基与羟基自由基的产生。肖凯等研究发现，在叶片老化过程中，延衰激素 ZR 含量随活性氧清除酶活性的降低而减少，促衰激素 ABA 的含量随活性氧产生速率和累积量的增大而同步增加，表明植物激素和细胞活性氧代谢之间存在着密切的相互联系。氮素营养相对增加了叶片老化过程中延衰激素 ZR 的含量，降低了促衰激素 ABA 的含量，增大了 ZR 与 ABA 的比值，这可能是氮素营养延缓叶片衰老和光合功能衰退的另一个重要生理原因。赵平等研究表明，增施氮、钾肥料可以有效改善叶片氮、钾营养水平，增加叶绿素含量，提高叶片 CTK 含量，降低 ABA 含量，从而延缓叶片衰老；分析表明，烤烟叶片氮、钾含量与其叶绿素、CTK 及 CTK/ABA 值呈极显著正相关关系，与 ABA 呈极显著负相关关系，因此，烤烟叶片内源激素的含量及其平衡关系与氮、钾营养关系密切，改变氮、钾肥料用量可以调控烤烟叶片的衰老速度。但有关不同植物激素调节活性氧代谢的生化机制，迄今报道还不多，仍有待进一步研究。

本试验初步表明，烤烟发育过程中叶绿素类色素含量随生育时期的推进而呈明显的下降趋势，不同叶绿素类色素变化和含量随饼肥用量和发育时期有较大差异。总体看，配施饼肥促进了叶绿素类色素的合成，表现在除发育 30d 叶绿素类色素含量较高外，其余时期无机肥处理叶绿素类色素含量明显低于饼肥处理。其中总叶绿素含量随饼肥用量的增加而总体呈提高趋势，饼肥对质体色素含量变化影响较大，适宜的饼肥配施将促进发育前期叶绿素类色素的合成和后期的降解，若饼肥用量过高，将导致烤烟发育前期叶绿素类色素含量较低，后期烤烟落黄较慢等问题，不利于烤烟品质的形成。总体看，饼肥 50%处理促进了类胡萝卜素类色素的积累，饼肥、无机肥处理对类胡萝卜素含量的影响效应基本相同；饼肥促进类胡萝卜素类色素的积累，适宜的饼肥用量显著提高类胡萝卜素含量。

饼肥处理发育前期可能因有机肥肥效缓慢等原因影响了 IAA 的合成，不利于烤烟苗期早发；发育中期无机肥、饼肥处理 IAA 含量较高，较强烈地促进了烤烟叶片的生长，可能不利于内含物的积累；IAA 含量与烤烟品质形成的关系及其作用机制尚需进一步研究。无机肥处理发育后期烟叶衰老加剧，饼肥推迟了烤烟后期的成熟衰老进程；其中 50%饼肥处理因 ABA 含量较高，有利于烟叶后期落黄成熟，100%饼肥处理 ZR 含量较高、ABA 含量较低，从而不利于烤烟后期落黄成熟。与无机肥处理相比，50%饼肥处理提高了 CAT、POD、SOD 酶活性，促进了发育后期烟叶 LOX、叶绿素酶活性的提高，为烤烟生长发育和后期质体色素等内含物质的降解提供了良好的生理基础；100%饼肥处理提高了 POD 活性，部分提高了 CAT 活性，降低了 SOD 和发育后期的 LOX、叶绿素酶活性，促进了烤烟的生长发育，但不利于烤烟后期烟叶内含物的降解和成熟特征的形成。饼肥对 MDA 和超氧阴离子的影响表明，随饼肥用量的增加，烟叶成熟衰老进程趋缓。饼肥主要在发育前期影响叶片可溶性蛋白含量，随饼肥用量的增加，含量呈上升趋势。

烤烟发育过程中叶绿素、类胡萝卜素间相关关系较为密切，饼肥促进了该相关关系的增强，100%饼肥处理与 50%饼肥处理相比，协调叶绿素、类胡萝卜素的相关关系能力有弱化趋势。叶绿素酶与叶绿素类色素无论什么条件下均呈极显著正相关关系，饼肥促进其相关关系的加强；饼肥 50%条件下强化了脂氧合酶与质体色素的负相关关系，该相关系数达-0.5 左右，100%饼肥条件下却改变了其负相关关系；饼肥条件下脂氧合酶与质体色素相关系数均为 0.3 左右，表明饼肥条件下 LOX 与质体色素降解关系不大，LOX 活性的提高不能有效地降解质体色素；饼肥促进叶绿素类色素与 SOD、POD、CAT 的负相关关系，随饼肥用量的增加，其负相关呈增加趋势，表明饼肥弱化了烟叶保护酶系对烤烟叶片中叶绿素的保护作用，该酶系部分参与了促进质体色素的降解进程。无机肥或 50%饼肥条件下，MDA 可作为烤烟叶片成熟进程的表征参数，适宜的饼肥配施有利于表征效果的提高；超氧阴离子、电导率均随饼肥用量的增加，其相关程度增强，表明饼肥可提高烤烟叶片中离子数量；饼肥促进了可溶性蛋白与叶绿素的正相关关系。叶绿素、β-胡萝卜素、叶黄质含量较多可能是饼肥条件下香气量较多的前提，烤烟发育后期 LOX、叶绿素酶等生理指标活性较高可能是饼肥条件下烤烟品质较高的生理基础。饼肥促进烤烟品质形成的具体生理机制尚需进一步研究。

第六章　栽培措施对烤烟质体色素代谢的影响

第一节　氮素对烟叶衰老和质体色素代谢的影响

烟叶衰老期是烟叶品质形成的关键时期，烟草质体色素是烟叶中性致香物质的重要前提物，衰老程度越高的烟叶类胡萝卜素的降解量越大，质体色素降解产物的含量越高，其中性致香物质含量也高。氮素是影响烟叶产量和品质的关键因素之一，合理的氮素供应是最终收获优质烟叶的前提，研究表明，烟叶衰老期氮素尽快转化和降解，才有利于烟叶的成熟落黄。烤烟对氮素营养十分敏感，增施氮肥可以增加产量，但在高施氮量条件下，烟叶氮代谢延长，烟株生长过旺，质体色素代谢受很大影响，烟叶成熟期推迟，造成烟叶品质低劣。以施氮量、品种为处理，对烤烟衰老期相关指标进行测定，并对烟叶质体色素降解量和中性致香物质含量进行分析，为揭示品种间烟叶品质的差异和确定豫西烟区较适品种和施氮量提供理论依据。

一、材料与方法

（一）试验材料与设计

试验于 2015 年在洛阳市汝阳县进行。参试烤烟品种为豫烟 10 号（YY10）、中烟 100（ZY100）和 NC89。供试土壤质地为壤土，肥力中等，土壤 pH 值为 7.9，有机质含量 10.0g/kg，速效氮含量 52.6mg/kg，速效磷含量 12.3mg/kg，速效钾含量 150.7mg/kg。试验采用裂区设计，氮素为主处理，烤烟品种为副处理。氮素用量设高氮 N60（60kg/hm^2）、中氮 N45（45kg/hm^2）和低氮 N30（30kg/hm^2）3 个处理，行株柜为 120cm×50cm。3 月 1 日播种，5 月 12 日移栽并施入基肥，6 月 12 日追肥，基追肥比为 7∶3。其他田间管理按照优质烟生产技术方案要求进行。选取整齐一致的单株，以中部叶第 12 片叶（自下向上数）为研究对象，分别于打顶前 1d、打顶后 10d、20d、30d、烘烤前 1d 取样，各品种取样重复 3 次。一部分用于测定可溶性蛋白和丙二醛（MDA）的含量和超氧化物歧化酶（SOD）、过氧化物酶（POD）、过氧化氢酶（CAT）活性；另一部分于 105℃ 杀青 0.5h 后，在 70℃ 条件下烘干后避光保存，用于质体色素含量的测定。调制后的烟叶在 45℃ 下烘干、碾碎过 60 目筛后用于质体色素含量和中性致香物质的测定。

（二）测定项目与方法

质体色素、可溶性蛋白和 MDA 含量分别用分光光度法、考马斯亮蓝 G250 法和硫代巴比妥酸法测定。

脂氧合酶活性参照 Seklya 和韦凤杰的方法进行提取和测定。

SOD、POD 和 CAT 酶液的提取：取 0.500g 剪碎的新鲜样品，置预冷研钵中，加 5ml 含 1%聚乙烯吡咯烷酮的 50mmol/L，pH 值 7.8 的冷磷酸缓冲液及少量石英砂，在冰浴中研磨成匀浆，再用 5ml 磷酸缓冲液冲洗研钵，与之前液体合并于 2℃ 20 000g 冷冻离心 20min，上清液即为酶提取液。酶活性的测定参照植物生理学的方法。

中性致香物质测定参照史宏志的方法，用采用 HP 5890—5972 气质连用仪测定。

（三）数据处理

采用 Microsoft Excel 2007 软件进行数据处理与作图，SPSS 19.0 进行统计学分析。

二、结果与分析

（一）不同施氮量对烟叶质体色素含量的影响

由表 6-1 可知，叶绿素含量积累峰值在 N60 水平下推迟至打顶后 10d，N45 和 N30 条件下均在打顶前 1d 达到峰值，烟叶进入衰老期；打顶后 30 d 开始大幅下降。随着施氮量的增加叶绿素含量显著提高，整个生育期不同品种在同一氮肥条件下叶绿素含量均以 NC89 最高，豫烟 10 号和中烟 100 相差不大。

表 6-1　不同施氮量对烟叶叶绿素含量的影响　［mg/（g·FW）］

处理	品种	测定时期					
		打顶前 1d	打顶后 10d	打顶后 20d	打顶后 30d	烘烤前 1d	烤后
N60	YY10	4.91b	5.11c	4.72c	3.62b	1.67c	0.45c
	ZY100	4.89b	5.44b	5.01b	3.79a	1.97b	0.50b
	NC89	5.65a	6.34a	5.42a	3.89a	3.19c	0.69a
N45	YY10	4.20c	3.46e	2.58f	2.04e	1.39d	0.23ef
	ZY100	3.99cd	3.57e	2.67f	2.20e	1.45d	0.31d
	NC89	4.30de	4.01d	3.50d	2.89c	2.15b	0.48bc
N30	YY10	3.61e	2.85g	2.13g	1.70f	1.12e	0.20f
	ZY100	3.73de	2.84g	2.27g	1.77f	1.30de	0.20f
	NC89	3.84de	3.15f	2.92e	2.38d	1.98e	0.25e

类胡萝卜素的含量变化动态与叶绿素基本一致，但含量和降幅均小于叶绿素（表 6-2）。豫 10 前期积累峰值较高，但烘烤前和烘烤后含量 NC89 最大，不同氮素水平表现一致。类胡萝卜素含量变化并不随施氮量的增加一直增大，中烟 100 和 NC89 均在 N45 条件下最高，豫烟 10 号 N60 条件下比 N45 略有上升。

表 6-2　不同施氮量对烟叶类胡萝卜素含量的影响　[mg/（g·FW）]

处理	品种	测定时期					
		打顶前 1d	打顶后 10d	打顶后 20d	打顶后 30d	烘烤前 1d	烘烤后
N60	YY10	0.93b	1.09a	0.91a	0.80a	0.60b	0.37bc
	ZY100	0.79d	0.92b	0.87ab	0.81a	0.67a	0.41a
	NC89	0.86c	0.92b	0.85b	0.76a	0.71a	0.45a
N45	YY10	1.03a	0.81c	0.64d	0.48d	0.32ef	0.17e
	ZY100	1.03a	0.96b	0.83b	0.68b	0.48d	0.36c
	NC89	0.94b	0.86c	0.77c	0.64bc	0.52c	0.41a
N30	YY10	0.90bc	0.75d	0.55d	0.48d	0.29f	0.16e
	ZY100	0.90bc	0.83c	0.79c	0.63bc	0.36e	0.24d
	NC89	0.85cd	0.84c	0.67d	0.60c	0.46d	0.27d

注：不同字母表示在 5%水平上差异显著

（二）不同施氮量对烟叶质体色素降解量的影响

由表 6-3 可知，叶绿素和类胡萝卜素的降解以衰老期为主。叶绿素的总降解量随施氮量的增加而增大，衰老期间 N45 与 N60 差异不显著，调制期间 N60 条件下降解量最大，N45 和 N30 差异不显著。在不同氮素处理下，各品种类胡萝卜素的总降解量均在 N45 条件下最高，N60 条件下有明显下降。调制期间降解量 NC89 略高于其他品种，品种间的降解总量和衰老期降解量均以豫烟 10 号最高。

表 6-3　不同施氮量对烟叶质体色素降解量的影响　[mg/（g·FW）]

质体色素	处理	总降解量			衰老期间降解量			调制期间降解量		
		YY10	ZY100	NC89	YY10	ZY100	NC89	YY10	ZY100	NC89
叶绿素	N60	4.46	4.39	4.96	3.24	2.92	2.47	1.21	1.47	2.50
	N45	3.97	3.68	3.83	2.81	2.55	2.15	1.17	1.13	1.67
	N30	3.41	3.53	3.59	2.49	2.43	1.86	0.92	1.10	1.73
类胡萝卜素	N60	0.72	0.51	0.47	0.49	0.25	0.21	0.23	0.26	0.26
	N45	0.86	0.67	0.53	0.71	0.55	0.42	0.15	0.12	0.11
	N30	0.74	0.66	0.58	0.61	0.54	0.39	0.13	0.12	0.18

（三）不同施氮量对烟叶 GS 活性和可溶性蛋白含量的影响

由表 6-4 可知，GS 活性随烟叶的衰老在打顶前 1d 或打顶后 10d 开始逐渐下降，N45 和 N30 在打顶后 30d 至烘烤前 1d 略有上升。不同氮素处理下均以 NC89 最高，豫烟 10 号最低。随着施氮量的增加 GS 活性显著增大，在 N60 处理下打顶后 20d 仍然保持较高的酶活性，打顶后 30d 至烘烤前 1d 持续下降，不同于 N45 和 N30 处理下的小幅上升。可溶性蛋白含量变化与 GS 一致（表 6-5）。随着施氮量的增加可溶性蛋白含量升高，不同处理间的可溶性蛋白降解量以 N60 最大，品种间在各氮素处理下可溶性蛋白的含量 NC89 显著高于豫烟 10 号，中烟 100 居中，降解量以豫烟 10 号最大，NC89 最小。

表 6-4　不同施氮量对烟叶 GS 活性的影响　［mol/（mg·min）］

处理	品种	测定时期				
		打顶前 1d	打顶后 10d	打顶后 20d	打顶后 30d	烘烤前 1d
N60	YY10	153. 48cd	165. 15c	97. 17c	77. 66c	43. 83e
	ZY100	156. 99bc	183. 84b	117. 83b	89. 63b	55. 63c
	NC89	168. 25a	205. 95a	128. 19a	105. 27a	72. 91a
N45	YY10	148. 28e	88. 23f	53. 77f	42. 82fg	55. 82c
	ZY100	149. 82e	100. 50e	84. 20d	48. 09ef	64. 59b
	NC89	160. 54b	111. 44d	96. 22c	62. 58d	71. 54a
N30	YY10	110. 42h	75. 49g	53. 24f	39. 83g	48. 08d
	ZY100	116. 88g	90. 16f	66. 86e	51. 94e	58. 80c
	NC89	127. 38f	95. 63e	70. 05e	45. 75f	55. 80c

表 6-5　不同施氮量对烟叶可溶性蛋白含量的影响　［mg/（g·FW）］

处理	品种	测定时期					降解量
		打顶前 1d	打顶后 10d	打顶后 20d	打顶后 30d	烘烤前 1d	
N60	YY10	8. 63b	9. 71c	7. 85b	6. 78c	4. 27b	5. 44
	ZY100	9. 08ab	10. 29c	9. 16a	7. 95b	6. 82a	3. 47
	NC89	9. 54a	11. 00a	9. 65a	9. 00a	6. 96a	4. 04
N45	YY10	6. 86c	5. 66d	4. 32d	3. 36f	2. 54e	4. 32
	ZY100	6. 95c	6. 38e	5. 01c	4. 57d	3. 42d	3. 53
	NC89	7. 12c	6. 81d	5. 39c	4. 70d	3. 83c	3. 29
N30	YY10	6. 00d	4. 55h	3. 21d	2. 99g	2. 19f	3. 81
	ZY100	6. 07d	4. 96g	4. 76cd	3. 61e	3. 21d	2. 86
	NC89	6. 49cd	5. 33fg	5. 10cd	4. 65d	3. 85c	2. 64

（四）不同施氮量对烟叶 SOD、POD 和 CAT 活性的影响

由表 6-6、表 6-7、表 6-8 可知，活性氧清除系统的关键酶 SOD、POD 和 CAT 活性在烟叶衰老期间均呈先升后降的趋势。其中 SOD 和 POD 均在打顶后 20d 达到最大，CAT 在 N30 和 N45 处理下，在打顶后 10d 达到峰值，在 N60 处理下高峰期推迟到打顶后 20d，随着施氮量的增加三种酶活性均有不同程度的增加，N60 条件下从打顶后 10d

至打顶后 30d 酶活性显著高于 N45 和 N30 处理，而且持续较高的活性。打顶前 1d，品种间在 N30 条件下差异不显著，N60 条件下豫烟 10 号略高于中烟 100 和 NC89，在打顶后 20d 至烘烤前豫烟 10 号均显著低于 NC89，中烟 100 居中。

表 6-6　不同施氮量对烟叶 SOD 活性的影响　［μg/（g·FW·h）］

处理	品种	测定时期				
		打顶前 1d	打顶后 10d	打顶后 20d	打顶后 30d	烘烤前 1d
N60	YY10	0.79a	0.97c	1.47c	0.92b	0.67c
	ZY100	0.64b	1.26b	1.86b	1.26a	0.81b
	NC89	0.71ab	1.35a	1.98a	1.22a	0.92a
N45	YY10	0.72ab	0.90c	1.09e	0.71c	0.53d
	ZY100	0.66b	0.77d	1.35d	0.94b	0.50d
	NC89	0.56cd	0.82d	1.51c	0.97b	0.54d
N30	YY10	0.54d	0.62e	0.93f	0.57d	0.30f
	ZY100	0.62bc	0.65e	1.26d	0.67c	0.38e
	NC89	0.58bc	0.69e	1.50c	0.73c	0.40e

表 6-7　不同施氮量对烟叶 POD 活性的影响　［μg/（min·g·FW）］

处理	品种	测定时期				
		打顶前 1d	打顶后 10d	打顶后 20d	打顶后 30d	烘烤前 1d
N60	YY10	0.64c	1.34ef	2.29d	1.86e	1.56b
	ZY100	0.52d	1.44e	3.30b	2.44c	1.64b
	NC89	0.62c	1.25f	4.28a	3.80a	2.46a
N45	YY10	0.64c	1.98b	2.09e	1.77e	1.24c
	ZY100	0.66c	1.70c	3.04c	2.12d	1.19c
	NC89	0.52d	1.32f	4.12a	3.50b	1.64b
N30	YY10	0.78a	2.26a	2.09e	1.83e	1.54b
	ZY100	0.73b	1.89b	2.19de	2.10d	1.25c
	NC89	0.65c	1.56d	3.25b	2.22d	1.33c

表 6-8　不同施氮量对烟叶 CAT 活性的影响　［μg/（min·g·FW）］

处理	品种	测定时期				
		打顶前 1d	打顶后 10d	打顶后 20d	打顶后 30d	烘烤前 1d
N60	YY10	9.04e	20.56e	32.57c	18.39b	11.96d
	ZY100	7.03f	15.49f	39.42b	25.69a	19.05b
	NC89	8.76e	17.59f	47.88a	25.92a	24.58a

（续表）

处理	品种	测定时期				
		打顶前 1d	打顶后 10d	打顶后 20d	打顶后 30d	烘烤前 1d
N45	YY10	13. 17d	21. 41e	17. 77de	15. 15c	10. 04d
	ZY100	15. 43c	34. 74b	29. 72c	15. 76bc	14. 14c
	NC89	17. 36b	44. 23a	32. 35c	17. 78b	16. 03c
N30	YY10	20. 60a	20. 87e	10. 89e	11. 45d	4. 75e
	ZY100	16. 09c	25. 52d	18. 51de	18. 14b	11. 31d
	NC89	19. 85a	31. 58c	22. 69d	17. 91b	10. 63d

（五）不同施氮量对烟叶 LOX 活性和 MDA 含量的影响

由表 6-9 可知，LOX 活性均在打顶后 20d 达到最大。不同氮素处理下，在打顶前 1d 至打顶后 20d 均以 N30 处理活性最高，打顶后 30d 以 N30 处理最低。品种间在打顶前 1d 中烟 100 最低，打顶后 10d 至打顶后 30d 豫烟 10 号均显著高于其他品种。MDA 含量则不断上升（表 6-10）。同一施氮量处理下，MDA 含量在打顶前 1d N30 处理下品种间差异不显著，N45 和 N60 下豫烟 10 号显著高于 NC89，中烟 100 居中；打顶 10d 至烘烤前均以豫烟 10 号最高。施氮量增加时，MDA 含量显著下降，在烘烤前 1d N30 处理含量是 N60 的近 2 倍，N30 条件下的 MDA 积累量速率显著高于 N60。

表 6-9 不同施氮量对烟叶 LOX 活性的影响 ［OD_{234}/（g · FW · min）］

处理	品种	测定时期				
		打顶前 1d	打顶后 10d	打顶后 20d	打顶后 30d	烘烤前 1d
N60	YY10	5. 10c	11. 54d	16. 81d	16. 13b	8. 53bc
	ZY100	3. 65d	8. 50f	12. 44f	12. 32de	9. 63ab
	NC89	4. 37d	6. 80g	13. 63ef	11. 25e	10. 64a
N45	YY10	6. 73b	13. 14c	23. 64b	18. 25a	5. 81e
	ZY100	5. 17c	9. 96e	17. 08d	15. 14bc	5. 91e
	NC89	5. 44c	9. 59ef	14. 63e	15. 67b	7. 94cd
N30	YY10	9. 10a	18. 43a	25. 20a	14. 50bc	6. 30e
	ZY100	6. 65b	14. 63b	19. 25c	13. 78cd	9. 71ab
	NC89	9. 37a	12. 50cd	17. 59d	9. 48f	6. 94de

表 6-10　不同施氮量对烟叶 MDA 含量的影响　（μmol/g）

处理	品种	测定时期				
		打顶前 1d	打顶后 10d	打顶后 20d	打顶后 30d	烘烤前 1d
N60	YY10	3. 56a	3. 71d	5. 79c	7. 71e	9. 29f
	ZY100	2. 77b	4. 27c	4. 89d	6. 11f	7. 43g
	NC89	2. 19c	3. 54d	4. 56d	5. 85f	7. 36g
N45	YY10	3. 33a	5. 17ab	7. 62b	10. 45c	15. 32b
	ZY100	3. 28a	4. 30c	6. 15c	8. 81d	12. 05d
	NC89	2. 56bc	3. 74d	5. 97c	7. 91e	10. 31e
N30	YY10	3. 65a	5. 53a	8. 18a	12. 99a	17. 91a
	ZY100	3. 55a	5. 18ab	7. 32b	11. 36b	13. 49c
	NC89	3. 54a	4. 80b	7. 50b	10. 18c	12. 40d

（六）不同施氮量对烟叶质体色素降解产物含量的影响

利用 GS/MS 方法从烤后烟叶中分离鉴定出 15 种类胡萝卜素降解产物（表 6-11），质体色素降解产物占中性香气成分的含量在 90%左右，新植二烯含量占 85%左右。叶绿素降解产物新植二烯则均以 N45 处理下含量最高，且转化效率（新植二烯含量/叶绿素降解总量）较高。N30 处理下 NC89 新植二烯含量最高，N45 和 N60 均以豫烟 10 号含量最高。类胡萝卜素降解产物以 β-二氢大马酮、β-大马酮、巨豆三烯酮和法尼基丙酮含量较高，香叶基丙酮、二氢猕猴桃内酯、螺岩兰草酮和 3-羟基-β-二氢大马酮含量较低，其他物质含量极少。不同品种和施氮量处理下，NC89 以 N30 最高，N60 条件下最低。豫烟 10 号和 NC89 在 N45 下最高，但 N60 与 N45 相比，豫烟 10 号有小幅下降，而中烟 100 和 NC89 则大幅下降。类胡萝卜素转化为香气物质的效率（类胡萝卜素降解产物总量/类胡萝卜素降解总量）大都为 9%～10%，N60 与 N45 处理相比，豫烟 10 号和中烟 100 有所升高，而 NC89 则下降。

表 6-11　不同施氮量对烟叶质体色素降解产物含量的影响　（μg/g）

质体色素降解产物	N60			N45			N30		
	YY10	ZY100	NC89	YY10	ZY100	NC89	YY10	ZY100	NC89
氧化异佛尔酮	0. 19	0. 14	0. 10	0. 1	0. 09	0. 12	0. 11	0. 08	0. 11
6-甲基-5-庚烯-2-酮	1. 14	0. 50	0. 29	1. 43	1. 33	1. 29	1. 26	0. 33	0. 45
6-甲基-5-庚烯-2-醇	0. 89	0. 78	0. 41	0. 92	0. 68	0. 94	1. 14	1. 31	0. 56
芳樟醇	0. 52	0. 43	0. 21	1. 13	0. 57	0. 54	0. 72	0. 42	0. 31
β-二氢大马酮	12. 87	9. 11	11. 04	14. 35	10. 93	12. 18	13. 56	10. 78	13. 62

（续表）

质体色素降解产物	N60			N45			N30		
	YY10	ZY100	NC89	YY10	ZY100	NC89	YY10	ZY100	NC89
β-大马酮	15.49	7.80	11.08	24.25	15.81	13.89	16.43	14.99	14.34
香叶基丙酮	2.21	1.68	1.39	4.9	2.48	2.29	2.95	1.91	1.69
二氢猕猴桃内酯	2.97	2.19	1.18	0.39	1.66	0.30	3.85	2.11	1.95
巨豆三烯酮 1	1.88	1.17	0.96	1.53	1.60	1.05	1.79	1.34	1.10
巨豆三烯酮 2	6.53	4.03	3.71	7.83	6.02	3.29	5.36	5.14	4.00
巨豆三烯酮 3	1.48	1.14	0.87	1.69	0.98	1.25	1.32	1.17	0.99
巨豆三烯酮 4	10.75	7.77	5.93	8.78	6.62	6.76	7.82	8.04	6.87
3-羟基-β-二氢大马酮	1.78	1.12	0.37	0.22	0.28	0.90	2.85	0.86	1.02
螺岩兰草酮	2.68	0.98	0.59	0.55	0.96	0.38	2.83	1.07	0.80
法尼基丙酮	11.90	8.86	5.55	11.24	9.26	6.34	10.10	8.26	6.51
类胡萝卜素降解产物总量	73.28	47.71	43.67	79.31	59.27	51.52	72.09	57.82	54.31
类胡萝卜素降解量	0.72	0.51	0.47	0.86	0.67	0.53	0.74	0.66	0.58
类胡萝卜素转化效率（%）	10.13	9.28	9.27	9.27	8.89	9.70	9.68	8.73	9.38
新植二烯	1 001	902.4	805.4	1 050	934.1	882.4	897.5	881.3	916.2
叶绿素降解量	4.66	4.95	5.65	3.97	3.68	3.83	3.41	3.53	3.59
叶绿素转化效率	21.49	18.24	14.25	26.43	25.38	23.05	26.34	24.96	25.49
香气物质总量	1 172	1 026	958.6	1 208	1 050	1 055	1 050	1 036	1 083.
新植二烯/香气总量物质	85.43	87.89	84.02	86.95	88.96	83.59	85.43	85.00	84.56
质体色素降解产物/香气物质总量	91.68	92.54	88.58	93.52	94.60	88.47	92.29	90.57	89.57

三、讨论

质体色素在中部叶的积累高峰在打顶前，打顶之后开始进入降解阶段，烟叶进入衰老期。本研究表明，打顶后烟叶质体色素除 N60 处理积累峰值推迟 10d 外，N45 和 N30 处理均逐渐下降，打顶至采收前，随着烟叶的衰老质体色素降解量逐渐增大。

烟叶衰老时叶绿素和可溶性蛋白含量反映了烟叶营养状况，其降解是叶片衰老的标志。谷氨酰胺合成酶是氮素合成的关健酶，也是调控植物衰老的关键酶。本研究表明，施氮量增加时叶绿素、可溶性蛋白含量和 GS 活性升高且均出现峰值推迟的现象，说明了随着施氮量增大，GS 活性升高，烟叶的氮素合成能力强，使叶绿素和可溶性蛋白含量升高，烟叶衰老减慢。N60 条件下叶绿素总降解量和调制期间降解量均高于 N45 和

N30处理，但叶绿素的转化效率较低，特别是N60条件下烟叶叶绿素含量较高虽然有利于其降解，但不利于叶绿素向新植二烯转化，这也可能是很多相关研究中N60条件下新植二烯含量较低的原因。

不同品种在不同氮素处理下对氮素的响应差异很大。在N30条件下豫烟10号叶绿素含量和降解量较低，衰老速度过快，不利于物质的积累，在N45和N60条件下具有较快的衰老速度；而NC89则在N45、N30条件下衰老速度较快，N60条件下衰老速度大幅下降，造成了烟叶贪青晚熟和烘烤后青烟比例过高。叶片衰老GS活性、叶绿素和可溶性蛋白含量升高时中烟100和NC89类胡萝卜素含量没有持续的升高，说明类胡萝卜素含量存在品种与氮素的互作效应。但类胡萝卜素的降解与叶绿素和可溶性蛋白降解规律一致。品种间的降解规律差异很大，豫烟10号即使在N60条件下类胡萝卜素降解量也显著高于各种施氮处理下中烟100和NC89的降解量，这与N60条件下豫烟10号类胡萝卜素积累量增大且衰老速度相对较快有关。

本研究表明，N60 SOD、POD和CAT的活性的峰值显著增加，而且在衰老期均大于N45处理，N30处理最低。LOX活性则与SOD、POD和CAT的活性规律变化相反，因此N30处理与N60处理相比，自由基的清除能力弱，导致膜的损伤和破坏增加，脂氧合酶活性高，膜脂过氧化产物丙二醛（MDA）的积累量大，叶绿素降解，衰老加快。中烟100在衰老期间叶绿素降解量较大，但可溶性蛋白降解量小，可能正是与其活性氧清除能力强有关，其膜脂过氧化程度显著低于豫烟10号，衰老程度减慢。本研究表明，类胡萝卜素降解量增大时香气物质含量大幅增加，但氮素过多会引起烟叶衰老减慢，质体色素降解受阻，特别是类胡萝卜素的最大积累量和降解量均减少，因此，提高烟叶衰老程度对质体色素降解和降解产物的积累至关重要。

通过施氮量增加烟叶的产量是生产中的常用做法，但要想提高烟叶质体色素降解产物的含量应根据品种对氮素的响应和自身的衰老特性来决定，盲目增施氮肥不但使烟叶衰老减慢，出现贪青晚熟，还会大幅影响质体色素的降解和转化，使烤后烟叶品质下降。

四、结论

烟叶的衰老速度和衰老程度与质体色素的降解及其香气产物的形成密切相关。质体色素在成熟期间的降解量远大于调制期间，施氮量增大时叶绿素含量显著提高，但类胡萝卜素含量品种间表现不一致，在N45或N60条件下达到最大。适当增施氮肥可以增加质体色素转化效率和香气物质含量。衰老速度快的品种叶绿素和可溶性蛋白在同一施氮处理下积累量较小且降解量较大，同时SOD、POD、CAT活性低，LOX活性高和MDA积累量大，质体色素降解量大，香气物质含量高。因此烟叶衰老期是质体色素降解和香气物质形成的关键时期，烟叶对氮素的相应不同而表现出衰老特性的差异，根据烟叶的衰老特性选择合适的施氮量有助于同时提高烟叶的产量和香气品质。

第二节　饼肥对烤烟叶片发育过程中质体色素代谢的影响

烟叶中叶绿素、类胡萝卜素及其降解物是烟叶重要的致香物质，叶绿素、类胡萝卜素及其降解物种类和含量直接决定着烟叶的品质，因此，对色素及相关因素的研究在国内外一直是一个热点。有关烟草色素方面有大量报道，烟草中色素的总量和组成随其品种、类型、生长阶段、加工处理方法的不同而不同。由于长期单一施用化肥，土壤有机质含量下降，我国烟叶呈现“营养比例失调，油分少，香气量不足”现象。使用饼肥能改善烟叶品质，增加烟叶香气，改善吃味，有利于糖分和芳香物的积累，从而赋予烟叶优良的品质。韩锦峰等研究表明，50%芝麻饼与化肥配施促进了烤烟品质。相关研究多集中在饼肥对烤烟生理过程及产质的影响，而饼肥对烤烟叶片发育过程中色素代谢，叶绿素酶、脂氧合酶活性及其相互关系的影响研究国内外未见报道，本节就此进行了研究，意在为我国高香气烤烟生产提供理论依据。

一、材料与方法

（一）试验材料

试验于2004年度在河南农业大学科教示范园区（郑州毛庄）网室内进行，供试品种为K326。用高40cm、盆口直径40cm、盆底直径35cm的素烧陶盆。试验前，先在网室内起垄，按100cm×45cm行、株距，将陶盆置于垄上。

试验设2个处理，CK为无机肥处理，每盆施纯N 2.5g，各处理（NH_4^+-N）：（NO_3^--N）按1：3，N：P_2O_5：K_2O=1：2：2.5；饼肥处理为氮肥按化肥+50%饼肥（腐熟的芝麻饼肥）配施，饼肥按纯N 4%×70%计算，其他同无机肥处理。

每盆装土20kg，装盆前土经过风干，并过0.5mm×1mm网筛。供试土壤pH值7.8，含有效氮50.5mg/kg、有效磷10.1mg/kg、速效钾105mg/kg。按试验设计，将土壤与肥料混合均匀后装盆，其中饼肥混匀前已经过充分腐熟、风干，并过3mm网筛，重过磷酸钙经研磨过3mm网筛。装盆时每盆埋插塑料管供浇水用。

5月17日移栽烟苗，移栽后定量浇水，保持每盆含水量基本一致，每处理50盆，共100盆。田间管理如常规。

（二）测定项目

对烤烟中部叶片（从下往上数第11片）分别于15d、30d、40d、45d、50d、55d（叶片发生1cm时开始计算）取样，每处理重复3次。分别测定叶绿素含量、叶绿素酶活性、脂氧合酶活性、类胡萝卜素总量、叶黄质、新黄质、紫黄质、β-胡萝卜素。

（三）测定方法

1. 叶绿素和总类胡萝卜素含量测定

采用分光光度计法。

2. 叶绿素酶活性测定

参照郁志芳等方法。

3. 脂氧合酶（LOX）活性测定

参照 Seklya 的方法提取粗酶液后，10 397×g（4℃）离心 15min，上清液用于 LOX 活性测定。取酶液 0. 3ml，加 0. 7ml 底物，摇匀、置 30℃下保温 5min，加 2. 0ml 无水乙醇，摇匀加 3. 0ml 60%乙醇，摇匀吸取 1. 0ml，用 60%乙醇稀释至 10. 0ml，在 234nm 比色。取 0. 3ml 酶液装入试管，在 70～80℃水浴中加热 10min，然后取出加 0. 7ml 底物在 30℃保温 5min，加 2. 0ml 无水乙醇摇匀，再加 3. 0ml 60%乙醇，摇匀吸取 1. 0ml，稀释至 10. 0ml，作对照。

4. 类胡萝卜素类色素含量测定

β-胡萝卜素、新黄质、紫黄质、叶黄质采用反相高效液相色谱法。液相色谱仪系统包括 Waters 515 泵，Waters 2487 紫外可见光分光光度检测器，Empower 色谱工作站，Rheodyne7725i 型手动进样阀，甲醇为 Sigma 公司生产，异丙醇为 J. T. Baker 公司生产；叶黄素、紫黄质、新黄质植物色素标准物由日本 WAKO 公司生产，β-胡萝卜素、β-阿朴-8′-胡萝卜醛购于 Sigma 公司。称取新鲜烟叶样品 5 g，擦净表面污物，剪碎（去掉中脉），混匀，放入研钵，加少量石英砂和 5ml 90%丙酮（内含 0. 1%BHT）研磨成浆，再加丙酮 10ml，继续研磨至组织变白，然后倒入 100ml 三角瓶，用 45ml 90%丙酮（内含 0. 1%BHT）分 3 次冲洗研钵后倒入三角瓶中，摇床振荡萃取 30min，过滤，滤渣再用 10ml 90%丙酮（内含 0. 1%BHT）洗涤 2～3 次，至滤渣为白色，合并滤液，定容 100ml，取其中 6ml 到离心管，加入 0. 1g 醋酸铅，10 397×g 4℃低温离心 5min，用 0. 4μm 针头过滤器过滤。计量单位为 μg/g。整个测定在黑暗条件下进行。

二、结果与分析

（一）饼肥对烤烟叶片发育过程中叶绿素含量的影响

烤烟发育过程中叶绿素含量随生育期的推进而逐渐下降，发育前中期下降较快，发育后期其代谢趋于平衡，下降缓慢（图 6-1）。饼肥处理的叶片发育前期叶绿素含量高于无机肥处理，叶绿素 a 为 3. 42mg/g，叶绿素 b 为 0. 96mg/g，分别是无机氮肥处理的 142. 83%、161. 56%；而饼肥处理叶片发育末期仍高于无机肥处理，叶绿素 a 为 0. 522mg/g，叶绿素 b 为 0. 198mg/g，分别是无机肥处理的 208. 65%和 313. 91%。饼肥处理叶绿素含量较高是其在整个生育期光合产物积累较多的原因之一。

（二）饼肥对烤烟叶片发育过程中叶绿素 a/b 的影响

叶绿素 a/b 的比值能反映 Chl 合成和转化的平衡关系。无机肥处理在烤烟叶片发育过程中比例保持基本恒定，而饼肥处理促进叶绿素 a 的代谢（图 6-2）。饼肥条件下，30d 时（发育前期）促进了叶绿素 a 的积累，为无机肥处理的 113. 5%；50d、55d 时（发育后期）则促进了叶绿素 a 的代谢，其中 50d 时无机氮肥处理的 Chl a/b 为 3. 36，是饼肥处理的 2. 11 倍，55d 时无机氮肥处理的 Chl a/b 为 3. 97，是饼肥处

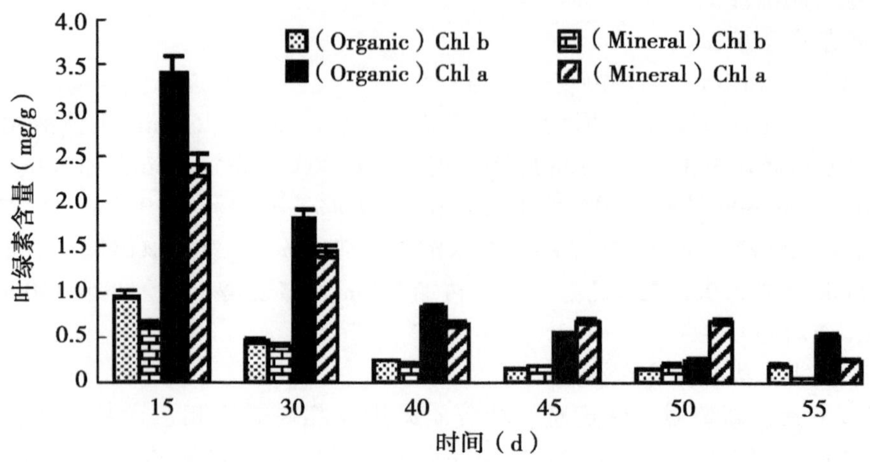

图 6-1　饼肥对烤烟叶片叶绿素含量的影响

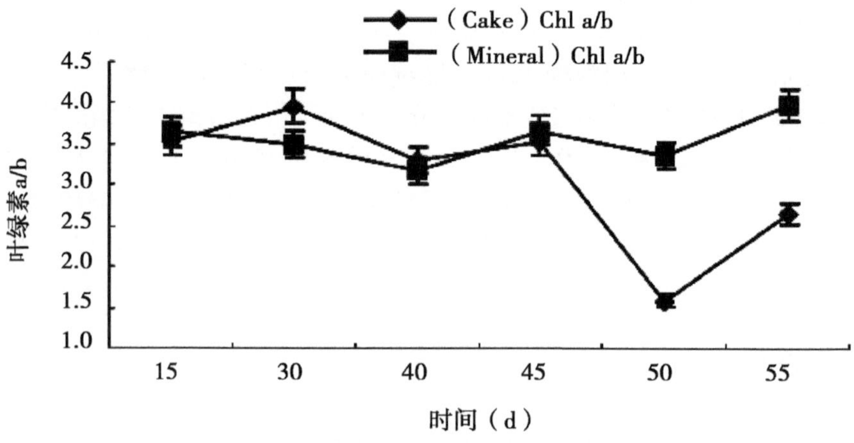

图 6-2　饼肥对烤烟叶片叶绿素 a/叶绿素 b 的影响

理的 1. 5 倍。

（三）饼肥对烤烟叶片发育过程中叶绿素酶活性的影响

叶绿素酶（EC 3. 1. 1. 14）是人类最早鉴定的植物酶之一。自 1912 年 Arthur Stoll 报道叶绿素酶后，在高等植物叶片及藻类中叶绿素酶及叶绿素酶与叶绿素降解之间关系得以广泛研究。烤烟发育过程中叶绿素酶活性变化具有明显的倒“V”形特征，饼肥处理的叶绿素酶活性在整个生育期明显高于无机肥处理（图 6-3）。其中饼肥处理，15d 时为 0. 17，是无机氮肥处理的约 2. 3 倍；30d 时略有下降，为 0. 105，仍为无机肥处理的 2. 3 倍；30~40d 两处理叶绿素酶活性均快速升高，无机肥处理增速快于饼肥处理，40d 时两者基本相同；40~45d 两处理均以相同速度快速下降；发育后期饼肥处理叶绿素酶活性略高于无机肥处理。

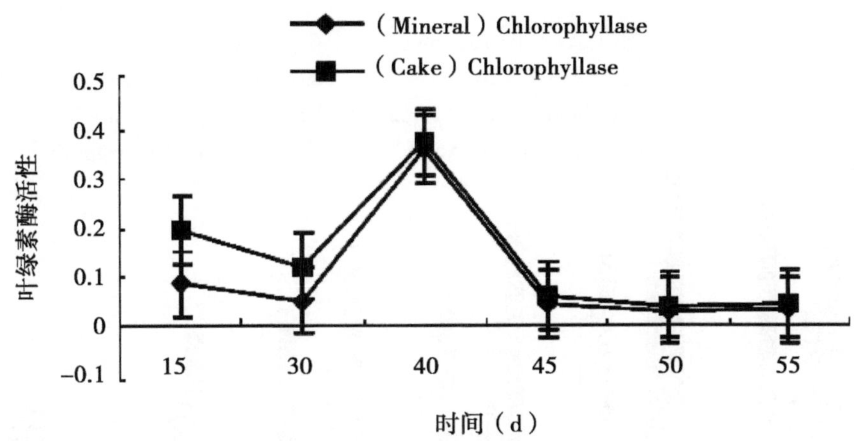

图 6-3 饼肥对烤烟叶片叶绿素酶活性的影响

（四）饼肥对烤烟叶片发育过程中总类胡萝卜素代谢的影响

由图 6-4 可知，烤烟叶片发育过程中总类胡萝卜素代谢趋势是随叶片的生长衰老而逐渐分解，饼肥对叶片总类胡萝卜素有促进作用。烤烟发育过程中饼肥处理的类胡萝卜素高于无机肥处理，30d 时为 0. 4812mg/g，而同期无机肥处理含量仅为 0. 37mg/g，为饼肥处理的 75%左右；生育中后期其含量与无机肥处理有所交错，生育末期饼肥处理仍高于无机肥处理，为无机肥处理的 140%。

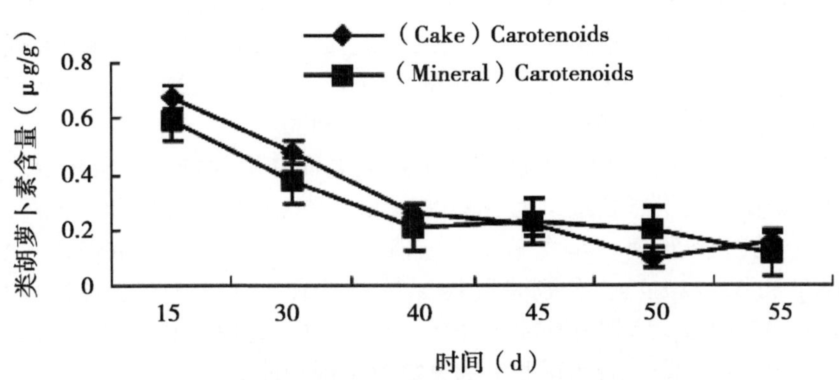

图 6-4 饼肥对烤烟叶片总类胡萝卜素代谢的影响

（五）饼肥对烤烟叶片发育过程中重要类胡萝卜素组分代谢的影响

重要类胡萝卜素组分中 β-胡萝卜素含量最高，叶黄质次之，新黄质、紫黄质最少（图 6-5）。烤烟发育过程中新黄质随着生育时期的推进而代谢加剧，其中饼肥处理 15d 时含量最高，达 61. 66μg/g，为同期无机肥处理的近 2 倍；15~40d 仍为无机肥处理的 2 倍多；40~45d 降解较快，45d 时其含量为 20. 66μg/g，低于无机肥处理的 26. 8μg/g；至发育末期远远低于无机肥处理的 13. 22μg/g，为 9. 22μg/g。新黄质代谢变化表明，饼肥对其前中期起促进积累作用，中后期起促进分解作用，相关生理机制尚需进一步研究。

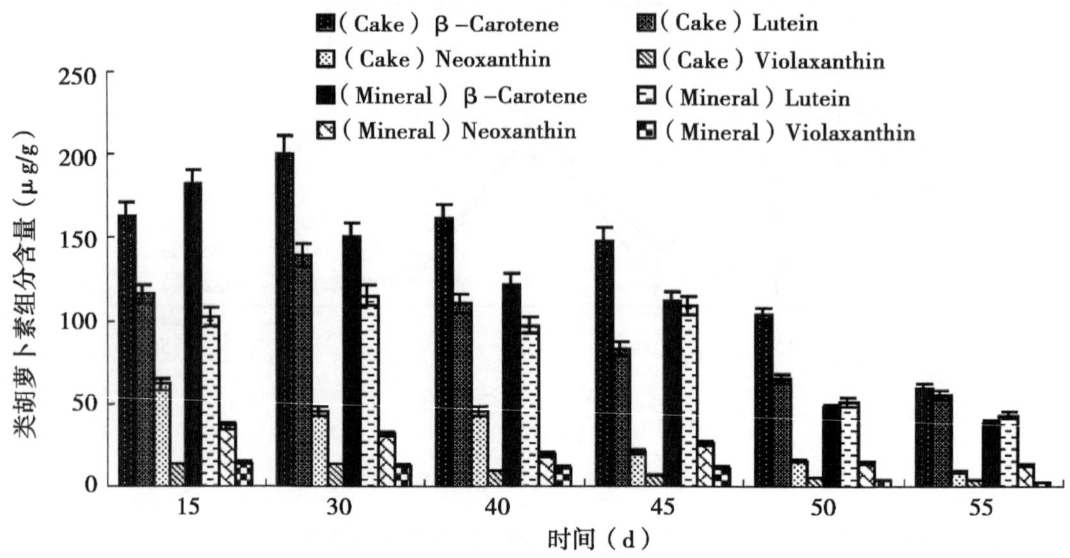

图 6-5　饼肥对烤烟叶片重要类胡萝卜素组分代谢的影响

与新黄质代谢不同，烤烟叶片发育过程中叶黄质含量除 45d 时饼肥处理为 80. 44μg/g，显著低于无机肥处理的 109. 66μg/g 外，其他时期均高于无机肥处理；其中 2 处理均于发育 30d 时积累达最高值，分别为 139. 5μg/g、115. 12μg/g；发育末期饼肥处理含量 55. 22μg/g，高于无机肥处理的 43. 18μg/g。

烤烟叶片发育过程中紫黄质代谢呈降解趋势，两处理大致相同。烤烟发育前期饼肥促进紫黄质合成，30d 时含量为 14. 08μg/g，达其全期最大值，无机肥处理 15d 即达最大值 14. 14μg/g；30~45d 期间饼肥处理的代谢快于无机肥处理，45~55d 代谢又慢于无机肥处理；烤烟发育末期两处理紫黄质含量基本相同。

从代谢方面看，β-胡萝卜素随叶片生长衰老而降解加剧，含量减少。其中饼肥处理 15d 时含量低于无机肥处理，为 163. 06μg/g，是无机肥处理的 89. 71%；而发育中后期显著高于无机肥处理，其含量分别达到 200. 64μg/g、161. 46μg/g、148. 44μg/g、102. 59μg/g 和 59. 22μg/g，分别是同期无机肥处理的 133. 21%、132. 24%、132. 1%、215. 57%和 152. 94%；烤烟发育前期（15~30d）饼肥处理的 β-胡萝卜素含量递增，同期无机肥处理含量下降，表明饼肥有部分缓效生理功能。

图 6-5 表明，饼肥调整了发育末期类胡萝卜素类物质组分比例构成，发育末期β-胡萝卜素在饼肥处理中占总类胡萝卜素的 38. 5%，同期无机肥处理为 39. 25%；发育末期饼肥处理的叶黄素中叶黄质、新黄质、紫黄质组分分别占叶黄素的 80. 1%、13. 5%、6. 4%，而无机肥处理中各组分为 72. 5%、22. 2%、5. 3%。类胡萝卜素类物质各组分比例的变化可能是饼肥条件下香气质、香气量变化的重要生理生化基础。

（六）饼肥对烤烟叶片发育过程中 LOX 活性的影响

LOX 是一种含非血红素铁的蛋白质，它专一催化含有顺，顺-1，4-戊二烯结构的多元不饱和脂肪酸加氧反应，生成具有共轭双键的过氧化氢物。

LOX 活性在烤烟发育过程中随生育时期的不同有较大变化（图 6-6），一般情况下随叶片发育时期推进而快速上升，尚熟期达顶峰，然后随叶片衰老而下降。无机肥处理的 LOX 活性在烤烟发育前期（15~30d）高于饼肥处理，分别为 1.465μmol O_2/（g·FW·min）和 2.0μmol O_2/（g·FW·min），是饼肥处理的 148.6%和 107.1%。发育其他时期饼肥处理的 LOX 活性均高于无机肥处理，为 8.8μmol O_2/（g·FW·min）、14.2μmol O_2/（g·FW·min）、3.67μmol O_2/（g·FW·min）和 1.87μmol O_2/（g·FW·min），分别是无机肥处理的 122.2%、110.9%、119.6%、233.3%。

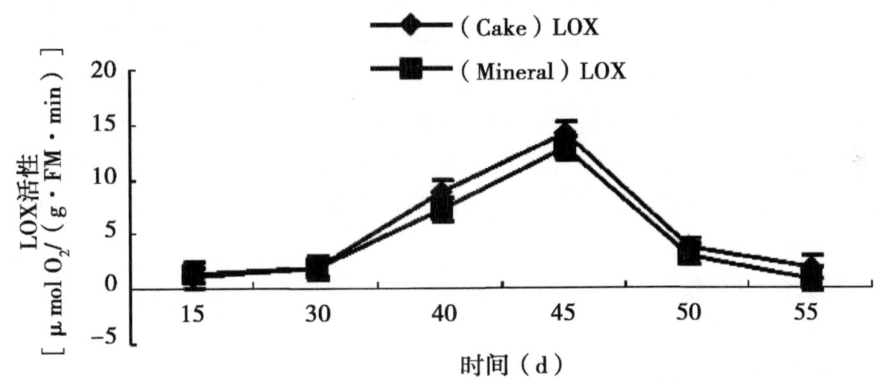

图 6-6 饼肥对烤烟叶片 LOX 活性变化的影响

三、讨论

质体色素（叶绿素和类胡萝卜素）是影响烟叶品质和可用性的主要成分之一，它不仅决定了调制后烟叶的色泽，而且其相关降解产物与烟叶的香气质和香气量密切相关。因此，烤烟生长成熟期和调制后质体色素的含量变化，将直接影响到烟叶制品的香气风格和工业可用性。国内外研究均表明，烟叶质体色素的降解产物是所测定的挥发性香气物质中含量最高的成分，它们占中性挥发性物质总量的 85%~96%。因此，深入研究烟叶中质体色素的形成、转化和降解规律，阐明其降解产物与烤烟香气风格的形成，以及与遗传、生态、栽培、调制等过程的关系，对通过生物和农艺措施提高烟叶香气质和香气量具有重要意义。

沈宏等研究饼肥与尿素配施对烤烟生物性状及某些生理指标的影响，综合来看，烤烟叶面积指数以饼肥+尿素处理最优。周应兵等研究当饼肥用量增加时，中部叶的钾离子、烟碱、总糖、还原糖、氯离子的含量均有所增加；上部叶的钾离子、总糖和还原糖的含量也随饼肥用量的增加而升高，但其烟碱和总氮含量降低；下部叶钾离子含量随饼肥用量的增加而明显升高，但其氯离子含量明显降低，对其他成分的影响不大。韩锦峰等研究认为，饼肥协调了烟田土壤 C/N 值，从而有利于烟叶香吃味的提高。本试验初步表明，β-胡萝卜素、叶黄质含量较多可能是饼肥条件下香气量较多的前提，烤烟发育后期 LOX、叶绿素酶活性较高可能是饼肥条件下河南烤烟品质较高的生理基础。

第三节　不同光照度对烟叶质体色素代谢的影响

光是影响植物生长的重要因子之一，它不仅影响植物的光合作用，还以环境信号的形式作用于植物，通过光敏色素等作用途径调节植物生长发育和形态建成，使植物更好地适应外界环境。烟草是 C_3 植物，为喜光作物，只有在光照充足的条件下才有利于提高其产量和品质，烟草产量和品质的形成依赖于光合作用产生的有机物，烟叶质体色素的降解产物在挥发性香气物质中含量最高，占所测挥发性香气物质总量的 85%～96%，其中以新植二烯、类胡萝卜素降解产物对烤烟香型和香气质量的影响最大。光照是植物进行光合作用的基本条件，而质体色素又是光合作用进行的重要载体，光照度对质体色素代谢有着十分重要的影响，提高产量和品质的根本途径是改善烟草的光合性能。

一、材料与方法

（一）试验材料与设计

试验于 2015 年在洛阳市汝阳县进行。参试烤烟品种为豫烟 10 号、中烟 100 和 NC89。

参试烤烟品种为豫烟 10 号、Y8190、豫烟 11 号、NC89、云烟 87，通过设置黑色遮阴网覆盖，使其相对全光照光照度约为 50%、100%。5 月 13 日选取生长一致的壮苗移栽，采用随机区组设计，每个处理 3 次重复，共 30 个小区，每小区植烟 50 株，株行距为 50cm×110cm，按照大田优质烟叶生产管理方法进行管理。每个品种各选取整齐一致的单株，以第 11 片叶为试验对象，在叶龄 40d、50d、60d、70d、80d 取样 1 次，一部分用于测定质体色素的含量，同时测定脂氧合酶活性的变化，另一部分用液氮冷冻处理，于 -80℃冰箱中保存，用于测定 CCD 表达量测定、活性，各项指标测定重复 3 次。调制后的烟叶在 45℃下烘干、碾碎过 60 目筛后用于质体色素含量和质体色素降解产物的测定。

（二）测定项目与方法

质体色素用分光光度法测定。脂氧合酶活性参照 Seklya 和韦凤杰的方法进行提取和测定。中性致香物质测定参照史宏志的方法，用采用 HP 5890-5972 气质连用仪测定。

（三）数据处理

采用 Microsoft Excel 2007 软件进行数据处理与作图，SPSS 19. 0 进行统计学分析。

二、结果与分析

（一）不同光照度对烤烟成熟过程中叶绿素含量的影响

叶绿素作为绿色植物吸收光能和进行光能转化的主要物质，是烟草生长过程中烟叶进行碳氮代谢和物质形成的基础。由图 6-7 可知，遮光处理对烤烟叶片生长过程中叶绿素含量的变化规律影响较小，均是随着成熟过程叶片衰老，叶绿素发生分解，

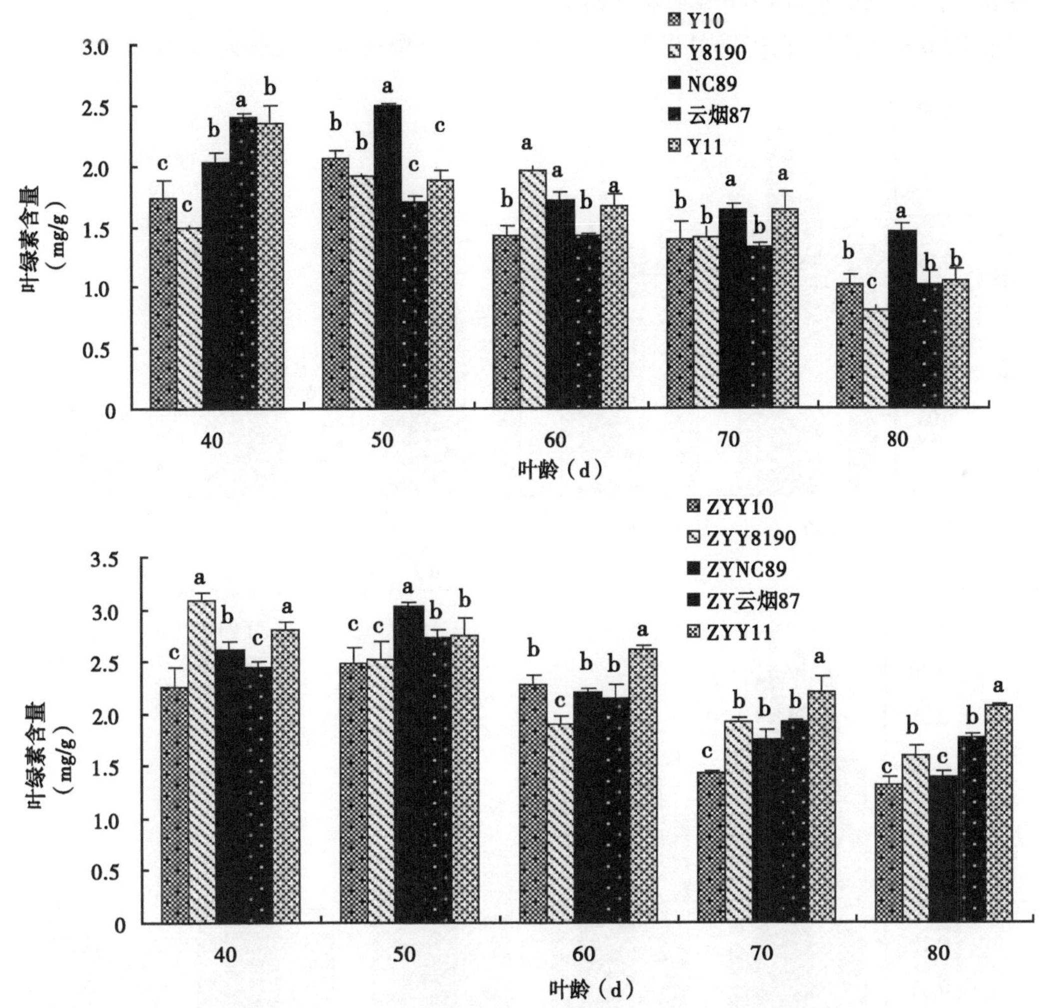

图 6-7　不同光照度烤烟成熟过程中叶绿素含量变化

两个处理的叶片叶绿素都下降，呈现逐渐降低的趋势，且前期分解较慢，中后期较快，遮阴处理叶片由于光饥饿，叶片开始增加叶绿素合成代谢以满足光合作用的需要，叶绿素含量开始上升，所以在叶龄 40d 时遮阴处理各品种烤烟叶绿素含量明显高于自然光照处理，NC89 叶绿素积累峰值增加率最大，为 20.60%，豫烟 10 号叶绿素增加率最小，为 9.60%，且自然光下叶绿素的下降幅度大于遮光处理，所以整个生育期遮光处理的叶绿素含量均高于自然光处理，有研究表明，遮光后到达冠层的光照主要为散射光，含蓝紫光比例较高，叶片叶绿素含量相对提高，利于吸收更多的蓝紫光。

（二）不同光照度对烤烟成熟过程中类胡萝卜素含量的影响

类胡萝卜素在光合作用中起着重要作用，它们是光合作用中光传导途径和光反应中心的重要结构成分，胡萝卜素和叶黄素是聚光色素，能将大量光能吸收、聚集并转移到

作用中心色素分子上引起光化学反应，担当叶绿体光台天线的辅助色素，帮助叶绿体吸收光能，并且它们在高温、强光下能通过叶黄素循环，以非辐射的方式耗散光系统Ⅱ（PSⅡ）的过剩能量保护叶绿素免受破坏。

由图 6-8 可知，在中部叶叶龄 40d 后，各基因型烤烟弱光胁迫刺激类胡萝卜素合

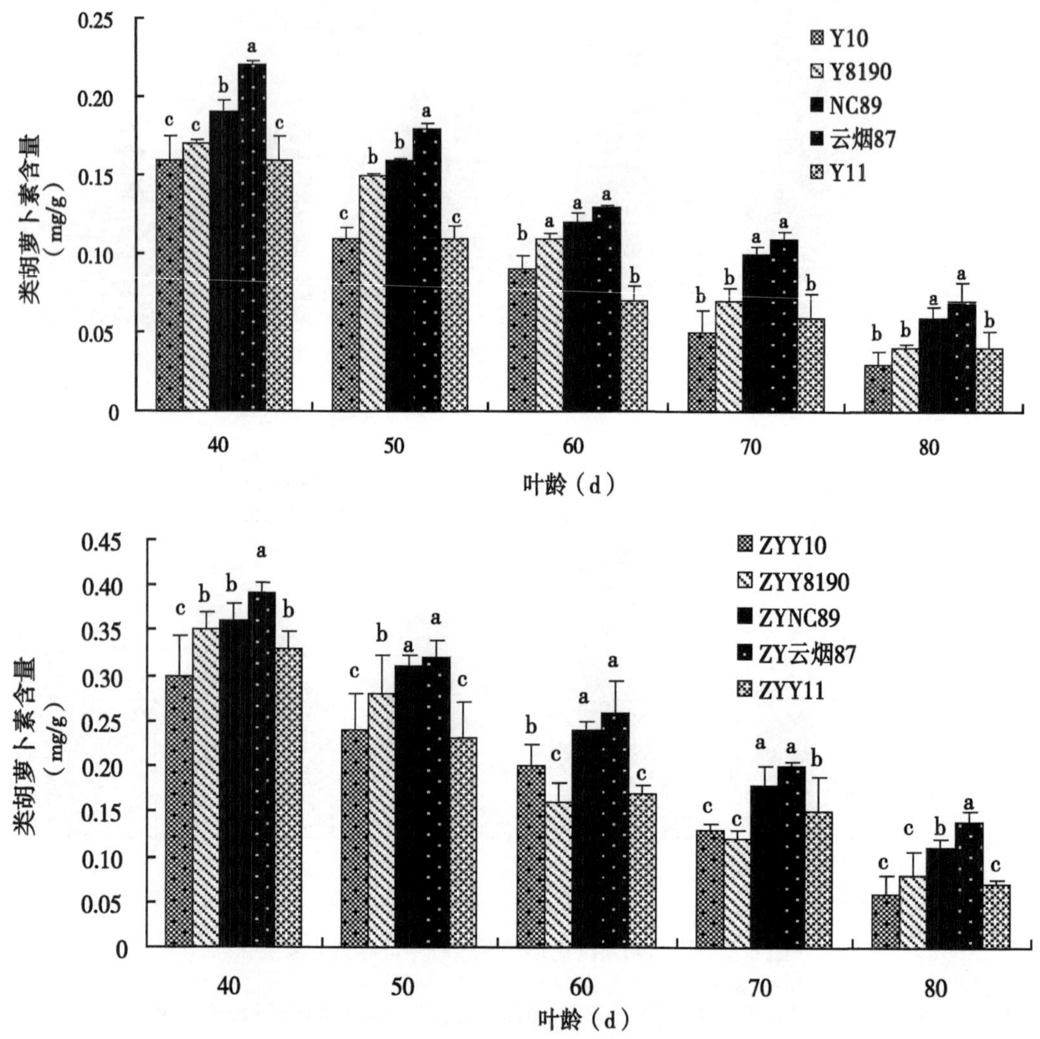

图 6-8　遮阴处理不同基因型烤烟成熟过程中类胡萝卜素含量变化

成代谢的速率低于自身衰老的降解速率，类胡萝卜素降解速度大于合成速率，因而自然光和 50%光照条件两个处理的烤烟叶片类胡萝卜素含量均随叶片的成熟表现为持续下降，不同基因型间两个处理类胡萝卜素积累量均为云烟 87 最大，且整个成熟过程中类胡萝卜素含量均随光照度的下降而增加，说明烤烟在低光照度下能吸收相对较多的日光能，以提高光合效能，这是对不同弱光环境的一种生理响应和适应，另外也可说明，弱光下生长烤烟叶片成熟不落黄，对烤烟中部叶类胡萝卜素合成积累比较有利，延长了烟株的生育期。

（三）不同光照度对烤烟成熟过程中脂氧合酶活性的影响

由图 6-9 可知，自然光下烤烟叶片中脂氧合酶活性在叶片成熟前期和后期下降，

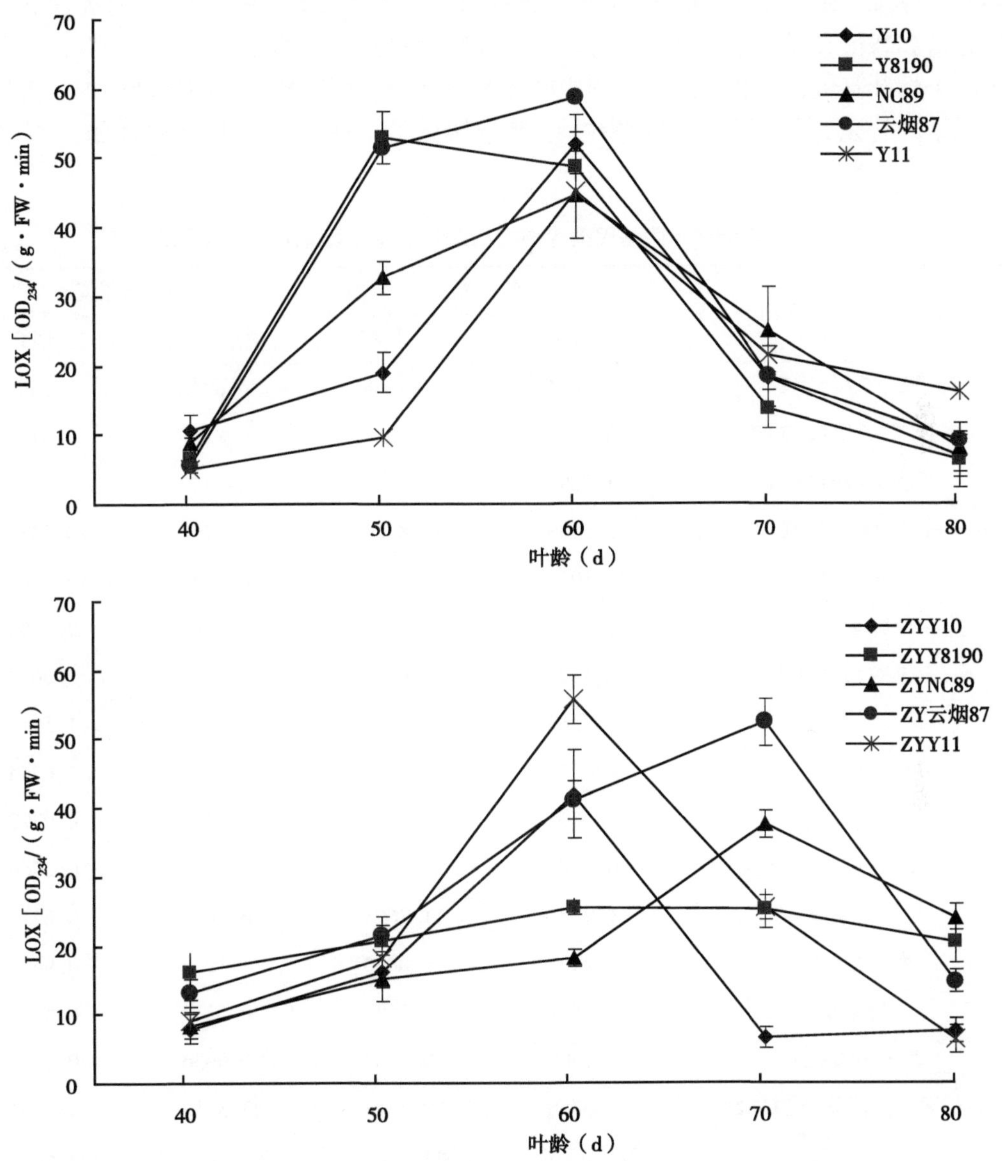

图 6-9　遮阴处理不同基因型烤烟成熟过程中脂氧合酶活性变化

中期上升。不同基因型间在叶龄 40d 时 Y8190 和豫烟 11 号弱光处理的脂氧合酶活性略高于对照，此后其酶活性上升速度低于自然光处理，自叶龄 20d 以后至叶片成熟，除 NC89 和 Y8190 外，其酶活性显著低于对照。

（四）不同光照度对烤后烟叶质体色素降解产物的影响

在成品烟叶中叶绿素是一种不利成分，如果在调制过程中其降解不充分就会形成青烟，给卷烟抽吸带来青杂气。有研究认为，烤后烟叶中类胡萝卜素含量与烟叶品质呈正

比，因为类胡萝卜素可以在醇化过程中进一步降解，产生更多的致香物质；也有研究认为两者呈反比，原因是类胡萝卜素在调制过程中未得到充分降解，则烤后卷烟中香味不能够充分体现。由表 6-12 可知，50%遮光条件下，豫烟 10 号和云烟 87 的挥发性香气物质总量和新植二烯含量均降低，且新植二烯降为自然光下的 87.7%，90.5%，遮阴处理不利于烟叶落黄，不利于成熟过程中叶绿素的降解，所以虽然遮阴处理增加了鲜烟叶中叶绿素的含量，但其成熟过程中叶绿素降解量低，使得烤后烟叶中新植二烯含量降低。

表 6-12　遮阴处理不同基因型烤烟烤后烟叶质体色素降解产物含量的分析　(μg/g)

质体色素降解产物	自然光		50%光照度	
	豫烟 10 号	云烟 87	豫烟 10 号	云烟 87
6-甲基-5 庚烯-2 酮	0.7864	1.1068	0.6856	1.3344
6-甲基-5 庚烯-2 醇	0.8952	1.0304	0.8225	0.6755
法尼基丙酮	13.6091	11.1216	12.5442	9.261
β-二氢大马酮	13.5038	12.8884	8.1766	10.9331
β-大马酮	21.1023	16.7042	16.0453	15.8065
香叶基丙酮	1.7826	2.7371	3.2408	2.4758
二氢猕猴桃内酯	2.1721	3.4354	2.671	1.6624
巨豆三烯酮 1	2.0383	1.921	1.652	1.5953
巨豆三烯酮 2	8.4841	6.8655	7.6025	6.0244
巨豆三烯酮 3	1.8665	2.7812	1.3268	0.9792
3-羟基-β-二氢大马酮	0.9899	0.8559	0.3466	0.2766
巨豆三烯酮 4	11.962	11.2693	6.9623	6.62
螺岩兰草酮	1.2207	6.0886	1.1519	0.9604
芳樟醇	0.5621	0.7491	0.5239	0.5666
氧化异佛尔酮	0.1005	0.1069	0.0936	0.0879
类胡萝卜素降解产物总量	81.0756	79.6614	63.8456	59.2591
新植二烯	1077	844.15	945.08	764.65
挥发性香气物质总量	1228.086	993.3613	1038.69	890.0778

本研究结果表明，光照度对烤烟类胡萝卜素及其降解产物的含量有明显影响，遮阴处理增加了鲜烟叶中类胡萝卜素的含量，但是，自然光下烤后烟的类胡萝卜素降解产物类特别是 β-大马酮、巨豆三烯酮含量明显高于遮阴处理，与遮阴相比较，豫烟 10 号和云烟 97 自然光下烤后烟叶类胡萝卜素降解产物含量提高了 28.5%和 33.8%。这可能是遮阴处理有利于类胡萝卜素的积累，但不利于类胡萝卜素的降解。

三、讨论

叶绿素包括叶绿素 a 和叶绿素 b，是一类含镁的卟啉衍生物，在烤烟成熟或醇化过程中降解形成一种重要的萜烯类化合物新植二烯，叶绿素作为光合作用中的聚光色素和作用中心色素，在光合作用原初反应中起到光能的“捕捉器”和“转换器”的重要作用，因此，光照度的强弱也影响到叶绿素的代谢，以便烟株适应不同的光照度生长环境。

本试验结果表明，遮光处理下的叶绿素尤其是叶绿素 a 含量在烤烟的成熟中后期均略高于自然光，这可能与弱光下叶片需要更多的叶绿素来采集光照从而完成光合作用，提供正常生长所需的物质和能量，随着处理时间延长基本上呈现叶绿素 a/b 逐渐变大的趋势，这表明减弱光强叶绿素 a 含量增幅比叶绿素 b 大，这符合烤烟生长的生理，因为这有利于加大叶绿素吸收光能转化为化学能的能力。弱化烤烟旺长期和成熟期的光照，能够使叶绿素含量上升，延迟烤烟的成熟。弱光下叶绿素的降解量有所降低，类胡萝卜素的降解量有所升高。弱光胁迫对烤烟叶片类胡萝卜素次生代谢具有显著的影响，能极大地促进烤烟叶片类胡萝卜素的合成，虽然成熟期减弱光照强度促进了类胡萝卜素的合成代谢，但是也造成了叶绿素的积累，以及叶片的徒长，延缓了叶片的成熟时间。

遮阴处理有利于生育期间叶绿素及类胡萝卜素的大量积累，但如何能在成熟及调制过程中大量降解，及能否在醇化过程中充分降解为香气物质有待进一步研究。若要进一步研究光照度对质体色素家族中各色素的增长及转变机制的影响，可以尝试通过高效液相色谱法测定各色素的绝对含量，或者从分子角度结合光系统各色素位点进行阐述。

四、结论

综合分析表明，遮阴处理的烟叶中叶绿素、类胡萝卜素含量均高于 100% 自然光照，遮阴处理有利于各部位叶绿素、类胡萝卜素含量的积累，但新植二烯及类胡萝卜素降解产物总含量均低于 100% 自然光照处理。不同生态地区的光照条件有很大的差异，在优质烟叶生产开发过程中，需要选择光照充足、光照度不宜过低的地区，同时在大田生产中不宜选择容易被高山高树遮阴的地块进行烟叶生产，以确保烤烟在生长过程中能够获取充足的光照资源，促进烤烟品质的形成。

第四节　土壤质地对豫中烤烟叶片质体色素含量的影响

土壤质地是土壤重要的物理性状之一，直接或间接地影响土壤水、肥、气、热状况，从而影响烟草的生长动态、产量和品质的形成。李志等认为，皖南沙壤土是生产焦甜香烟叶的典型土壤，其特有的理化性状有利于烟叶前中期旺盛生长，制造和积累充足的光合产物和香气前体物质，同时又可保证成熟期物质及时充分降解和转化。同时沙壤土烟叶在烟株外观上也表现为生长快，生长量大，营养体大，开片良好，叶片内含物充实。

新鲜烟叶质体色素中的类胡萝卜素类色素主要有叶黄素、新黄质、紫黄质和β-胡萝卜素。叶黄素和胡萝卜素被叶绿素掩盖而显绿色，在烟叶调制过程中，叶绿素降解速度远大于类胡萝卜素，由此引起烟叶组织内色素比例的变化，即类胡萝卜素占色素总量的平均比例由调制前的38%增加到烘烤后的76%，从而使烟叶在外观上呈现黄色。胡萝卜素类色素类物质的降解是双键断裂的部位不同产生很多致香物质，如大马酮、紫罗兰酮、二氢弥猴桃内酯、柠檬醛等对烟叶香味有十分重要的作用，类胡萝卜素降解产生的香味物质阈值相对较低、刺激性较小，香气质较好，对烟叶香气贡献率大，是影响烟叶香气质和量的重要组分。Weeks（1985）发现，在烟叶质量提高同时，类胡萝卜素类降解物含量明显增加。同时叶黄素和胡萝卜素也是成品烟中能够检测到的最主要色素。王树声对烟叶叶绿素含量与评吸结果关系的研究显示，烤后烟叶中叶绿素含量过高对烟叶品质不利。李雪震等认为烤后烟叶中类胡萝卜素的含量有一个适量范围，以干叶中0.3~0.4mg/g为宜，叶绿素含量在0.08mg/g以下的烟质较好。最新研究认为质体色素及其降解产物与烟草内各化学成分的协调性才是烟草品质的根本，如杨虹琦等比较了不同产区烤烟中主要潜香型物质对评吸质量的影响，得出当烤烟中新植二烯和类胡萝卜素降解物各组分之间的含量协调平衡时，烤烟在抽吸时具有较高的香气质和香气量得分。近年来人们对烟叶香气物质的研究较多集中在有关烟叶香气成分的分离鉴定、生理生化代谢、遗传育种及其与生态条件和栽培条件有关的研究，但土壤质地与香气物质关系的研究则少有报道，尤其是土壤质地与致香成分的前体物的关系。河南豫中是我国传统烟草种植区，所产烟叶具有浓香型风格特色，该区土壤多为褐土，但土壤质地差异较大，从汝河、沙河两岸到丘陵呈现由沙土到壤土再到黏土的变化。本研究在豫中浓香型烟叶产区分析了烟草质体色素与土壤质地的关系，以期为我国浓香型特色优质烟叶开发奠定理论基础。

一、试验材料和方法

（一）试验设计

试验于2009年在平顶山市进行，选取郏县和宝丰县的4种土壤质地进行试验，分别为沙土、沙壤土、壤土、黏土。供试烤烟品种均为NC89，每个处理设3次重复，随机区组排列，每个处理90株。

表6-13　不同质地土壤0~20cm土层养分含量

Table 6-13　Nutrients content in 0~20cm soil layer of different texture soil

土壤质地	容重（g/cm^3）	孔隙度（%）	有机质（%）	pH值	碱解氮（g/kg）	速效磷（mg/kg）	速效钾（mg/kg）
沙土	1.61	40.64	1.72	7.30	78.34	19.79	71.47

（续表）

土壤质地	容重（g/cm^3）	孔隙度（%）	有机质（%）	pH 值	碱解氮（g/kg）	速效磷（mg/kg）	速效钾（mg/kg）
沙壤土	1.62	40.50	1.87	7.83	80.48	16.04	104.67
壤土	1.68	38.39	2.34	6.97	82.48	16.10	156.65
黏土	1.68	38.29	2.47	7.5	87.08	22.96	103.92

（二）取样

返苗后，选择试验田中生长发育一致烟株，挂牌标记，中部叶（第 11～13 片可收叶）取样。移栽后 70d 时开始取样，以后每隔 20d 取样 1 次，直到烟叶成熟采收时，并取烤后烟样。每次取样至少取 3 株，取约 100g，用冰盒带回实验室，并立即进行处理。

（三）测定方法

取新鲜烟叶，擦净组织表面污物，剪碎（去掉中脉），混匀；准确称取混匀的鲜样 0.4g（准确至 0.0001g），放入研钵中，加少量石英砂和 5ml 90%丙酮（内含 0.1% BHT）研磨成匀浆，再加丙酮 10ml，继续研磨至组织变白，然后倒入 100ml 三角瓶，用 45ml 90%丙酮（内含 0.1%BHT）分 3 次冲洗研钵后倒入三角瓶中，保证色素转移完全，最后萃取剂全部加入三角瓶中，室温下超声波萃取 20min，取适量萃取液用一次性无菌注射器经过 0.45μm 微膜过滤器过滤，滤液装入 1.5ml 棕色色谱瓶。平行做 2 份。每批采样到放入冰箱时间间隔应尽量控制一致。

用液相色谱仪对各种色素进行测定。工作条件为：液相色谱仪系统包括 Waters515 泵，Waters2487 紫外可见光分光光度检测器，Empower 色谱工作站，Rheodyne7725i 型手动进样阀。

试剂：甲醇为 Sigma 公司生产的色谱纯试剂，异丙醇为 J. T. Baker 公司生产的色谱纯试剂；叶黄质、紫黄质、新黄质植物色素标准物由日本 WAKO 公司生产，β-类胡萝卜素、β-阿朴-8′醛、BHT 等购于 Sigma 公司。

色谱柱为 SymmetryC_{18}反相色谱柱（3.9mm i. d. ×150mm.，5μm）（美国 Waters 公司）。流动相为：A，甲醇：异丙醇＝1：1（v/v）；B，超纯水。流速：0.5ml/min。梯度洗脱：0～10min（70% A+30% B）；10～17min（100% A）；17～30min（90% A+10% B）。以曲线 6 线性递增（减）的梯度条件，平衡 10min 后手动进样。进样量：10μl。检测波长：450nm。柱温：室温。

二、结果与分析

（一）不同时期叶黄素含量比较

4 种土壤质地烤烟叶片中叶黄素含量总体变化趋势一致（图 6-10），表现为随着生育期的推进而逐渐下降。其中沙土各生育时期之间叶黄素降解较为明显，经烘烤后完全降解。沙壤土旺长期至烟叶尚熟叶黄素含量变化不大，烟叶成熟时降解了近一半，经烘烤后完全降解。壤土在旺长期至尚熟，叶黄素含量变化趋势与沙壤土一样，下降不大，经过烘烤后叶黄素完全降解。黏土各生育时期叶黄素含量下降较为明显，但在烟叶成熟时仍有较高含量，这可能与该地前期干旱、后期雨水较多有关，经烘烤后仍有少量存在。对 4 种土壤质地不同时期烤烟叶片中叶黄素含量进行方差分析和多重比较表明，现蕾期叶黄素含量除沙壤土和壤土之间差异不显著外，沙土与黏土、沙壤土和壤土彼此之间差异极显著；尚熟期叶黄素含量除沙壤土和黏土之间差异不显著外，沙土与壤土、沙壤土和黏土彼此之间差异极显著；成熟采收时期叶黄素含量沙土和沙壤土差异不显著，但沙土和沙壤土与壤土、黏土彼此之间差异极显著；烤后叶黄素含量黏土与沙土、沙壤土和壤土差异极显著，这说明土壤因素对不同时期叶黄素含量的影响较大。

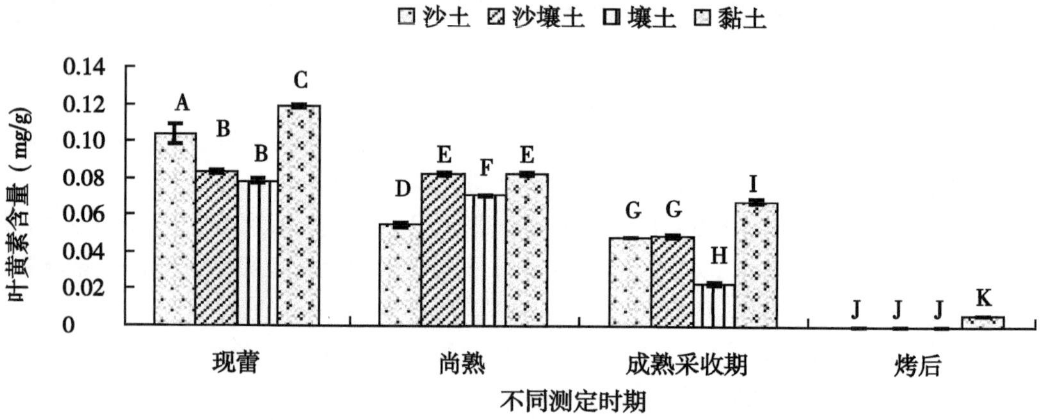

图 6-10　不同质地土壤不同测定时期烟叶中叶黄素含量的变化

注：图中大写字母不同表示差异极显著（$P<1\%$），小写字母不同表示差异显著（$P<5\%$），下同

（二）不同时期 β-胡萝卜素含量比较

β-胡萝卜素含量变化趋势与叶黄素变化趋势一致，不同土壤质地烤烟随着生育期的推进逐渐下降（图 6-11）。沙土在旺长期烟叶中 β-胡萝卜素含量较高，经尚熟至成熟采收时期，降解较少，经烘烤调制后与成熟采收时相比也变化不大，并且与其他 3 种土壤质地相比，沙土烤后烟叶中 β-胡萝卜素含量最高。沙壤土烤烟叶片中 β-胡萝卜素含量各个时期降解均较为充分，烘烤后含量最低。壤土叶片中 β-胡萝卜素含量在旺长期经尚熟至成熟采收时降解较多，烤后烟叶与成熟采收时相比含量下降不大。黏土烟叶中β-胡萝卜素含量旺长期至尚熟降解较多，尚熟至成熟含量变化不大，经烘烤后含量显著下降。方差分析和多重比较结果表明，现蕾期 β-胡萝卜素含量沙土、沙壤土和壤土差异不显著，黏土与沙土、沙壤土和壤土差异极显著；尚熟期沙土与沙壤土、壤土和黏土差异极显著，沙壤土与黏土差异不显著，与壤土差异极显著，壤土与黏土之间差异极显著；成熟采收时期和烤后烟叶 β-胡萝卜素含量 4 种土壤之间差异均极显著。

（三）不同时期新黄质含量比较

不同土壤质地烤烟叶片中新黄质的动态变化不同（图 6-12），总的动态变化趋势除

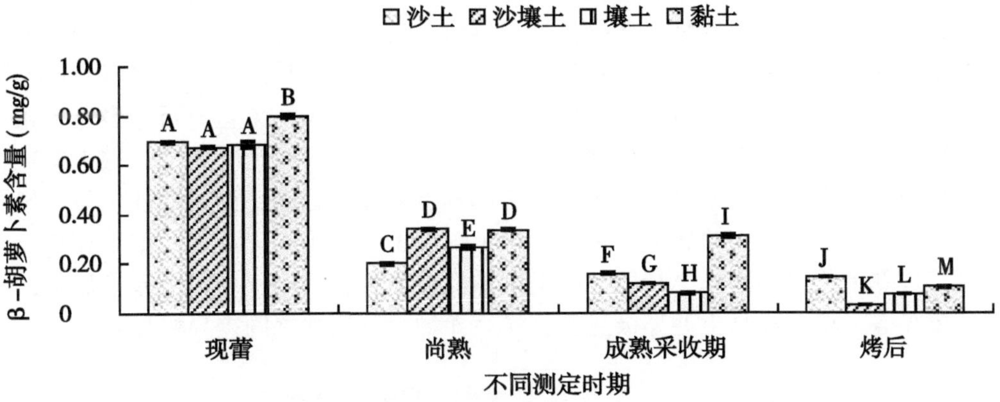

图 6-11　不同质地土壤不同测定时期烟叶中 β-胡萝卜素含量的变化

黏土外随生育期的推进均表现为下降趋势，且烘烤后均完全降解。沙土叶片中新黄质含量与其他几种土壤质地相比旺长期含量较低，经尚熟至成熟时期下降幅度较大，烘烤后完全降解。沙壤土叶片中新黄质含量呈现递减趋势，烤后叶片中新黄质完全降解。壤土叶片中新黄质也呈现递减趋势，且至成熟采收时含量最低，经烘烤后完全降解。黏土叶片中新黄质含量经旺长期至尚熟时下降，至成熟采收时含量最高，这与该地后期雨水较多，造成烟叶返青有很大关系。方差分析和多重比较结果表明，现蕾期 4 种土壤质地新黄质含量沙土与沙壤土之间差异显著，沙土与壤土、黏土差异极显著，沙壤土与壤土、黏土差异极显著，壤土和黏土之间差异不显著；尚熟期沙土与沙壤土、壤土和黏土差异极显著，沙壤土与壤土差异不显著，黏土与沙壤土、壤土差异显著；成熟采收时期 4 种土壤质地之间差异极显著。

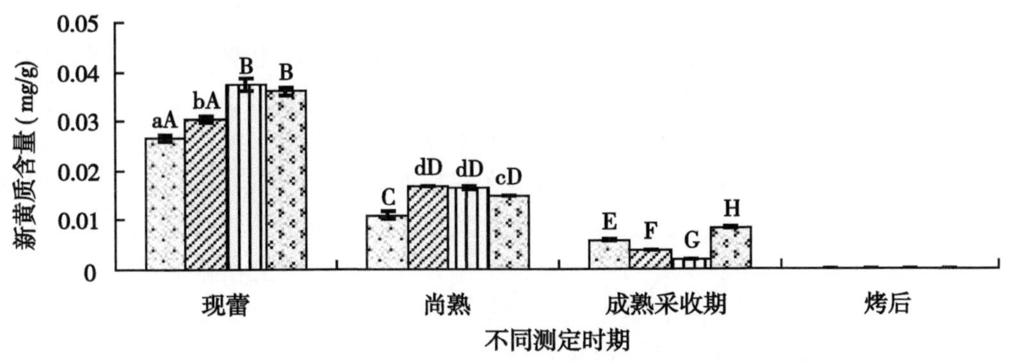

图 6-12　不同质地土壤不同测定时期烟叶中新黄质含量的变化

（四）不同时期紫黄质含量比较

各种土壤质地紫黄质含量总体变化趋势不完全一致（图 6-13）。沙土烟叶紫黄质含量随生育期推进呈下降趋势，且烤后烟叶中紫黄质完全降解。沙壤土烟叶经旺长期至尚熟时紫黄质含量略有增加，成熟采收时又有较大下降幅度，经烘烤后完全降解。壤土烟叶随生育期推进紫黄质含量呈下降趋势，经烘烤后仍有少量存在。黏土烟叶中紫黄质在旺长期至尚熟时含量下降，至成熟采收时含量略有回升，经烘烤后完全降解，成熟采收时含量下降较少，可能与该地前期干旱、后期雨水较多有关。方差分析和多重比较结果表明，现蕾期各种土壤紫黄质含量沙土与沙壤土差异显著，沙土与壤土、黏土差异不显著，沙壤土与壤土、黏土差异极显著，壤土和黏土差异不显著；尚熟期沙土与沙壤土差异极显著，与壤土、黏土差异不显著，沙壤土与壤土、黏土差异显著，壤土和黏土差异不显著；成熟采收时期沙土与其他 3 种土壤差异极显著，沙壤土与壤土差异显著，与黏土差异极显著，壤土和黏土差异极显著；烤后 4 种土壤质地之间差异极显著。

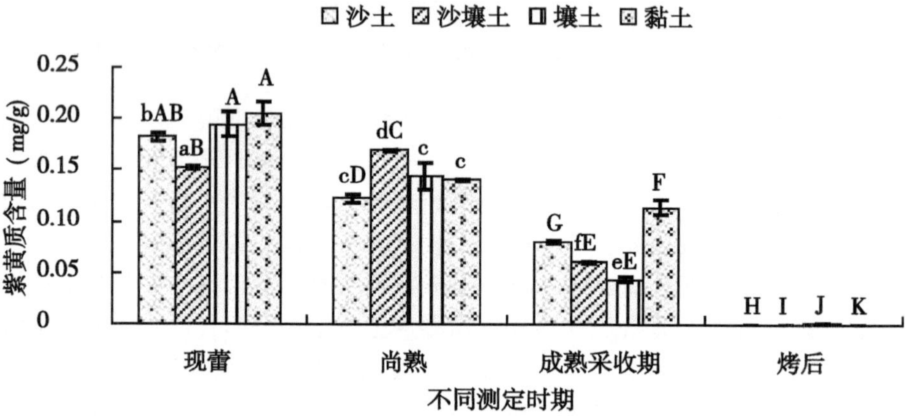

沙土 沙壤土 壤土 黏土

紫黄质含量（mg/g）

0.25 0.20 0.15 0.10 0.05 0

bAB aB A A cD dC c c G fE eE F H I J K

现蕾 尚熟 成熟采收期 烤后

不同测定时期

图 6-13 不同质地土壤不同测定时期烟叶中紫黄质含量的变化

（五）不同时期总类胡萝卜素含量比较

各土壤质地烤烟发育过程中总类胡萝卜素含量随生育期的推进而逐渐下降（图 6-14）。沙土烤烟叶片中总类胡萝卜素含量在经旺长期至尚熟时下降幅度较大，尚熟至成熟时略微下降，经烘烤后总类胡萝卜素含量仍高于其他几种土壤质地的烟叶。沙壤土叶片中总类胡萝卜素含量呈梯度递减，且烤后叶片中降解幅度较大，但仅有少量存在。壤土叶片中总类胡萝卜素含量变化趋势与沙壤土叶片变化趋势一致，烤后仅有少量总类胡萝卜素存在。黏土叶片总类胡萝卜素含量在旺长期至尚熟时降解幅度较大，成熟采收时期与尚熟时相比变化不大，经烘烤后下降幅度较大。方差分析和多重比较结果表明，总类胡萝卜素含量现蕾期沙土除与壤土差异不显著外，与沙壤土和黏土差异极显著，沙壤土和壤土、黏土差异极显著，壤土和黏土差异极显著；尚熟期沙土与其他 3 种土壤质地差异极显著，沙壤土与壤土差异极显著，与黏土差异显著，壤土和黏土之间差异极显著；成熟采收期和烤后 4 种土壤质地之间差异均极显著。

（六）不同时期叶绿素 a 含量比较

各土壤质地烟叶叶绿素 a 含量随生育期的推进总体变化趋势不完全一致（图 6-15），但在调制过程中，叶绿素 a 均完全降解消失。沙土烟叶旺长期叶绿素 a 含量最高，尚熟至成熟采收时依次递减，烤后烟叶中完全降解。沙壤土烟叶叶绿素 a 含量从旺长期

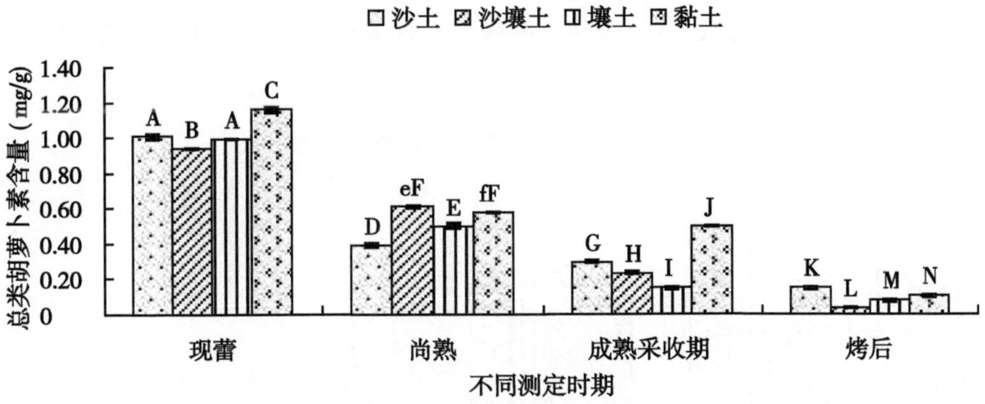

图 6-14 不同质地土壤不同测定时期烟叶中总类胡萝卜素含量的变化

到尚熟时期略微下降，成熟采收时下降明显，经烘烤后完全降解。壤土烟叶叶绿素 a 含量变化趋势与沙质土烟叶变化趋势一致，各时期依次递减，烘烤后完全降解。黏土烟叶叶绿素 a 含量经旺长期至尚熟时明显下降，成熟采收时略微下降，且成熟采收时该地烟叶叶绿素 a 含量与其他 3 种土壤质地相比含量最高，经烘烤调制后完全降解消失。方差分析和多重比较结果表明：叶绿素 a 含量在现蕾期和尚熟期沙土与沙壤土、黏土差异极显著，与壤土差异不显著，沙壤土与壤土、黏土差异极显著，壤土和黏土差异极显著；成熟采收期 4 种土壤质地之间差异极显著。

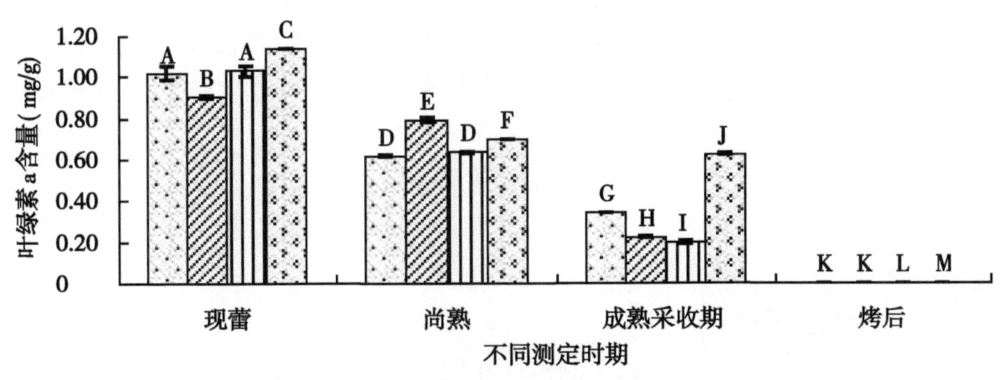

图 6-15 不同质地土壤不同测定时期烟叶中叶绿素 a 含量的变化

（七）不同时期叶绿素 b 含量比较

各土壤质地烟叶叶绿素 b 含量随生育期的推进呈现出不同的变化趋势（图 6-16）。沙土烟叶叶绿素 b 含量随生育期的推进逐渐下降，烘烤后仍有部分叶绿素 b 未完全降解，可能与该地的烘烤调制技术有关。沙壤土烟叶中叶绿素 b 含量经旺长期至尚熟时含量增加，至成熟时下降明显，经烘烤后仍有少量叶绿素 b 存在。壤土烟叶中叶绿素 b 含量各时期依次下降，烘烤后仍有少量存在。黏土烟叶中叶绿素 b 含量由旺长期至尚熟时含量下降，成熟采收时下降不明显，烘烤调制后下降明显。各种土壤质地烟叶经烘烤调制后均含有一定量的叶绿素 b，可能与这几个地方的烘烤调制技术有关。方差分析和多重比较结果表明，叶绿素 b 含量在各个时期 4 种土壤质地之间差异均极显著。

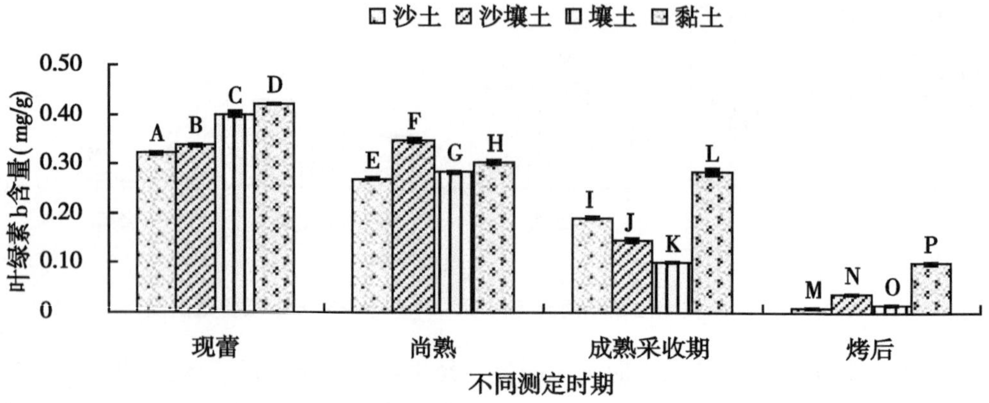

图 6-16　不同质地土壤不同测定时期烟叶中叶绿素 b 含量的变化

（八）不同时期总叶绿素含量比较

各种土壤质地烟叶总叶绿素含量随生育期的推进变化趋势不完全一致（图 6-17）。沙土烟叶总叶绿素含量各时期逐渐递减，烘烤后仍有少量存在。沙壤土烟叶总叶绿素含量经旺长期至尚熟时下降不明显，成熟采收时下降较为明显，且烘烤调制后含量最低。壤土烟叶总叶绿素含量变化趋势与沙质土烟叶总叶绿素含量变化趋势一致，烘烤调制后也有少量存在。黏土烟叶总叶绿素含量经旺长期至尚熟时含量下降，成熟采收时含量略微下降，经烘烤调制后含量下降明显。方差分析和多重比较结果表明，总叶绿素含量在现蕾期沙土与沙壤土差异显著，与壤土差异不显著，与黏土差异极显著；尚熟期、成熟采收期和烤后总叶绿素含量在 4 种土壤质地之间差异均极显著。

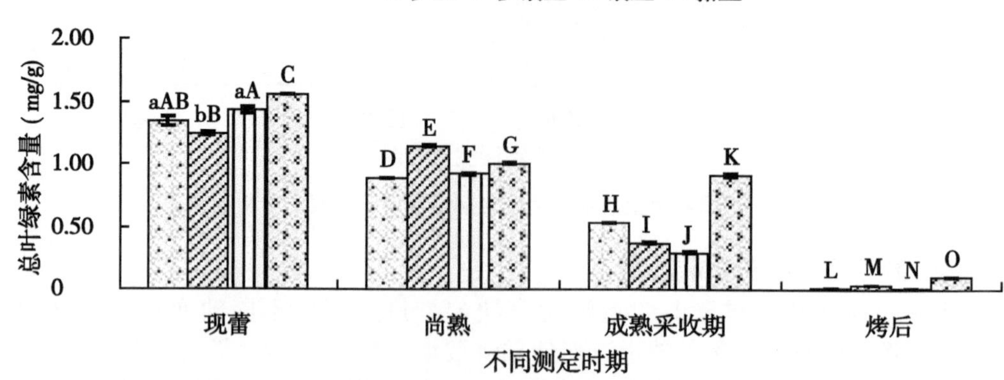

图 6-17　不同质地土壤不同测定时期烟叶中总叶绿素含量的变化

三、结论与讨论

不同时期对烟叶质体色素的测定结果表明，现蕾后各种色素含量总体呈下降趋势，所有色素均于烤后样含量最低。相比而言，调制后叶绿素类色素含量降低幅度较大，类胡萝卜素类色素烘烤调制过程降解较少。Court（1984）研究结果表明，在生长发育过程中各种色素含量均表现为逐渐降低，偶尔的色素含量升高与降水或灌溉相关联。

沙土烟叶与其他几种质地土壤烟叶相比，除β-胡萝卜素和总类胡萝卜素在烤后烟叶样品中含量较高外，其余几种色素降解程度均较大。沙土地烟叶调制后类胡萝卜素残留较多可能与后期出现脱肥、烟叶身份较薄、不耐成熟、干燥过快有关。沙壤土烟叶中大部分色素含量在烟株旺长期至尚熟时下降较为缓慢，成熟采收时下降较为明显，在烤后烟叶中β-胡萝卜素和总类胡萝卜素残留较少，表明烟叶质体色素降解充分，这为香气物质的形成和积累奠定了基础。壤土烟叶中各种色素含量随生育期推进下降趋势均较明显，烤后烟叶样品中β-胡萝卜素和总类胡萝卜素含量也较低，残留较少，降解充分。黏土烟叶中各种色素含量经旺长期至尚熟时含量开始下降，但在成熟采收时含量较高，这与该地前期干旱肥料利用率较低、氮素供应滞后、烟叶贪青晚熟有很大关系，烤后烟叶中叶绿素和类胡萝卜素含量较高，表明黏土地烟叶成熟度较低，叶片组织紧密，质体色素降解不充分，不利于香气物质的形成和积累。感官评吸也表明，沙土地烟叶香气质较好，但香气量不足；沙壤土烟叶香气量大，烟气柔和；黏土地烟叶则刺激性和杂气较大。这与不同质地土壤的供肥特性和烟叶质体色素降解程度有关，与邱立友的氧化应激效应理论相一致，该理论认为：含沙比例较高土壤，通透性强，土壤升温快，烟株发育早，生长代谢旺盛，干物质积累快，但由于土壤保水保肥能力差，后期易脱肥，烤烟生长受到较强的氧化应激，抗氧化物质类胡萝卜素和酚类等香气前体物质代偿性合成，并能适时进入衰老成熟，色素物质在采收期和烘烤时能够迅速降解，减少青杂气和刺激性，并产生大量的香气物质。也与世界著名烟草专家左天觉所指出的，烟草最适宜生长在沙壤土的研究结果相一致。

第七章　基因型对烤烟质体色素代谢的影响

第一节　不同品种烤烟成熟过程中质体色素代谢的差异研究

品种是决定烟草质体色素含量和代谢的首要条件，这与品种的遗传基础有关。不同品种的质体色素含量并不相同，并且在烘烤期间，色素的降解规律也存在显著差异，如烤烟品种红花大金元在烘烤过程中失水快、变黄慢，不易烘烤，而云烟 85 则相对容易烘烤（张树堂 1997）。这说明色素在红花大金元和云烟 85 中的降解特性并不相同。深入研究由品种决定的色素代谢规律和机制是很有必要的。

一、材料与方法

（一）试验材料与设计

试验于 2012 年在河南农业大学科教园区（郑州）进行。参试烤烟品种为豫烟 10 号、中烟 100 和 NC89。供试土壤为壤质潮土，耕层含有机质 10. 35g/kg、全氮 1. 12g/kg、速效氮 71. 34mg/kg、速效磷 29. 43mg/kg、速效钾 87. 35mg/kg，pH 值 7. 76。试验采用完全随机区组设计，3 次重复，每个小区种植面积 220m^2，行株柜为 120cm×50cm，单株留叶 20~22 片。3 月 1 日播种，5 月 15 日移栽，选取整齐一致的单株，以中部叶第 12 片叶（自下向上数）为研究对象，分别于打顶前 1d、打顶后 10d、20d、30d、烘烤前 1d 取样，用冰盒带回实验室，各品种取样重复 3 次，一部分用于测定可溶性蛋白和丙二醛（MDA）的含量，同时测定 SOD、POD 和 CAT 活性的变化，一部分用液氮冷冻处理，于-80℃冰箱中保存，用于测定 CCD 表达量。另一部分于 105℃杀青半小时后，在 70℃条件下烘干后避光保存，用于质体色素含量的测定。调制后的烟叶在 45℃下烘干、碾碎过 60 目筛后用于质体色素含量和质体色素降解产物的测定。

（二）测定项目与方法

质体色素、可溶性蛋白和 MDA 含量分别用分光光度法、考马斯亮蓝 G250 法和硫代巴比妥酸法测定。

脂氧合酶活性参照 Seklya 和韦凤杰的方法进行提取和测定：取 0. 2g 左右材料，加入预冷的 165mmol/L 磷酸盐缓冲液（pH 值=7. 0）和 1. 0% PVP，研磨，匀浆，通过单层纱布过滤，用日立 20Pr-520 型离心机 4℃下 1 000×g 离心 5min，除去未破碎的组织残渣，再以 15 000×g 离心 20min，取上清液供测定；取酶液 0. 3ml，加 0. 7ml 底物，摇匀、置30℃下保温5min，加入2.0ml无水乙醇，摇匀加入3.0ml 60%乙醇，摇匀吸取1.0ml，用60%乙醇稀释至10.0ml，在234nm比色；取0.3ml酶液装入试管，在70～80℃水浴中加热5～10min，然后取出加0.7ml底物在30℃保温5min，加入2.0ml无水乙醇摇匀，加入3.0ml 60%乙醇，摇匀吸取1.0ml，稀释至10.0ml，作对照。

SOD、POD和CAT酶液的提取：取0.500g剪碎的新鲜样品，置预冷研钵中，加5ml含1%聚乙烯吡咯烷酮的50mmol/L，pH值7.8的冷磷酸缓冲液及少量石英砂，在冰浴中研磨成匀浆，再用5ml磷酸缓冲液冲洗研钵，与之前液体合并于2℃ 20 000×g冷冻离心20min，上清液即为酶提取液。酶活性的测定参照植物生理学的方法。

按照O'Neal等的方法测定粗酶提取液谷氨酰胺合成酶（GS）活性。一个GS活性单位定义为该反应条件下，在15min反应时间内催化形成1μmol γ-谷氨酰异羟肟酸需要的酶量，总活性为：每克鲜样酶粗液在每小时的反应时间内催化形成的摩尔数。总GS活性计算以每分钟每毫克蛋白催化产生的γ-谷氨酰异羟肟酸数微摩尔（μmol）表示。

CCD4活性的测定，根据GenBank发布的序列（登录号：DQ212781，上游引物F：ACTCGCAGACACCACCTTAC，下游引物R：GTAGCCATCATCCTCTTCAC），由北京三博远志生物技术有限责任公司进行CCD相对表达量的测定。

中性致香物质测定参照史宏志的方法，用采用HP5890－5972气质连用仪测定。GC/MS分析条件如下：HP－5色谱柱（60m×0.25mm ×0.25μm）；载气He，流速0.8ml/min；近样口温度250℃；传输线温度280℃；离子源温度177℃；升温程序：50℃保持2min后，以2℃/min的速度升至120℃，5min后再以2℃/min的速度升至240℃，保持30min；分流比1∶15，进样量2μl；电离能70eV；质量数范围50～500；MS谱库为NIST02；采用内标法定量。

（三）数据处理

采用Microsoft Excel 2003软件进行数据处理与作图，SPSS 17.0进行统计学分析。

二、结果与分析

烟叶生长发育到一定时期就开始衰老，烟叶成熟的过程实质就是逐渐衰老的过程，也是烟叶品质形成最关键的时期。烟草质体色素主要包括叶绿素和类胡萝卜素，是烟叶的重要香气前体物，对烟叶外观和品质有重要影响。烟叶的质体色素主要以色素蛋白复合体的形式分布在叶绿体的类囊体膜上，不易被氧化。而质体色素的降解酶定位于基质或质体上，与色素蛋白复合体存在空间距离，因此色素蛋白复合体的分离是质体色素降解的主要影响因素。植物叶片中蛋白质3/4在叶绿体中，叶片衰老时输出的氮90%来自叶绿体。叶绿素和蛋白质对衰老最敏感，被视为叶片衰老的标志。

（一）不同品种烤烟叶片的质体色素含量的变化规律

由图7-1可知，叶绿素含量随烟叶的衰老逐渐降低，叶绿素a的降解量显著大于叶绿素b。叶绿素的降解在打顶前1d到打顶后10d降解缓慢，从打顶后10d开始降解量逐渐增大，在打顶后30d到烘烤前1d降解量最大。品种间含量和降解规律存在很大差异，打顶前1d品种间叶绿素及组分含量差异不大，表现为NC89>豫烟10号>中烟100；

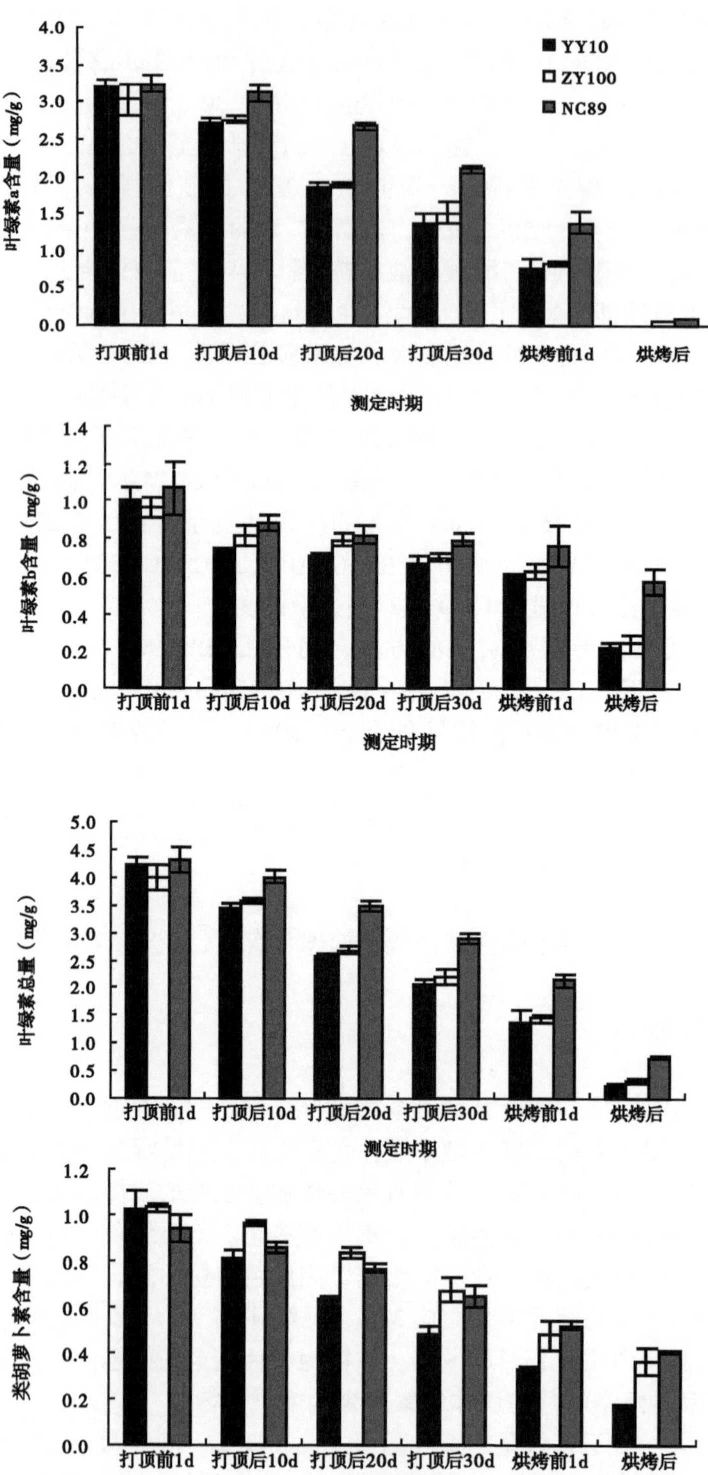

图 7-1　不同品种烤烟叶片的质体色素含量的变化

从打顶后 10d 开始，叶绿素及组分含量均表现为豫烟 10 号<中烟 100<NC89，至衰老期末均保持这种规律。豫烟 10 号和中烟 100 叶绿素总量和叶绿素 a 含量在打顶后 10d 后降解速率明显加快，而 NC89 的降解较平稳，在烘烤前 1d 时的叶绿素剩余量也显著高于其他两个品种。烤后烟叶叶绿素 a 含量极少均不足 0. 1mg/g，品种间叶绿素 b 的含量差异显著，表现为豫烟 10 号<中烟 100<NC89，烤后烟叶绿素总量由叶绿素 b 的含量决定，而且烘烤前高的品种烤后也较高，影响烟叶外观质量。

随着烟叶逐渐衰老，类胡萝卜素的含量逐渐降低，打顶前 1d 至打顶后 20d 降解平稳，打顶后 20d 至烘烤前 1d 降解速率逐渐增大。品种间类胡萝卜素含量在打顶前 1d NC89 最低，打顶后 10d 至 30d 表现为中烟 100>NC89>豫烟 10 号，在打顶后 30d 至烘烤前 1d 表现为 NC89>中烟 100>豫烟 10 号。从降解情况看，豫烟 10 号降解速率大于其他品种，中烟 100 从打顶前 1d 至打顶后 20d 降解平稳，从打顶后 20d 开始降幅增大，NC89 降解平稳。烘烤过程中品种间类胡萝卜素降解量差异不大，但中烟 100 和 NC89 烤后烟叶剩余量显著高于豫烟 10 号。

（二）不同品种烤烟叶片质体色素的降解量

香气物质来自质体色素的降解，因此，本研究使用了总降解量和衰老期间、调制期间降解量来描述不同阶段质体色素降解的规律。由表 7-1 可知，品种间叶绿素总量表现为豫烟 10 号>中烟 100>NC89，叶绿素 a 和叶绿素 b 在衰老期间降解量均大于调制期间，烟叶衰老期间叶绿素 a 比例大于总叶绿素的降解规律一致，烤后叶绿素的剩余量主要来自叶绿素 b。在调制过程中 NC89 叶绿素降解量总量和叶绿素 a 降解量大于中烟 100 和豫烟 10 号，可能与其烘烤前含量高有关，但 NC89 的叶绿素 b 降解量小，最终表现为烤后总叶绿素含量较高。品种间类胡萝卜素的降解差异主要来自衰老期间，表现为豫烟 10 号>中烟 100>NC89，豫烟 10 号的降解量分别是中烟 100 和 NC89 的 1. 30 倍和 1. 40 倍。

表 7-1　不同品种烤烟烟叶质体色素的降解量　（mg/g）

质体色素	降解量	YY10	ZY100	NC89
叶绿素	总降解量	3. 97±0. 17	3. 68±0. 26	3. 55±0. 23
	衰老期间降解量	2. 81±0. 38	2. 55±0. 25	2. 15±0. 33
	调制期间降解量	1. 17±0. 20	1. 13±0. 04	1. 40±0. 11
叶绿素 a	总降解量	3. 18±0. 10	2. 95±0. 22	3. 13±0. 12
	衰老期间降解量	2. 41±0. 22	2. 21±0. 23	1. 84±0. 22
	调制期间降解量	0. 77±0. 12	0. 74±0. 33	1. 28±0. 13
叶绿素 b	总降解量	0. 80±0. 08	0. 73±0. 04	0. 51±0. 09
	衰老期间降解量	0. 40±0. 06	0. 34±0. 02	0. 31±0. 03
	调制期间降解量	0. 40±0. 03	0. 39±0. 03	0. 190. 05

（续表）

质体色素	降解量	YY10	ZY100	NC89
类胡萝卜素	总降解量	0.86±0.07	0.67±0.04	0.53±0.07
	衰老期间降解量	0.71±0.07	0.55±0.05	0.42±0.07
	调制期间降解量	0.15±0.01	0.12±0.04	0.11±0.01

（三）不同品种烤烟叶片衰老过程中可溶性蛋白含量变化规律

由图 7-2 可知，烟叶衰老过程中可溶性蛋白含量逐渐下降，在叶龄 50d 至 80d 平稳下降，品种间表现为 NC89>中烟 100>豫烟 10 号，在叶龄 40d 品种间差异不显著，从叶龄 50d 开始豫烟 10 号显著低于中烟 100 和 NC89。豫烟 10 号降解量达到 4.32mg/g，中烟 100 和 NC89 分别达到 3.53mg/g 和 3.29mg/g，在叶龄 80d 豫烟 10 号可溶性蛋白含量显著低于中烟 100 和 NC89。

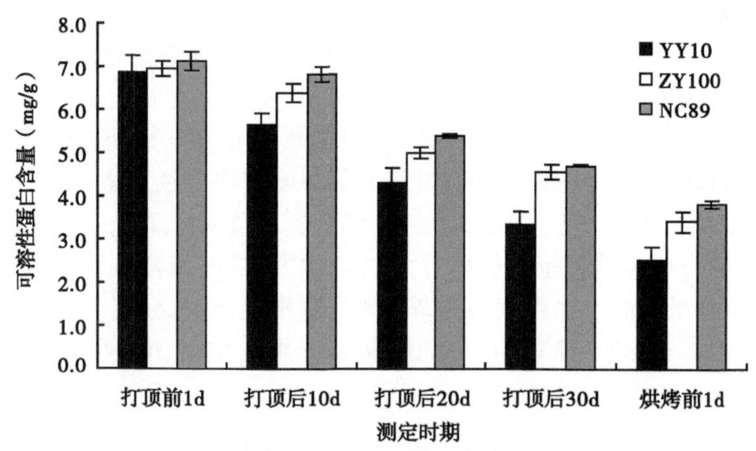

图 7-2 不同品种烤烟叶片可溶性蛋白含量的动态变化

（四）不同品种烤烟叶片衰老过程中 SOD、POD 和 CAT 活性变化规律

由图 7-3 可知，随着叶片的衰老烟叶 SOD 和 POD 活性逐渐上升，从打顶后 10d 至打顶后 20d 显著升高并达到最大值，之后快速下降。品种间变化规律一致，在打顶前 1d 品种间差异不显著，NC89 略低于其他品种，打顶后 10d 均为豫烟 10 号最高，打顶后 20d 至 30d 豫烟 10 号显著低于中烟 100 和 NC89，烘烤前 1d SOD 活性差异不显著，POD 活性 NC89 显著高于其他品种。CAT 在打顶后 10d 达到峰值，品种间在打顶前 1d 和打顶后 30d 差异不显著，在打顶后 10d、打顶后 20d 和烘烤前 1d 豫烟 10 号显著低于其他两个品种。整体来看豫烟 10 号活性氧清除能力最弱，NC89 最强，中烟 100 居中。

（五）不同品种烤烟叶片衰老过程中 LOX 活性和 MDA 含量变化规律

由图 7-4 可知，脂氧合酶活性在打顶前 1d 至打顶后 20d 显著升高，豫烟 10 号显著高于中烟 100 和 NC89，豫烟 10 号和中烟 100 在打顶后 20d 达到最大，而 NC89 于打顶后 30d 达到最大，从打顶后 20d 至 30d 中烟 100 和 NC89 的 LOX 活性变幅不大，豫烟 10

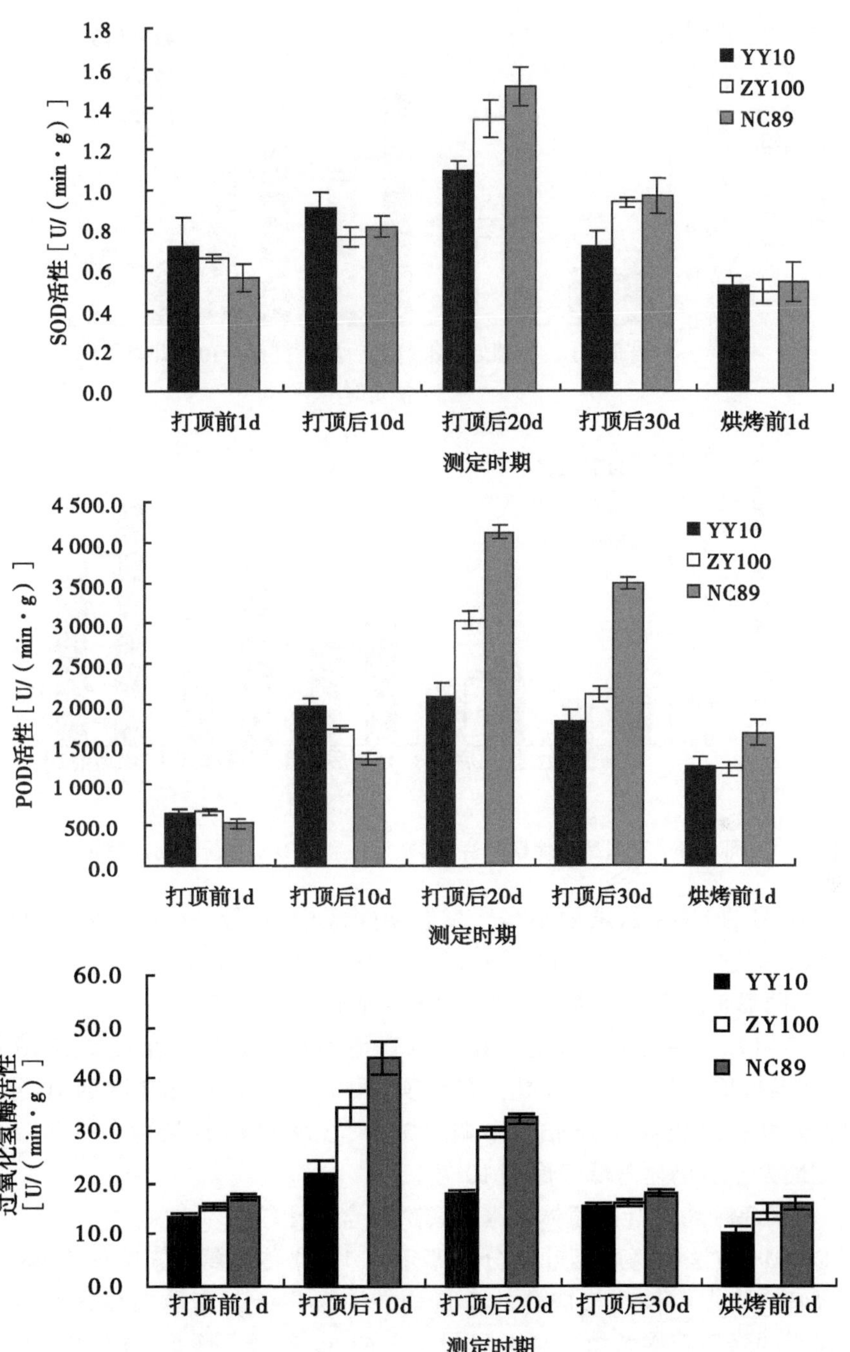

图 7-3　不同品种烤烟叶片 SOD、POD 和 CAT 活性的动态变化

号则大幅下降但仍高于中烟 100 和 NC89。MDA 含量随烟叶的衰老不断积累，打顶前 1d 至打顶后 10d 积累速率较慢，从打顶后 20d 至烘烤前 1d 积累速率最快。品种间差异显著，豫烟 10 号>中烟 100>号 NC89，在烘烤前 1d 中烟 100 和 NC89 的积累量与打顶后

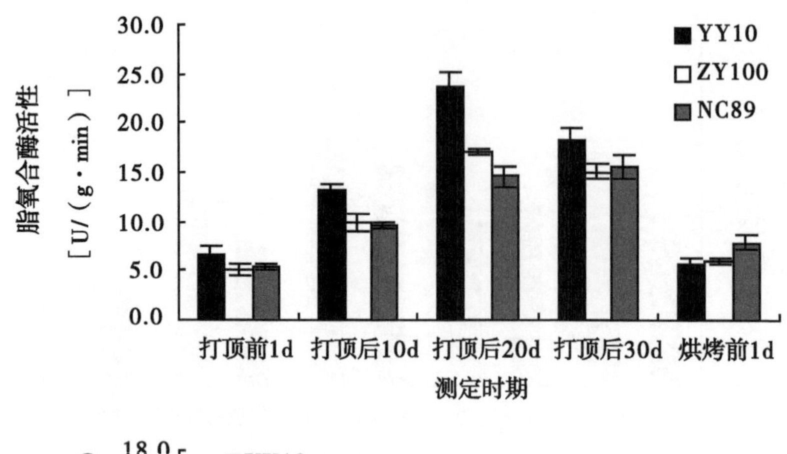

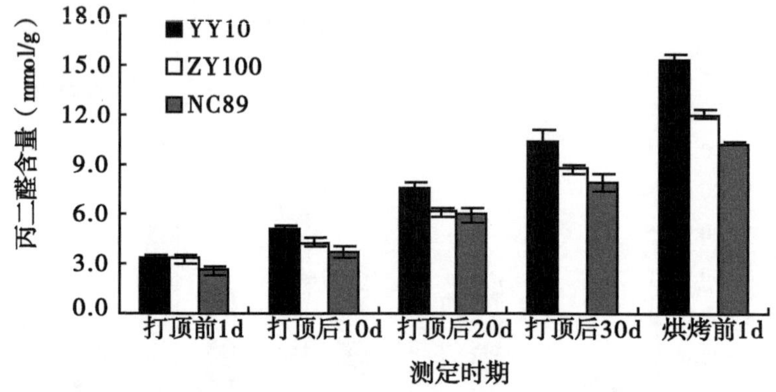

图 7-4 不同品种烤烟叶片 LOX 活性和 MDA 含量的动态变化

30d 时豫烟 10 号的 MDA 积累量相当。衰老期间豫烟 10 号、中烟 100 和 NC89 的烟叶 MDA 积累量分别达到 12.00mmol/g、8.77mmol/g 和 7.75mmol/g。

(六) 不同品种烤烟叶片衰老过程中 CCD 活性变化规律

由图 7-5 可知，随着烟叶衰老加剧，CCD 活性显著升高，在打顶前 1d 活性较低，从打顶前 1d 至打顶后 20d 大幅升高，在打顶后 10d 和打顶后 20d 豫烟 10 号 CCD 活性分别是 NC89 的 2.92 倍和 3.18 倍。中烟 100 和 NC89 的 CCD 活性在打顶后 20d 至 30d 大幅升高至最大，但仍显著低于豫烟 10 号。

(七) 不同品种烤烟叶片质体色素降解产物含量比较

利用 GS/MS 方法从烤后烟叶中分离鉴定出 15 种类胡萝卜素降解产物（表 7-2），质体色素降解产物占中性香气成分的含量均在 90%以上，新植二烯含量占 85%以上。品种间叶绿素的降解产物新植二烯差异较大，NC89 最低，豫烟 10 号略大于中烟 100，NC89 新植二烯所占挥发性香气物质总量的比值最高，豫烟 10 号略大于 NC89，中烟 100 最低。豫烟 10 号类胡萝卜素降解产物总量显著高于中烟 100，NC89 最低。由于品种间类胡萝卜素降解量和香气物质含量都存在很大差异，本研究引入了转化效率来表述品种间质体色素转化的差异。叶绿素转化为新植二烯的效率为 17.19%~26.46%，而类胡萝卜素转化为香气物质的效率仅有 8.27%~9.27%。品种间类胡萝卜素和叶绿素转化

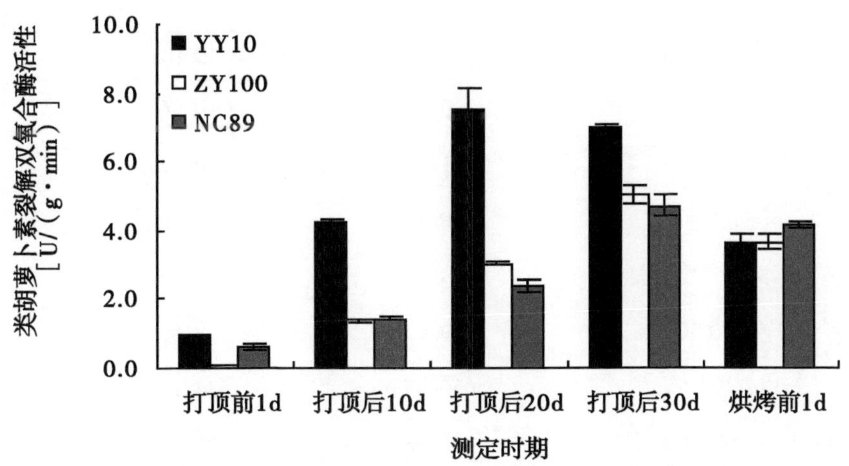

图 7-5　不同品种烤烟叶片 CCD 活性的动态变化

为致香物质的效率均为豫烟 10 号最高，NC89 最低。主要香气物质中的含量较高的成分中 β-大马酮含量最高，分别比中烟 100 和 NC89 高 18. 44μg/g 和 20. 36μg/g，法尼基丙酮分别比中烟 100 和 NC89 高 1. 98μg/g 和 4. 90μg/g，巨豆三烯酮总量分别比中烟 100 和 NC89 高 4. 61μg/g 和 7. 48μg/g，香叶基丙酮分别比中烟 100 和 NC89 高 2. 42μg/g 和 2. 61μg/g。

表 7-2　不同品种烤烟烟叶质体色素降解产物　（μg/g）

质体色素降解产物	Y10	ZY100	NC89
6-甲基-5-庚烯-2-酮	1. 43	1. 33	1. 29
6-甲基-5-庚烯-2-醇醇	0. 92	0. 68	0. 94
法尼基丙酮	11. 24	9. 26	6. 34
β-二氢大马酮	4. 35	10. 93	2. 18
β-大马酮	34. 25	15. 81	13. 89
香叶基丙酮	4. 90	2. 48	2. 29
二氢猕猴桃内酯	0. 39	1. 66	0. 30
巨豆三烯酮 1	1. 53	1. 60	1. 05
巨豆三烯酮 2	7. 83	6. 02	3. 29
巨豆三烯酮 3	1. 69	0. 98	1. 25
巨豆三烯酮 4	8. 78	6. 62	6. 76
3-羟基-β-二氢大马酮	0. 22	0. 28	0. 90

（续表）

质体色素降解产物	Y10	ZY100	NC89
螺岩兰草酮	0.55	0.96	0.38
芳樟醇	1.13	0.57	0.54
氧化异佛尔酮	0.10	0.09	0.12
类胡萝卜素降解产物总量	79.32	59.26	41.51
类胡萝卜素转化效率（%）	9.27	8.88	8.27
新植二烯	1 050.45	834.15	682.49
叶绿素转化效率（%）	26.46	21.01	17.19
挥发性香气物质总量	1208.06	950.08	795.71
新植二烯/挥发性香气物质总量的比值（%）	86.95	87.80	85.77

（八）烟叶衰老与类胡萝卜素降解和香气物质含量的相关性

用质体色素在衰老和调制期间的降解量、活性氧清除系统相关酶、脂氧合酶和CCD活性的峰值、可溶性蛋白的降解量和丙二醛的积累量与16种质体色素的总量和降解产物含量进行相关性分析（表7-3），结果表明叶绿素和类胡萝卜素降解总量、衰老期可溶性蛋白的降解量、LOX和CCD活性和MDA积累量，除叶绿素总降解量与类胡萝卜素降解物总量和新植二烯相关性未达到显著正相关外，其他都与类胡萝卜素降解物总量、新植二烯和香气物质总量达到极显著或显著正相关；SOD、POD和CAT活性与这3种总量呈极显著负相关。叶绿素与类胡萝卜素降解产物的相关性分析中，巨豆三烯酮2与叶绿素及组分总量、衰老期间叶绿素和叶绿素a含量呈极显著正相关，与调制期间叶绿素b含量呈显著正相关。3-羟基-β-二氢大马酮分别与叶绿素和叶绿素a调制期间总量降解量呈显著和极显著正相关，与衰老期间总叶绿素和叶绿素a降解量呈显著负相关，与调制期间叶绿素a和叶绿素b降解量呈极显著负相关。法尼基丙酮与叶绿素a衰老期间降解量呈显著正相关，与叶绿素b降解总量和叶绿素b调制期间降解量呈极显著正相关。叶绿素a调制期间降解量与法尼基丙酮、二氢猕猴桃内酯、巨豆三烯酮1和螺岩兰草酮呈显著负相关，与巨豆三烯酮2呈极显著负相关，与3-羟基-β-二氢大马酮呈极显著正相关。法尼基丙酮、β-大马酮、巨豆三烯酮2和巨豆三烯酮4均与类胡萝卜素降解总量、衰老期类胡萝卜素降解量、衰老期可溶性蛋白的降解量、LOX和CCD活性和MDA积累量达到极显著正相关，与SOD、POD和CAT活性呈极显著负相关。调制期间类胡萝卜素降解量与巨豆三烯酮3和芳樟醇呈显著正相关。芳樟醇还与LOX活性呈极显著正相关，与MDA积累量呈显著正相关。

表 7-3　不同品种烟叶质体色素降解量和衰老相关指标与质体色素降解产物的关系

降解产物	总降解量				衰老期间降解量				调制期间降解量				可溶性蛋白	SOD	POD	CAT	LOX	MDA	CCD
	Chl	Chl a	Chl b	Car	Chl	Chl a	Chl b	Car	Chl	Chl a	Chl b	Car							
6-甲基-5-庚烯-2-酮	0.32	0.14	0.38	0.67*	0.26	0.37	-0.11	0.63	-0.11	-0.33	0.59	0.5	0.52	-0.39	-0.53	-0.64	0.70*	0.63	0.43
6-甲基-5-庚烯-2-醇	0.2	0.59	-0.25	0	-0.09	-0.12	0.02	-0.02	0.51	0.49	-0.34	0.09	0.09	-0.06	0.1	-0.01	0.3	0.09	0.36
法尼基丙酮	0.58	0.05	0.82**	0.82**	0.61	0.70*	0.19	0.81**	-0.49	-0.76*	0.85**	0.47	0.62	-0.84**	-0.96*	-0.91**	0.83**	0.91**	0.82**
β-二氢大马酮	-0.03	-0.58	0.43	0.12	0.21	0.28	-0.04	0.15	-0.53	-0.66*	0.59	-0.07	-0.03	-0.1	-0.26	-0.14	-0.12	0.06	-0.18
β-大马酮	0.63	0.3	0.66	0.86**	0.57	0.61	0.34	0.81**	-0.34	-0.51	0.51	0.72	0.84**	-0.90**	-0.88**	-0.89**	0.98**	0.96**	0.94**
香叶基丙酮	0.12	0.35	-0.12	0.19	-0.08	-0.11	0.02	0.11	0.38	0.33	-0.16	0.45	0.32	-0.38	-0.2	-0.23	0.54	0.37	0.57
二氢猕猴桃内酯	0.09	-0.43	0.5	0.18	0.33	0.37	0.01	0.23	-0.62	-0.68*	0.52	-0.16	-0.05	-0.12	-0.28	-0.16	-0.17	0.07	-0.15
巨豆三烯酮 1	0.11	-0.49	0.61	0.59	0.33	0.39	0.09	0.53	-0.59	-0.73*	0.69	0.56	0.46	-0.58	-0.69*	-0.56	0.49	0.59	0.28
巨豆三烯酮 2	0.83**	0.27	0.95**	0.94**	0.87**	0.92**	0.52	0.95**	-0.71*	-0.87**	0.71*	0.45	0.77*	-0.87**	-0.95**	-0.94**	0.83**	0.93**	0.82**
巨豆三烯酮 3	0.45	0.42	0.29	0.60	0.33	0.31	0.29	0.53	-0.05	-0.1	0.08	0.66	0.69*	-0.66	-0.56	-0.61	0.84**	0.72*	0.77*
巨豆三烯酮 4	0.40	-0.02	0.62	0.76*	0.4	0.48	0.06	0.71*	-0.3	-0.56	0.73	0.62	0.59	-0.77*	-0.86**	-0.82**	0.90**	0.89**	0.74*
3-羟基-β-二氢大马酮	-0.59	0.09	-0.91**	-0.78	-0.71*	-0.79	-0.31	-0.79	0.71*	0.94**	-0.86**	0.38	-0.58	0.77	0.90**	0.82**	-0.97*	-0.81**	-0.62
螺岩兰草酮	0.17	-0.37	0.56	0.26	0.46	0.46	0.34	0.3	-0.80*	-0.74	0.38	-0.06	0.11	-0.18	-0.33	-0.21	-0.11	0.13	-0.13
芳樟醇	0.30	0.09	0.34	0.6	0.19	0.27	-0.11	0.53	0.04	-0.26	0.53	0.68*	0.63	-0.59	-0.57	-0.62	0.82**	0.67*	0.65
氧化异佛尔酮	-0.21	0.15	-0.49	-0.49	-0.38	-0.43	-0.13	-0.49	1.54	0.58	-0.5	-0.23	-0.4	0.24	0.35	0.39	-0.04	-0.24	-0.07
类胡萝卜素降解产物总量	0.63	0.10	0.81**	0.91**	0.64	0.71*	0.31	0.86**	-0.51	-0.737*	0.741*	0.668*	0.80**	-0.93**	-0.98**	-0.95**	0.95**	0.99**	0.88**
新植二烯	0.62	0.10	0.81**	0.93**	0.66	0.71*	0.36	0.88**	-0.56	-0.74*	0.68*	0.72*	0.85**	-0.94**	-0.97**	-0.94**	0.94**	0.99**	0.86**
香气总量	0.75*	0.28	0.85**	0.95**	0.76	0.81**	0.44	0.92**	-0.59	-0.74*	0.65	0.61	0.85**	-0.91**	-0.96**	-0.97**	0.94**	0.99**	0.90**

三、讨论

在烟叶衰老过程中质体色素通过分解，转化成的香气成分占中性致香物质总量的90%左右，质体色素在中部叶的积累高峰在打顶前，打顶之后开始进入降解阶段，烟叶进入衰老期。本研究表明，打顶后烟叶质体色素逐渐下降，打顶至采收前随着烟叶的衰老降解量逐渐增大。

叶绿素和可溶性蛋白的降解是叶片衰老的标志。叶绿素的降解以衰老期为主，在衰老后期降解趋势增强，叶绿素 a 几乎完全降解。烘烤前叶绿素 b 高的品种烤后剩余量大，可能由于叶绿素 b 在降解过程中先由酶催化转化为叶绿素 a，因此调制期间的时间短，环境条件变化大可能是影响叶绿素 b 转化的主要因素，并最终决定了叶绿素的剩余量和转化效率。类胡萝卜素降解与叶绿素一致，衰老期降解量显著高于调制期间。品种间质体色素总降解量差异主要在衰老期，表现为豫烟 10 号高于中烟 100，NC89 最低。其中豫烟 10 号和中烟 100 的在衰老期均具有较高的叶绿素降解量，并显著高于 NC89；类胡萝卜素的降解量差异显著，豫烟 10 号最高，NC89 最低。相关性分析也表明，质体色素的降解与香气总量、新植二烯、类胡萝卜素降解总量及类胡萝卜素降解物中的主要成分呈极显著或显著正相关，而且衰老速度快的品种期降解物的转化效率高。因此，降解量大的品种质体色素降解产物的含量越高，衰老期间的叶绿素降解量起决定性因素。烟叶衰老过程中降解的蛋白质是 RuBP 羧化酶，是可溶性蛋白的主要成分。本研究表明，可溶性蛋白随衰老的加剧而逐渐降解，品种间降解量为豫烟 10 号 > 中烟 100 > NC89，降解量大的品种衰老速度快，而且降解量与香气物质总量和主要成分呈显著或极显著正相关。叶绿素和可溶性蛋白的降解规律说明，品种间烟叶衰老速度存在显著差异，衰老速度越快的品种质体色素降解量越大，降解产物总量和主要成分的含量越高，质体色素转化为香气物质的转化率越高。质体色素降解量小的品种一方面可能因为叶绿素剩余量过多影响烟叶外观，同时会使品种的香气质量降低，品质下降。

活性氧攻击蛋白质，是引起植物叶片衰老的原因之一，植物可以通过多种途径产生活性氧，起重要作用的是活性氧清除系统。本研究表明，SOD、POD 和 CAT 的活性变化趋势一致，只是 SOD 和 POD 在打顶后 20d 达到峰值，而 CAT 在打顶后 10d。酶活性较低的豫烟 10 号叶绿素和可溶性蛋白降解量大，衰老快。而氧自由基的清除能力弱的品种，其蛋白质受攻击作用强，而活性氧的积累植物产生伤害的一个重要机制是直接或间接启动膜脂的过氧化作用，导致膜的损伤和破坏，引起膜脂过氧化产物丙二醛（MDA）的增加，叶绿素降解和光合酶活性下降，植物光合能力下降。豫烟 10 号丙二醛的积累量大，脂氧合酶活性高，也说明其膜脂过氧化程度高，膜破坏严重。中烟 100 在衰老期间叶绿素降解量大，而可溶性蛋白降解量小，可能正是与其活性氧清除能力强有关，因此中烟 100 对蛋白质的保护能力强，衰老慢，并最终影响了香气物质的含量。植物类胡萝卜素与叶绿素共同以色素蛋白复合体的形式存在于类囊体膜中，在叶片衰老过程中，类囊体膜在 LOX 作用下易发生脂肪酸氧化形成氢过氧化物，形成的自由基攻击膜并使膜脂氧化程度加深，使质体色素与蛋白复合体分离，转变为游离态，稳定性降低，含量下降。CCD 是类胡萝卜素降解过程的关键酶，可催化裂解很多类胡萝卜素底物生成色素、风味和芳香味物质等，CCD 活性与香气物质总量和组分含量呈极显著或显著正相关，其变化动态表明，衰老后期酶活性显著提高，豫烟 10 号活性显著高于其他品种，其活性高峰期在打顶后 20d 至 30d，烘烤前 1d 有所下降，这与前人研究的氮素调亏促进衰老时，CCD 酶活性升高，类胡萝卜素降解量增大的结果一致。关于烟草 CCD 家族基因的功能还未研究明了，而且类胡萝卜素也是脱落酸（ABA）的前提物之一，对于 ABA 的生成与类胡萝卜素的转化为香气物质的关系，需要做进一步研究。另外，游离态的类胡萝卜素除与酶反应外，还容易被直接氧化和光氧化，因此，烟叶的衰老是质体色素转变为游离态和进一步氧化降解的主要促进因素，转变为游离态后与氧化酶的空间距离消除，而且稳定性大幅下降。说明衰老速度快和衰老程度高的品种，烟叶由于活性氧清除能力弱，脂氧合酶活性强，导致叶绿素和蛋白质大量降解，膜脂过氧化程度加深，氧化酶活性高，使质体色素转化为新植二烯、类胡萝卜素降解产物及主要产物的量更大，转化率更高，其中衰老期是影响质体色素降解并形成香气物质的主要时期。

第二节　不同基因型烤烟烘烤过程中质体色素降解与香气的关系

烟叶调制期是色素代谢的一个重要时期，在该时期色素的降解、转化在很大程度上影响着烟叶质量。烟叶烘烤过程中，烤房中的温度、叶片的含水量对色素降解的酶活性有直接影响，从而影响色素降解，也就影响烟叶质量。如果在烘烤过程中，升温过快、温度过高或叶片失水过快，都会造成叶片中叶绿素降解不充分，从而使叶片含青。宫长荣等（1997）比较了三种不同烘烤工艺（三段式烘烤工艺、国外简化烘烤工艺、传统烘烤工艺）下，烟叶色素降解规律，表明烘烤工艺对色素降解有明显影响，以三段式烘烤工艺烟叶中的叶绿素降解最为充分，烤后烟叶品质最好。不同烘烤方法对烟叶香气物质含量有影响，低温慢烤的烟叶中巨豆三烯酮含量高于高温快烤（宫长荣等 1995）。这些结果表明，不同烘烤工艺对色素代谢有直接影响，从而影响烟叶的香气物质含量，对烟叶品质有重要影响。

一、材料与方法

（一）试验材料与设计

试验于 2013 年在许昌禹州进行。试验地前茬作物一致，土壤肥力均匀，地面平整，排灌方便，参试品种为豫烟 10 号、Y8190 和中烟 100。采用随机区组设计，每个处理 3 次重复，共 30 个小区，每小区植烟 50 株，株行距为 50cm×110cm。5 月 13 日选取生长一致的壮苗移栽，在叶龄 40d、50d、60d、70d、80d 每隔 10d 取样（以幼叶长 1cm、宽 0. 5cm 时作为叶龄 1d），测定质体色素和脂氧合酶（LOX）活性，一部分用液氮冷冻处理，于-80℃冰箱中保存，用于测定 CCD 表达量。各基因型烟叶在统一的烘烤环境中烘烤，分别于开始烘烤前（0h）及烘烤开始后每隔 12h 取样 1 次，测定质体色素和脂氧合酶（LOX）活性。各项指标测定重复 3 次。调制后的烟叶在 45℃下烘干、碾碎过 60 目筛后用于质体色素含量和质体色素降解产物的测定。

（二）测定项目与方法

质体色素、可溶性蛋白和 MDA 含量分别用分光光度法、考马斯亮蓝 G250 法和硫代巴比妥酸法测定。

脂氧合酶活性参照 Seklya 和韦凤杰的方法进行提取和测定。

SOD、POD 和 CAT 酶液的提取：取 0.500g 剪碎的新鲜样品，置预冷研钵中，加 5ml 含 1%聚乙烯吡咯烷酮的 50mmol/L，pH 值 7.8 的冷磷酸缓冲液及少量石英砂，在冰浴中研磨成匀浆，再用 5ml 磷酸缓冲液冲洗研钵，与之前液体合并于 2℃ 20 000×g冷冻离心 20min，上清液即为酶提取液。酶活性的测定参照植物生理学方法。

中性致香物质测定参照史宏志的方法，用采用 HP5890-5972 气质连用仪测定。

（三）数据处理

采用 Microsoft Excel 2007 软件进行数据处理与作图，SPSS 19.0 进行统计学分析。

二、结果与分析

烟叶调制是决定烟叶最终质量和可用性的一个重要环节，也是最能彰显优质烟叶风格的环节，许多研究表明，烟草香气风格的形成不仅与其产地的生态环境和采收成熟度有关，还与烤烟调制技术有着极为密切的关系。烟草香味是评定烟叶及其制品质量的重要指标，优质烟叶要求在燃吸过程中产生香型突出、香气质佳、香气量足、吃味醇和的感官效果，烟叶成熟和烘烤过程是香气前体物降解、香气物质形成和转化的主要时期。在成熟和烘烤过程中，色素的含量变化，将直接影响烤烟的色泽和香气风格。

（一）不同基因型烤烟成熟和烘烤过程中叶绿素含量变化

叶绿素是进行光合作用的重要色素，叶绿素含量的高低反映了叶片生理功能的强弱，其降解产物与烟叶的香气物质和品质有密切关系，因此本研究使用了总降解量和衰老期间、调制期间降解量来描述不同阶段质体色素降解的规律。叶绿素含量的动态变化是烤烟衰老的决定因素之一，豫烟 10 号和中烟 100 在叶龄 30d，Y8190 在叶龄 40d 达到峰值，最高峰值含量：豫烟 10 号>Y892>中烟 100（表 7-4）。生长成熟期间降解量与峰值含量多少顺序相同，即豫烟 10 号>Y892>中烟 100（表 7-5）；烘烤期间降解量 Y8190>中烟 100>豫烟 10 号；总降解量豫烟 10 号>Y8190>中烟 100。田间生长期间降解量均大于烘烤期间降解量，两者之差豫烟 10 号最大为 51.84%，其次是 Y8190 为 26.90%，中烟 100 相差不大，仅为 1.65%（表 7-6）。从整体情况看，达到最大值后一定时间内降解量不明显，在接近成熟采收的 20d 时间内降解量最大；烘烤过程中部分烟叶在前 24h 降解量不一致，24~48h 降解量都不大，在 48~72h 降解量明显加大。

表 7-4　不同基因型烤烟成熟过程中叶绿素含量变化　(mg/g)

品种	叶龄 (d)					
	30	40	50	60	70	80
豫烟 10 号	3. 37Aa	2. 51Bb	1. 74Bc	1. 54a	1. 21b	0. 88b
Y8190	2. 56Bb	3. 11Aa	2. 33Aa	1. 50b	1. 40a	1. 17a
中烟 100	2. 28Bb	2. 08Bc	1. 90Bb	1. 53a	1. 46a	1. 10a

表 7-5　不同基因型烤烟烘烤过程中叶绿素含量变化　(mg/g)

品种	时间 (h)								
	0	12	24	36	48	60	72	84	96
豫烟 10 号	0. 86Bc	0. 83Bb	0. 61b	0. 44b	0. 19b	0. 13b	0. 09b	0. 08Ab	0. 04b
Y8190	1. 12Ab	1. 06Aa	0. 64b	0. 38b	0. 20b	0. 16a	0. 13a	0. 10Aa	0. 06a
中烟 100	1. 03Aa	0. 99Bb	0. 73a	0. 58a	0. 25a	0. 14b	0. 08b	0. 04Bc	0. 03b

表 7-6　烤烟叶绿素降解量分析表　(mg/g)

含量	Y10	Y8190	中烟 100
最大积累量	3. 37	3. 11	2. 28
烤前总降解量	2. 49	1. 94	1. 16
烘烤降解量	0. 81	1. 05	1. 00
总降解比例 (%)	95. 92	96. 14	88. 59
生长成熟降解比例 (%)	73. 88	62. 37	50. 87
烘烤降解比例 (%)	22. 04	33. 77	49. 13

(二) 不同基因型烤烟成熟和烘烤过程中类胡萝卜素含量变化

品种间类胡萝卜素含量随叶龄变化趋势基本一致，在叶龄 40d 以前，类胡萝卜素含量处于积累期，即类胡萝卜素生成量大于降解量，各品种均呈现上升趋势，叶龄 40d 达到峰值；叶龄 40d 以后，类胡萝卜素含量开始下降，说明类胡萝卜素降解量大于生成量；但同一叶龄基因型间存在量的显著差异（表 7-7）。在烘烤过程中类胡萝卜素总体变化趋势基本一致，都随着烘烤进行含量逐渐下降，在烘烤开始的 0~24h 内类胡萝卜素降解缓慢，24~48h 内急剧下降，而后趋于平缓，烘烤期间类胡萝卜素的降解程度与各色素的氧取代程度呈正比，烤后其含量较烤前叶大幅度降低。不同品种烤烟的类胡萝卜素在烘烤中降解的情况差异明显，烘烤 96h 后，豫烟 10 号烟叶的类胡萝卜素含量比烤前降低了 69. 69%，Y8190 降低了 87. 50%，中烟 100 降低了 68. 03%（表 7-8），从类胡萝卜素总量降解率来看，Y8190 降解率最高（90. 52%），豫烟 10 号其次（83. 40%），中烟 100 降解率最低（82. 14%）（表 7-9），虽然烟叶类胡萝卜素在烤烟醇化过程能够进一步降解转化，但难以抵消烘烤中降解率低的不足，由此看来，进一步提高豫烟10号的类胡萝卜素降解率，可使烟叶香气更为丰富、饱满。

表7-7 不同基因型烤烟成熟过程中类胡萝卜素含量变化 (mg/g)

品种	叶龄（d）					
	30	40	50	60	70	80
豫烟10号	0.56Bb	0.68Ab	0.65Aa	0.55Aa	0.40Aa	0.34Aa
Y8190	0.65Aa	0.71Aa	0.43Bb	0.37Bb	0.24Bc	0.23Bb
中烟100	0.48Cc	0.57Bc	0.35Bc	0.32Bc	0.31Bb	0.24Bb

表7-8 不同基因型烤烟烘烤过程中类胡萝卜素含量变化 (mg/g)

品种	时间（h）								
	0	12	24	36	48	60	72	84	96
豫烟10号	0.35Aa	0.33Aa	0.31Aa	0.30Aa	0.28Aa	0.27Aa	0.17Aa	0.16Aa	0.10Aa
Y8190	0.24Bb	0.21Bb	0.18Bc	0.17Cc	0.15Bb	0.13Bb	0.12Bb	0.07Bc	0.03Bc
中烟100	0.25Bb	0.24Bb	0.24Bb	0.23Bc	0.15Bb	0.14Bb	0.11Bb	0.09Bb	0.08Ab

表7-9 烤烟类胡萝卜素降解量分析表 [mg/（g·FW）]

含量	Y10	Y8190	中烟100
最大积累量	0.68	0.71	0.57
烤前总降解量	0.33	0.47	0.33
烘烤降解量	0.25	0.21	0.16
总降解比例（%）	87.24	96.52	87.41
生长成熟降解比例（%）	49.62	66.89	58.21
烘烤降解比例（%）	37.94	29.62	29.19

（三）不同基因型烤烟成熟和烘烤过程中脂氧合酶活性变化

脂氧合酶（LOX）是类胡萝卜素降解的关键酶，与自由基含量呈密切正相关，对烟叶烤黄、烤香有重要影响，本试验结果表明（表7-10），烤烟烟叶成熟过程中叶绿素酶活性变化趋势基本一致，LOX活性随着烟叶的成熟过程，基本呈先上升再下降的趋势，在中部叶叶龄60d时LOX活性最高；LOX活性随烘烤过程的进行而升高，达到峰值后下降，但各基因型酶活性到达峰值的时间先后不同，Y8190酶活在烘烤36h时达到高峰，之后持续下降，豫烟10号和中烟100的LOX酶活在烘烤48h时达到高峰，之后持续下降，从开始烘烤到定色期结束，不同基因型间酶活性差异显著，在0～36h期间Y8190脂氧合酶活性最大，其次为中烟100，再次为豫烟10号，在48～60h变黄前期和

84~96h 变黄后期豫烟 10 号的脂氧合酶活性在三个基因型间最大，烘烤初期 LOX 活性升高是由于烟叶受到机械损伤和环境胁迫使 LOX 被激活并自我活化，烟叶后熟的启动及成熟衰老伴随的膜功能丧失，而后 LOX 活性下降可能是由于 LOX 催化的脂质过氧化物积累过多导致其自身毁坏以及烟叶水分丧失较多，膜脂过氧化加剧，烟叶颜色加深（表 7-11）。

表 7-10　不同基因型烤烟成熟过程中脂氧合酶活性变化

［OD_{234}/（g·FW·min）］

品种	叶龄（d）					
	30	40	50	60	70	80
豫烟 10 号	12. 89Bb	51. 73Aa	55. 38Aa	70. 84Aa	39. 51Bb	37. 38Bb
Y8190	19. 91 Aa	35. 29Bb	42. 04Bc	52. 18Bb	49. 69Aa	37. 07Aa
中烟 100	8. 98Cc	10. 49Cc	46. 93Bb	49. 33Cc	29. 60Cc	27. 47Cc

表 7-11　不同基因型烤烟烘烤过程中脂氧合酶活性变化

（OD_{234}/（g·FW·min）］

品种	时间（d）								
	0	12	24	36	48	60	72	84	96
豫烟 10 号	7. 38Cc	8. 50Cc	9. 18Bc	12. 89Bb	16. 09Aa	13. 00Aa	9. 50b	7. 88a	6. 83a
Y8190	9. 43Aa	10. 37Aa	12. 79Aa	13. 37Aa	11. 17Cc	10. 84Bb	9. 54a	7. 21c	6. 59c
中烟 100	8. 09Bb	9. 53Bb	10. 81Bb	12. 57Bb	13. 19Bb	10. 88Bb	9. 10b	7. 44b	6. 71b

（四）不同基因型烤烟成熟过程中类胡萝卜素裂解双加氧酶基因表达变化

类胡萝卜素裂解双加氧酶 CCDs 催化类胡萝卜素可氧化裂解成多种挥发性香气分子的脱辅基类胡萝卜素，参与农产品风味的形成，由图 7-6 可知，随着烟叶衰老加剧，CCD 活性显著升高，除 Y8190 叶龄 60d 时表达量最高之外，从叶龄 40d 到叶龄 70d CCD 活性大幅升高，品种间前期差异不明显，后期中烟 100 相对最低，品种间差异达到显著水平。这与前人研究的氮素调亏促进衰老时，CCD 酶活性升高，类胡萝卜素降解量增大的结果一致。

（五）不同基因型烤烟烤后烟叶质体色素降解产物

利用 GS/MS 方法从烤后烟叶中分离鉴定出 14 种类胡萝卜素降解产物（表 7-12），质体色素降解产物占中性香气成分的含量均在 90%以上，新植二烯含量占 85%以上。品种间叶绿素的降解产物新植二烯差异较大，豫烟 10 号略大于 Y8190，中烟 100 最低，中烟 100 新植二烯所占挥发性香气物质总量的比值最高为 88. 24%，Y8190 略大于豫烟 10 号。豫烟 10 号类胡萝卜素降解产物总量略大于 Y8190，且显著高于中烟 100。由于品种间类胡萝卜素降解量和香气物质含量都存在很大差异，本研究引入了转化效率来表述品种间质体色素转化的差异。叶绿素转化为新植二烯的效率为 17. 19%~26. 46%，而

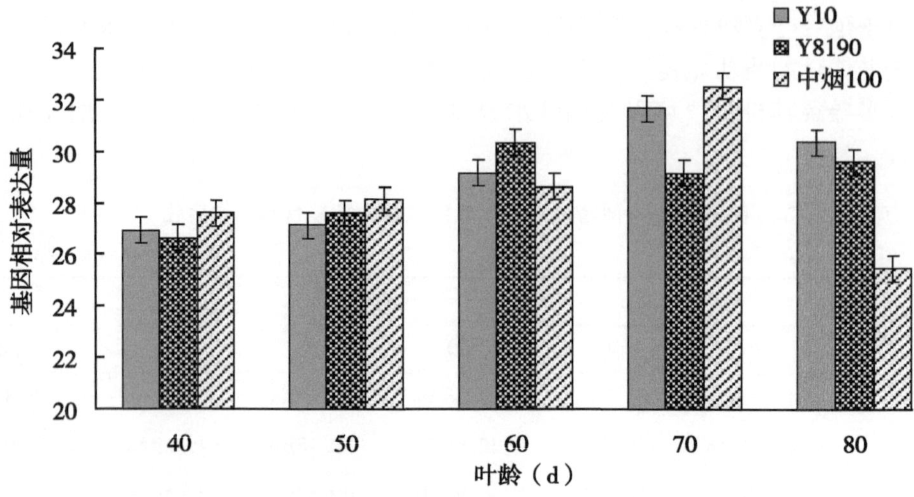

图 7-6　不同基因型烤烟成熟过程中 *CCD4* 基因表达情况

类胡萝卜素转化为香气物质的效率仅有 8.27%~9.27%。

表 7-12　不同基因型烤烟烤后烟叶质体色素降解产物含量的分析　(μg/g)

质体色素降解产物	豫烟 10 号	Y8190	中烟 100
6-甲基-5 庚烯-2 酮	1.4527	0.9675	0.5858
6-甲基-5 庚烯-2 醇	1.3133	1.1535	0.8858
法尼基丙酮	11.6096	14.6744	12.9664
β-二氢大马酮	17.0353	18.3974	18.7129
β-大马酮	18.8818	14.492	16.1994
香叶基丙酮	3.3865	2.6995	2.6416
二氢猕猴桃内酯	4.4246	2.8119	2.7714
巨豆三烯酮 1	2.0597	1.7676	1.8679
巨豆三烯酮 2	6.1628	8.6698	7.8072
巨豆三烯酮 3	1.5188	1.7716	1.6559
3-羟基-β-二氢大马酮	2.2806	2.8883	1.1912
巨豆三烯酮 4	12.4358	11.9919	11.6337
螺岩兰草酮	2.2548	2.7518	1.4288
芳樟醇	0.8219	1.5678	0.5411
类胡萝卜素降解产物总量	86.605	85.6382	80.8891
新植二烯	1 212	1 132	1 096
挥发性香气物质总量	1 413.9812	1 296.454	1 241.989

三、讨论

色素在烟叶生长发育过程中形成，本身不具有香气特征，但在烟草成熟、烘烤、醇化和燃烧过程中，特别是在烘烤过程的湿热条件下，烟叶细胞器和细胞质膜的超微结构发生解体，细胞区室化结构被破坏，使生物酶与色素等大分子物质充分接触，从而发生了氧化降解反应，通过酶促反应、高温高湿条件下的氧化、重排和裂解反应，可转化形成香气物质的化合物，由于它既是成熟、烘烤后烟叶中的积累物质，也是烤烟醇化和烟丝燃烧产生大量小分子挥发性香气物的主要前体物质，因而具有“承上启下”的作用，此外，色素在烟叶生长、成熟、烘烤、醇化和燃烧过程中的积累、转化和降解，将直接影响烤烟的香气风格、香气质和香气量。因此，系统研究烟草色素在成熟、烘烤过程中的变化规律和影响因素，深入分析色素代谢机制，为烟草生产和加工过程中，采用科学有效的调控技术和手段，提高烟叶原料的香气品质和工业可用性创造条件。

烘烤过程是使烟叶质量潜势得到最大程度发挥的过程，在烟叶成熟、烘烤过程中，鲜叶经凋萎和高温湿热作用，组织细胞受到破坏，内含物质充分暴露到空气中，酶促氧化能力很强，从而有利于质体色素的氧化降解，叶绿素在叶绿素酶作用下迅速降解；而类胡萝卜素的降解主要是由于氧化作用引起，其速度远低于叶绿素降解速度，导致类胡萝卜素与叶绿素的比值不断升高，对烟叶颜色产生了综合作用，从而使叶色由烘烤前的浅黄、正黄色向较深的金黄、深黄、棕黄色转变。

在叶片成熟及烘烤过程中，叶绿素在叶绿素酶作用下迅速降解；而类胡萝卜素的降解主要是由于氧化作用引起，其速度远低于叶绿素降解速度。烟叶在烘烤发酵过程中，这些色素进一步降解，类胡萝卜素总量不到新鲜叶的 26%，而叶绿素与新黄质在烘烤后烟叶中很少存在，田间生长期间降解量均大于烘烤期间降解量，品种间叶绿素总降解量差异表现为豫烟 10 号高于 Y8190，中烟 100 最低，Y8190 类胡萝卜素总降解率最高（90.52%），豫烟 10 号其次（83.40%），中烟 100 降解率最低（82.14%），烘烤 96h 后，豫烟 10 号、Y8190 和中烟 100 烟叶的类胡萝卜素含量比烤前分别降低了 69.69%、87.50%、68.03%，虽然烟叶类胡萝卜素在烤烟醇化过程能够进一步降解转化，但难以抵消烘烤中降解率低的不足。由此看来，进一步提高豫烟 10 号的类胡萝卜素降解率，可使烟叶香气更为丰富、饱满。

第三节　遮光及光照转换对不同烟草品种色素和光合效率的影响

烟草是喜光作物，只有在充足的光照条件下才有利于光合作用，提高其产量和品质。烟草产量和品质的形成依赖于光合作用产生的有机物质，提高产量和品质的根本途径是改善烟草的光合性能。旺长期是烟草叶片分化、生长的关键时期，决定了烟株的叶片数量、大小、干物质积累及其烟叶产量和质量的形成。光照强度对植物叶片的光合速率、蒸腾速率、气孔导度、光饱和点及光补偿点有显著的影响。杨兴洪等的研究表明，遮阴棉花叶片突然转至自然光照条件下，虽然光照强度升高，但光合速率却迅速下降。刘贤赵等以番茄为材料，研究了不同生长阶段（开花早期、盛花期和开花后期）夏季午间不同光照度（不遮阴、40%遮阴和75%遮阴）对氮素在番茄各器官中分配的影响，结果表明，在开花后期适度遮阴有利于氮优先分配给叶组织，改善番茄氮素状况，增加开花后期番茄的经济产量。张文锦等研究了夏暑季乌龙茶园覆盖遮阴的生态、生理生化效应及其对茶树生长、产量和品质的影响，结果表明，适度遮阴乌龙茶的茶多酚、粗纤维和咖啡碱的含量明显降低，氨基酸含量明显提高，儿茶素品质组分得以优化，提高了夏暑茶的产量和品质。李潮海等曾探讨过苗期遮光及光照转换对两个玉米杂交种叶片光合速率、荧光特性的影响，表明不同玉米品种间光合生态参数存在明显差异。烟株在一天中都要经历不同的光照变化，从全光照到被遮阴。不同的烟草品种对弱光胁迫的响应敏感度不同，将必然导致烟草大田生产过程中产量、品质形成的差异，但关于这方面的研究却很少。另外，当生长在自然光照或弱光条件下的烟草植株突然转至弱光（或自然光照）条件下时，烟草叶片的光合速率及荧光特性必然会由于光强的突然变化而发生变化，而这些变化的持续效应还缺乏研究。因此，本文研究了旺长期遮光对不同烟草品种光合效率的影响，以期探讨旺长时期光照转换后光合速率与荧光参数的动态适应性变化，确定适应广幅光强的烟草品种光适应特性，为大田推广烟草品种提供光合生理、生态参数，并丰富烟草光胁迫方面的科学资料。

一、材料与方法

（一）试验材料

试验于 2005 年度在河南农业大学科教示范园区（郑州毛庄）网室内进行，供试品种为 K326 和中烟 101。试验用素烧陶盆，高 40cm，盆口直径 40cm，盆底直径 35cm。试验前，先在网室内起垄，按 100cm×45cm 的行株距，将陶盆置于垄上。

每盆装土 20kg，装盆前土经过风干，并过 0.5mm×1mm 网筛。供试土壤情况：pH 值=7.8，有效氮 50.5mg/kg，有效磷 10.1mg/kg，速效钾 105mg/kg。每盆施纯 N 2.5g，（NH_4^+-N）：（NO_3^--N）按 1：3（w/w），N：P_2O_5：K_2O=1：2：2.5（w/w），将土壤与肥料混合均匀后装盆。装盆时每盆埋插塑料管供浇水用。

5 月 17 日移栽烟苗，移栽后定量浇水，保持每盆含水量基本一致，每处理 15 盆，共 30 盆。田间管理如常规。网室内设置 50%遮阴度的遮阴网，遮阴处理于移栽时开始遮阴；正常光照处理、遮阴处理分别于移栽后 35d 进入旺长期。

（二）测定项目与方法

旺长期取第 5 片展开叶片（心叶 3cm 为第 1 片叶，自上而下计算），分别测定遮阴处理和光照处理烟草叶片的叶绿素含量、类胡萝卜素总量，重复 3 次。测定两处理及光照转换后的光合速率、叶绿素荧光参数，重复 5 次。

（三）测定方法

1. 叶绿素和总类胡萝卜素含量测定

叶绿素含量的测定采用分光光度计法。

2. 光合速率（Pn）及叶绿素荧光参数测定

于旺长期用 CIRAS-1 型便携式光合测定系统及 FMS2 脉冲调制式荧光仪测定不同处理烟草叶片的净光合速率（*Pn*）、光系统Ⅱ（PS Ⅱ）最大光能转换效率（*Fv/Fm*）、实际光化学效率（ϕPSⅡ）、光化学淬灭系数（*qP*）和非光化学淬灭系数（*NPQ*）等。每处理每品种测定 5 株，测定部位为第 5 片展开叶（心叶 3cm 为第 1 片叶，自上而下计算）。光照转换第 0、1d、2d、3d、4d、5d、6d 分别连续测定叶片光合速率（Pn）、叶绿素荧光动力学参数。测定时间均为 9：00。测定光合时，为保持试验条件一致及减少天气影响，使用电瓶作为外接电源，固定光照强度为 900μmol/（m^2·s）。(自然光照）和 450μmol/（m^2·s）。(遮阴条件)。

二、结果与分析

（一）旺长期遮光对不同烟草品种叶片色素含量的影响

旺长期遮光总体上促进叶片叶绿素、类胡萝卜素含量积累，但不同品种、不同色素类型的累积差异较大（图 7-7）。K326、中烟 101 等两品种 Chl a 在遮阴条件下分别增加 12%、5. 8%；Chl b 遮阴条件下分别增加 36. 5%、13. 6%；Car 在遮阴条件下分别增加 32. 3%、27. 9%；Chl 在遮阴条件下分别增加 18%、7. 5%。表明 K326 品种对遮阴条件响应敏感，较中烟 101 适应遮阴条件。以上色素含量变化导致遮阴条件下两品种 Chl a/Chl b 和 Chl/Car 比值下降（图 7-8），但不同的烟草品种间 Chl a/Chl b 和 Chl/Car 比值下降程度不同，其中 K326 Chl a/Chl b 下降 21. 8%，中烟 101 仅下降 7%；K326 Chl/Car 仅下降 12. 1%，中烟 101 下降达 19. 04%。

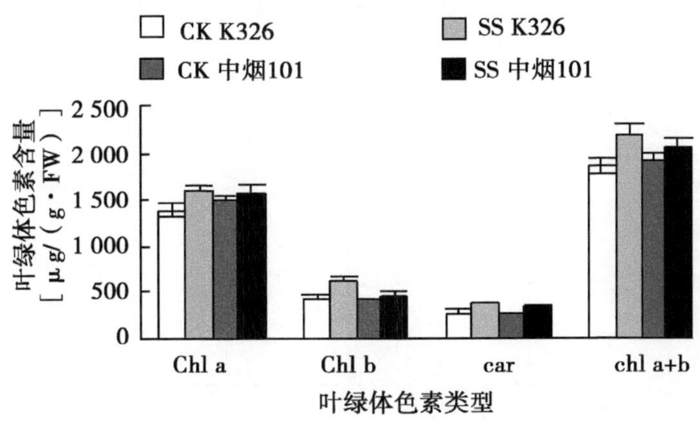

图 7-7 旺长期遮光对不同烟草品种叶绿体色素含量的影响

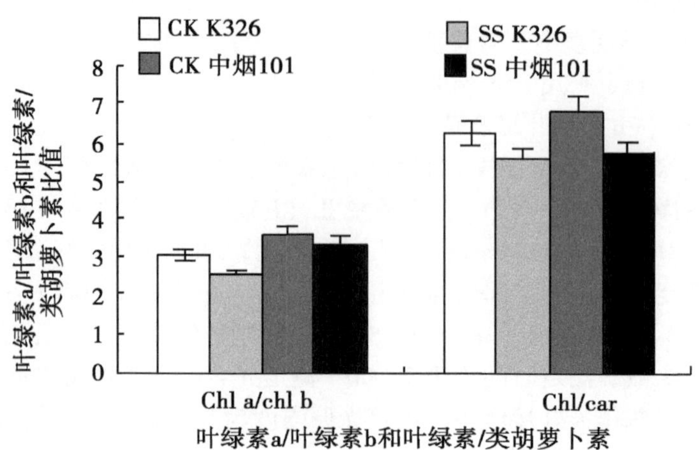

图 7-8　旺长期遮光对不同烟草品种叶绿素 a/b 和叶绿素/胡萝卜素比值的影响

（二）旺长期遮光对不同烟草品种叶片光合速率的影响

旺长期遮阴降低了 K326、中烟 101 品种的净光合速率（图 7-9）。在自然光照条件下，两品种净光合速率差别较大，K326 的净光合速率是中烟 101 的 126. 6%；遮阴条件下 K326 的净光合速率仍是中烟 101 的 125. 4%。旺长期遮光处理侵两个品种的光合速率都明显降低，K326 比其对照低 60. 8%，中烟 101 比其对照低 59. 3% 。

（三）不同烟草品种光合速率对旺长期光照转换的响应

两种不同的光照转换均导致 *Pn* 的急剧下降（图 7-9）。自然光照下生长的烟草转入遮光条件（L→S）时，由于光照减弱，*Pn* 的下降是必然趋势；但是在遮光条件下生

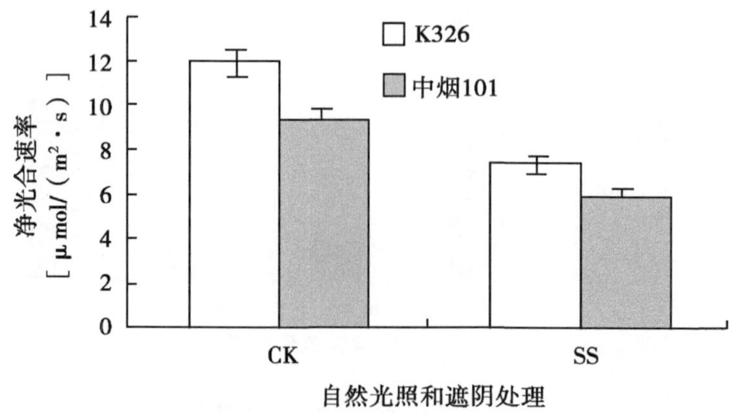

图 7-9　旺长期遮光对不同烟草品种净光合速率的影响

长的烟草转入自然光照条件（S→L）时，光强突然升高了，烟草叶片的光合速率仍表现为迅速下降。这可能与烟草前期在遮光条件下形成的光适应性有关。遮光下的烟草从组织上和生理上均已适应了弱光条件，当突然转到自然光照条件下，叶片严重不适应强光照射，甚至会造成对光合系统的伤害，由此表现出 *Pn* 的迅速下降。但是随着时间的

推移，两个烟草品种的 Pn 都逐渐回升，但始终都没有达到自然光照条件下 Pn 的水平。两个烟草品种开始回升的时间基本相同，但回升速度和趋势在两品种之间表现出了明显的差异。在 L→S 处理中，两品种的 Pn 基本都是在第 1d 后开始回升，并很快达到稳定，到第 3d 以后，K326 的 Pn 基本不再变化，而中烟 101 的 Pn 在第 4d 以后稍微有所下降。到光照转换后第 6d 时，K326 的 Pn 达到自然光照下的 61.34%，而中烟 101 达到自然光照下的 61.7%。在 S→L 处理中，K326 和中烟 101 Pn 都是从第 1d 后开始回升，但到第 2d 至第 3d 中烟 101 的 Pn 比光照转换前有所增加且明显高于 K326，然后下降并于第 4d 时明显低于 K326。而 K326 的 Pn 从第 1d 至第 4d 一直增加，然后表现出稳定不变化的趋势。第 6d 时的 K326 的 Pn 是光照转换前的 152.7%，而中烟 101 的 Pn 仅为光照转换前的 134%。另外，L→S 处理中，K326 的 Pn 始终高于中烟 101，第 6d K326 的 Pn 为中烟 101 Pn 的 125.86%。而 S→L 处理中，只有在第 1d 以后至第 3d，中烟 101 的 Pn 大于 K326，其余时期都小于 K326 的 Pn，转换第 6d 时，中烟 101 的 Pn 仅为 K326 的 69.91%（图 7-10）。

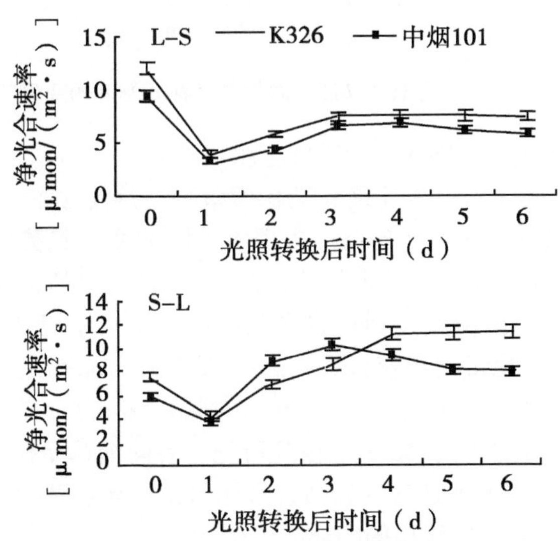

图 7-10　光照转换后不同烟草品种的变化

（四）不同烟草品种荧光参数对旺长期光照转换的响应

1. 实际光化学效率（ϕPS Ⅱ）对光照转换的响应

ϕPS Ⅱ是 PS Ⅱ的实际光化学效率，反映叶片用于光合电子传递的能量占吸收光能的比例，是 PS Ⅱ反应中心部分关闭时的光化学效率。由图 7-11 可以看出，自然光照转至遮光条件下（L→S）时，叶片 ϕPS Ⅱ降低，然后又有所回升，从第 2d 到第 4d 保持稳定，然后开始稍微下降。两品种叶片 ϕPS Ⅱ的变化趋势基本一致。由遮光到自然光照条件（S→L）后，开始时 ϕPS Ⅱ迅速下降，到第 1d 后开始回升，但两品种的 ϕPS Ⅱ的变化趋势不同。K326 的 ϕPS Ⅱ从第 2d 至第 4d 稍有上升，然后又稍有下降；而中烟 101 的 ϕPS Ⅱ从第 2d 到第 3d 上升后，开始下降，第 4d 以后再稍有上升。但是这个处理中，中烟 101 的 ϕPS Ⅱ始终低于 K326。可见 K326 能较快地适应光照强度变化，始终保持较高的 ϕPS Ⅱ。

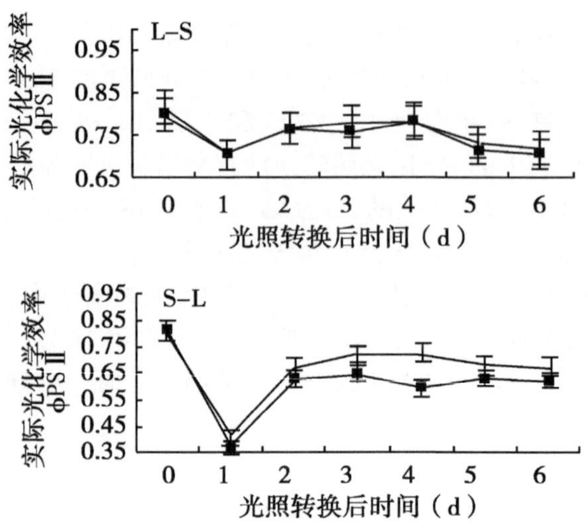

图 7-11　光照转换后不同烟草品种 ϕPS Ⅱ的变化

2. 最大光化学效率（*Fv/Fm*）对光照转换的响应

Fv/Fm 表示暗适应条件下 PS Ⅱ最大光化学效率，反映了 Ps Ⅱ反应中心最大光能转换效率。两种光照转换处理后，*Fv/Fm* 表现出不同的变化趋势（图 7-12）。由图 7-12 可以看出，在由自然光照转入遮光条件（L→S）时，两品种的 *Fv/Fm* 变化趋势一致，且变化量基本相同。但由遮光到自然光照条件（S→L）下时，两烟草品种的 *Fv/Fm* 变化趋势一致，但变化量差异较大。虽然两品种 *Fv/Fm* 都是从开始到第 4d 一直呈下降趋势，然后有所增加。但中烟 101 从第 1d 到第 4d*Fv/Fm* 下降较快。在两个处理中，中烟 101 *Fv/Fm* 一直都低于 K326。由此可见，不同烟草品种 *Fv/Fm* 对光照转换的响应不同，K326 对光照转换的适应性较强，且能保持较高水平的 *Fv/Fm*。

3. 叶绿素荧光淬灭对光照转换的响应

叶绿素荧光淬灭是叶绿体耗散过剩能量的一种途径，有光化学淬灭和非光化学淬灭两种形式。*qP* 为光化学淬灭系数，反映了 Ps Ⅱ反应中心的开放程度，NPQ 指非光化学淬灭，即 PS Ⅱd 线色素吸收的光能不能用于光合电子传递而以热能的形式耗散掉的部分。由图 7-13 和图 7-14 可以看出，两种光能转换之间表现出相同的变化趋势，而两个参数的变化趋势表现出明显的差异。自然光照下生长的烟草转入遮光条件（L→S）之后，*qP* 先下降，再上升，但变化不明显。K326 NPQ 先上升，第 1d 后再下降，到第 4d 以后又稍有上升。中烟 101NPQ 一直呈下降趋势，且始终高于 K326。当从遮光转换到自然光照（S→L）条件下之后，两品种 *qP* 都是先下降后上升，*NPQ* 则是在第 1d 上升到最大值，之后下降，在第 3d 后又开始稍有上升。由此可见，当烟草植株从遮光下突然转移至高光强的自然光下，由于烟草对强光一下子难以适应，因此，表现为第 1d *qP* 迅速下降，而 *NPQ* 迅速上升，以逸散过量光能避免光合机构受损，但随后烟草对

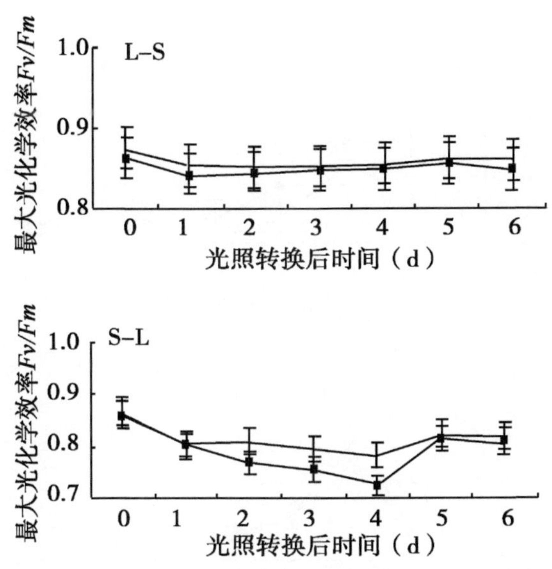

图 7–12　光照转换后不同烟草品种 *Fv/Fm* 的变化

光强度的逐渐适应，呈现出 *qP* 上升，*NPQ* 下降的趋势。且在此处理中，中烟 101 *NPQ* 在第 2d 之前低于 K326，然后又高于 K326，变化幅度较大。

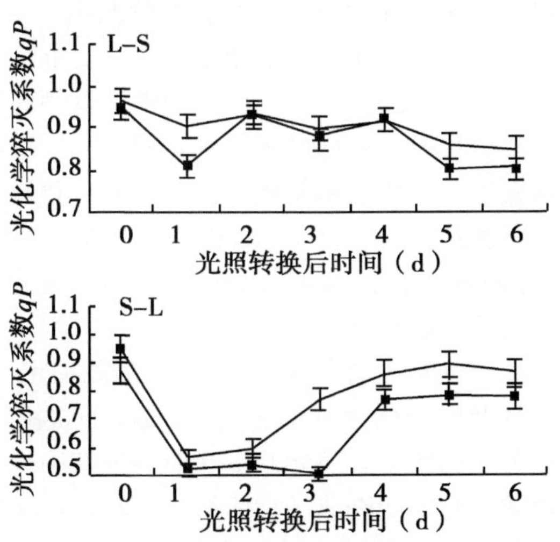

图 7–13　光照转换后不同烟草品种 *qP* 的变化

三、讨论

烟草是一种喜光植物，从系统发育形成的特征来讲，强烈的阳光才能使它生长旺盛，叶厚茎粗，繁殖力强。从人们对烟叶品质的要求来看，在强烈的光照条件下，烟草

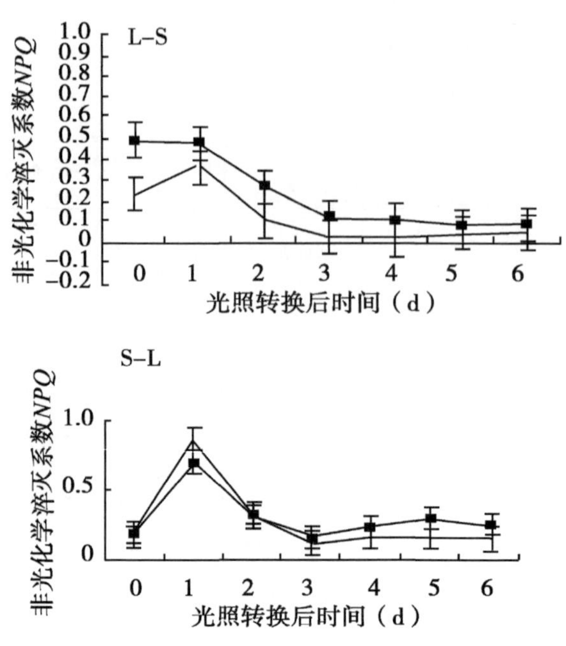

图 7–14 光照转换后不同烟草品种 NPQ 的变化

叶片的栅栏组织和海绵组织加厚，叶片厚而粗糙，叶脉凸出，形成“粗筋暴叶”。过分强烈的光照还会引起日灼病。因此，从栽培的角度出发，要求日光充分而不强烈，对烟草品质形成有利。如果光照不足，组织内部细胞分裂慢，且倾向于细胞伸长和细胞间隙的加大，特别是机械组织发育很差，植株细软纤细。同时，由于光照不足，光合作用受阻，植株生长缓慢，成熟延迟，干物质积累减少，叶片薄，香气不足，品质下降。中国云南烟区，日照的短波光线较强，能使烟株健壮生长，增加干物质积累，特别在旺长期的 6—7 月云量多，常常是晴间多云，和多云间阴的天气，日光时遮光照，光照和煦，有利于促进烟草的生长和品质的提高。

江力等研究了不同光强对烟草光合作用的影响，结果表明，K326 是高光合速率的烟草品种，其电子传递活性及光合酶活性均较高。Kasperbauert 的研究表明，遮阴烟叶比未遮阴烟叶接受的远红外光照多于红外光照，从而导致烟株生长差异及烟碱、多酚等含量的不同。遮阴及光照转换对不同烟草品种的影响受其处理前期和光照条件的共同影响，且其变化机制并不相同，此方面的问题应深入研究。遮阴对花生叶片中的总叶绿素及其组分叶绿素 a 和 b 的含量均有显著影响。总叶绿素及其组分的含量均随遮阴强度的增加而增加，而且在遮阴 75%时达到最高值。在整个生育阶段的遮阴处理中，叶绿素 a 和 b 的比值基本上保持相同。

本试验研究表明，不同烟草品种遮阴及光照转换对叶片光合色素含量、净光合速率（Pn）和叶绿素荧光动力学参数的响应存在较大差异。其中遮光促进叶片叶绿素、类胡萝卜素含量积累，导致叶片叶绿素 a/b 和叶绿素/胡萝卜素值下降；K326 品种对遮阴条件反应敏感，可能是其光照适应能力强的重要原因；遮阴降低了 K326、中烟 101 品种的光合速率；两种不同的光照转换均导致 *Pn*、ϕPSⅡ、*Fv/Fm*、*qP* 的急剧下降，可能是烟草叶片本身对光照转换过程产生本能的生理生态反应。光照转换过程中不同烟草品种对 *Pn*、ϕPSⅡ、*Fv/Fm*、q_p 响应的差异，表明它们的光生态适应性和光照敏感性各不相同。自然光照条件下的烟草植株生长发育良好，具有效率较高的光合器官和光合机构，当将之转入遮阴条件下（L→S），仍能继续发挥作用，比较充分的利用较弱的光照，表现在光照转换后 ϕPSⅡ、*Fv/Fm*、*qP* 等光合参数下降较小，但较强的光能利用率并不能完全弥补光强的降低对光合速率的影响，最终 *Pn* 仍表现明显的下降趋势。当从遮光转换到自然光照（S→L）条件下之后，已适应弱光照条件的光合器官必然受到较强光照的损害，过剩光能增加，使光照转换初期 *NPQ* 急剧上升，ϕPSⅡ、*Fv/Fm*、*qP* 相应地急剧下降，但随着烟草对光的适应，又使 *NPQ* 下降，而其他 3 个参数回升，从而提高光合效率。在 L→S 光照转换时不存在光破坏，仅仅是一个适应的过程，因此 S→L 处理对光合效率的影响大于 L→S 处理。可见光照转换后的光合特性变化受其发育时期和光照条件的共同影响，且其变化机理并不相同。

目前中国烟区分布广泛，由于不同烟区光照强度、日均温度、光照时数等生态因素的差异及其推广烟草品种的不同，各地形成了风格各异的烟草品质类型。典型特征之一的云南烟草，在光照和煦、日均温 22℃左右等生态因素造就其清香型烟草风格；而地处中原的河南烟区，6—8 月光强较高、日均温 26℃等生态因素形成河南典型的浓香型香气风格。研究不同烟草品种对不同光照强度条件的反应及其品质差异，将成为烟草农业工作者研究的重要内容之一。烟草大田生产是以提升烟草品质工业可用性为目标，不同光照条件下烟草品质的差异以及不同基因型烟草品种对不同产区生态条件的适应性等问题，仍需开展更深入的研究。

四、结论

与中烟 101 相比，K326 品种在遮阴及光照转换条件下均保持较高的净光合速率、较高的实际光化学效率、最大光化学效率和较强光电子传递能力，表明栽培条件下 K326 有较强的光生态适应性。

第四节　不同基因型烤烟香气成分和质量差异研究

烟草具有广泛的适应性，但对环境相当敏感，生态条件的变化对烟叶产量、质量都有很大的影响。只有将品种特性与各地自然条件结合起来，才能发挥品种的潜力。因此合理进行品种布局，充分利用自然资源，是丰富和提高卷烟原料和品质、稳步发展烟草生产的重要措施。烟草香气物质的组成和含量受遗传因素影响。品种间致香物质的含量及组成也存在着显著的差异。美国收集了 1 500个基因型不同的烟草品系，种植在同一地点，在同样的栽培条件下，主要香气物质醚提物含量有很大差异，变幅为 6. 51%~15. 3%。Weeks 等比较了 20 世纪 40~80 年代主要烤烟当家品种的挥发性成分，结果表明，不同品种主要挥发性成分含量差异显著。姚益群等（1988）研究了云南烤烟、香料烟和晾晒烟的主要挥发性成分，对 14 个烟草样品的色谱定性分析表明，精油含量以晾晒烟最大，各样品定量上有差异，不同等级、不同产地之间差异小，不同类型之间差异较大。王瑞新等（1991）对河南省 4 个主要烤烟品种 G-140、NC89、红花大金元和长勃黄的主要香气物质成分进行了定量分析发现，不同品种间主要香气物质含量有明显的差异。为提高豫西地区烟叶香气质量，2007 年开展了烤烟品种品质比较试验，以期通过品种比较试验研究，筛选出香气质量潜力高、适宜于豫西地区生态条件的高香气优良品种，为定向提高豫西烟叶香气质量奠定良好的品种基因遗传基础，以期为提高豫西地区烟叶香气质量提供技术依据。

一、材料与方法

（一）试验材料

试验于 2007 年在河南省洛宁县东宋聂坟村进行。供试品种长脖黄、云烟 202、中烟 100、品系 89112 和 K326 五个品种。烟苗于 2007 年 5 月 10 日移栽，种植密度为 1 100株/亩。施肥方法：亩施纯氮 6kg（含饼肥 N 量和农家肥 N 量），氮、磷、钾比例 1∶1.5∶3，五氧化二磷 6kg/亩，氧化钾 12kg/亩。田间管理按照洛宁优质烟生产技术规程进行。

（二）测定项目与方法

各小区成熟采收，“三段式”烘烤工艺烘烤，42 级国标分级，计产计质。然后分别取各小区 B2F、C3F、X2F 样品 2kg 进行常规化学成分、香气物质分析和原烟感官质量评吸评价。

（三）中性香气成分的测定与分类

粉碎过 60 目的烟叶粉末→水蒸气蒸馏→二氯甲烷萃取（10.00g 烟样+0.5g 柠檬酸+350ml 蒸馏水+0.3ml 内标于 500ml 圆底烧瓶中，再加 40ml 二氯甲烷于另一 250ml 圆底烧瓶中，60℃水浴加热 250ml 圆底烧瓶，用同时蒸馏萃取仪蒸馏萃取。）→无水硫酸钠干燥有机相→60℃水浴浓缩至 1ml 左右即得烟叶的精油。

经前处理制备得到的分析样品，由 GC/MS 鉴定结果和 NIST 库检索定性。

GC/MS 分析条件如下：色谱柱：HP-5（60m×0.25mm. i. d. ×0.25μm d. f.）；载气及流速：He 0.8ml/min；近样口温度：250℃；传输线温度：280℃；离子源温度：177℃，升温程序：50℃（2min）2℃/min，120℃（5min），2℃/min，240℃（30min）；分流比和进样量：1∶15，2μl；电离能：70eV；质量数范围：50~500amu；MS 谱库：NIST02；内标法定量。

（四）初烤烟叶评吸鉴定

由河南中烟工业公司技术中心进行评吸鉴定，评吸结果采用打分法表示。

二、结果与分析

（一）不同基因型品种烤烟叶片香气物质含量差异

1. 香气物质含量测定结果

经气相色谱/质谱（GC/MS）对烤后烟叶样品进行定性和定量分析，共检测出 23 种对烟叶香气有较大影响的化合物（表 7-13、表 7-14、表 7-15）。其中，酮类类 10 种，醛类 4 种，醇类 3 种，酯类 1 种，吡咯类 1 种，酚类 1 种，烯烃类 2 种。含量较高的致香物质主要有新植二烯、茄酮、法尼基丙酮、β-大马酮、巨豆三烯酮 4、巨豆三烯酮 2、螺岩兰草酮、香叶基丙酮、芳樟醇、糠醛等。

表 7-13　豫西不同基因型烤烟品种下部叶片香气物质含量

物质（μg/g）	长脖黄	云烟 202	K326	中烟 100	89112
糠醛	11.47	9.77	8.317	8.0322	11.227
糠醇	1.689	1.21	0.775	0.2529	2.1141
2-乙酰呋喃	0.347	0.27		0.3778	0.5936
5-甲基糠醛	6.633	3.22	3.049	1.8781	4.0338
苯甲醛	0.968	0.64	0.427	0.4027	0.4089
6-甲基-5-庚烯-2-酮	0.347	0.25	0.356	0.2263	0.205
6-甲基-5-庚烯-2-醇	0.106	0.15	0.093		0.2636
3，4-二甲基-2，5-呋喃二酮	0.467	0.57	0.284	0.1544	0.418
苯甲醇	8.238	7.8	13.81	1.6481	1.9289
苯乙醛	2.854	2.13	2.85	3.1083	4.7434
2-乙酰吡咯	0.486	0.28	0.362	0.2858	0.2999
芳樟醇	1.973	1.38	1.013	1.084	1.8807
苯乙醇	1.222	1.5	2.333		0.4029
茄酮	30.49	39.8	35.81	13.5748	75.585
β-大马酮	4.917	3.84	5.426	4.032	7.94
香叶基丙酮	2.061	1.63	2.416	1.8392	2.8006
巨豆三烯酮 1	1.175	0.83	1.721	1.2104	1.0307
巨豆三烯酮 2	4.608	3.81	6.045	4.0549	6.5933
三羟基-β-二氢大马酮	1.515	1.88	0.686		0.4238
巨豆三烯酮 4	4.291	3.96	6.36	3.7682	5.9869
螺岩兰草酮		33.4	68.36		

（续表）

物质（μg/g）	长脖黄	云烟 202	K326	中烟 100	89112
新植二烯	911.2	898	1687	888.073	1294
7，11，15-三甲基-3-亚甲基十六烷-1，6，10，14-四烯	8.662	7.62	12.16	7.0841	9.6461
总量	1 006	1 024	1 860	941.087	1 432.5

豫西烤烟不同基因型品种不同部位香气成分总量差异明显（表 7-13 至表 7-15）。下部烟叶以 K326 品种的香气物质总量最高，89112 品种次之，长脖黄和云烟 202 品种含量较小，中烟 100 品种最低；中部叶片调制后香气物质总量 89112 和云烟 202 品种明显较高，长脖黄和 K326 品种次之，中烟 100 品种明显低于其他品种；上部叶片调制后香气物质总量以 K326 品种最高，89112 品种次之，长脖黄和中烟 100 品种含量较低，云烟 202 品种明显低于其他品种。其中 K326 品种下部叶片香气物质总量达 1 860μg/g，为 89112 品种下部叶片的 129.8%，云烟 202 下部叶片的 181.6%，长脖黄下部叶片的 184.9%，中烟 100 下部叶片的 197.6%；云烟 202 和 89112 品种中部叶片香气物质总量达 1 059.0μg/g 左右，为 K326 品种中部叶片的 115.5%，长脖黄中部叶片的 107.5%，中烟 100 中部叶片的 154.5%；K326 品种上部叶片香气物质总量达 1 265.2μg/g，为 89112 品种上部叶片的 131.6%，云烟 202 上部叶片的 256.9%，长脖黄上部叶片的 183.0%，中烟 100 上部叶片的 157.7%。

表 7-14　豫西不同基因型烤烟品种中部叶片香气物质含量

物质（μg/g）	长脖黄	云烟 202	K326	中烟	89112
糠醛	17.32	8.75	9.3567	11.67	16.1893
糠醇	0.83	0.72	0.9196	1.058	4.2011
2-乙酰呋喃	0.606	0.47	0.3103	0.389	0.7142
5-甲基糠醛	6.255	6.21	4.0868	3.556	2.3643
苯甲醛	1.674	1.08	0.4939	0.732	2.0071
6-甲基-5-庚烯-2-酮	0.29	0.3	0.2738	0.272	0.2779
6-甲基-5-庚烯-2-醇	0.382	0.26	0.0985	0.103	0.3431
3，4-二甲基-2，5-呋喃二酮	1.042	0.77	0.362	0.322	0.7781
苯甲醇	2.489	3.2	14.683	7.162	3.8387
苯乙醛	2.512	2.36	3.7718	2.997	4.3392
2-乙酰吡咯	1.115	0.82	0.3209	0.242	1.9704
芳樟醇	3.308	2.82	1.3256	1.508	4.6022
苯乙醇	0.63	0.79	1.9927	0.814	0.6471

（续表）

物质（μg/g）	长脖黄	云烟 202	K326	中烟	89112
茄酮	52. 92	72. 9	64. 06	16. 77	88. 381
β-大马酮	4. 584	3. 83	4. 4643	3. 767	6. 1982
香叶基丙酮	2. 127	1. 29	1. 254	1. 229	1. 6566
巨豆三烯酮 1	1. 454	1	1. 4002	0. 202	0. 621
巨豆三烯酮 2	6. 027	4. 98	5. 602	3. 679	5. 2179
三羟基-β-二氢大马酮	7. 571	5. 08	0. 7091	3. 359	18. 514
巨豆三烯酮 4	3. 711	2. 79	6. 1328	3. 917	5. 2177
螺岩兰草酮			12. 62	8. 751	
新植二烯	856	927	776. 53	606. 7	866. 652
7，11，15-三甲基-3-亚甲基十六烷-1，6，10，14-四烯	12. 52	10. 9	6. 0626	6. 508	24. 6213
总量	985. 4	1 058	916. 83	685. 7	1 059. 35

豫西烤烟不同基因型品种不同部位叶片香气物质总量呈规律性变化，各品种的变化规律不同。其中长脖黄品种变化规律为下部>中部>上部叶片，下部和中部叶片香气物质总量差异较小，下部叶片含量达 1 006μg/g，为中部叶片的 102. 1%，为上部叶片的 145. 5%；云烟 202 品种中部叶片含量较高，下部和中部差异较小，中部叶片含量为 1 058μg/g，为下部叶片的 103. 3%，上部叶片的 214. 9%；K326 品种下部叶片含量较高，上部次之，中部叶片含量较低，下部叶片含量达 1 860μg/g，为豫西不同基因型烤烟品种香气物质总量的最大值，为 K326 品种上部叶片的 147. 0%，中部叶片的 202. 8%；中烟 100 品种下部叶片含量较高，为 941. 4μg/g，为上部叶片的 117. 3%，中部叶片的 137. 2%；89112 品种下部叶片含量较高，为中部叶片的 135. 2%，上部叶片的 149. 0%，该品种中部上部叶片香气物质总量差异较小。

表 7-15　豫西不同基因型烤烟品种上部叶片香气物质含量

物质（μg/g）	长脖黄	云烟 202	K326	中烟 100	89112
糠醛	13. 58	8. 64	15. 949	17. 2025	10. 1677
糠醇	0. 553	0. 22	1. 1563	1. 8051	1. 0453
2-乙酰呋喃	0. 492	0. 42	0. 4252	0. 4586	0. 5155
5-甲基糠醛	3. 591	3. 98	3. 1277	3. 5637	4. 8963
苯甲醛	0. 926	0. 49	0. 7084	0. 3929	0. 5174
6-甲基-5-庚烯-2-酮	0. 234	0. 28	0. 243	0. 2459	0. 5238
6-甲基-5-庚烯-2-醇	0. 186	0. 18	0. 1392	0. 1484	0. 1802
3，4-二甲基-2，5-呋喃二酮	0. 612	0. 25	0. 6179	0. 38	0. 7105

（续表）

物质（μg/g）	长脖黄	云烟 202	K326	中烟 100	89112
苯甲醇	4.38	1	22.002	6.2843	1.8845
苯乙醛	2.034	3.15	2.6934	0.9908	
2-乙酰吡咯	0.22	0.27	0.5348	0.2853	0.3093
芳樟醇	1.747	1.64	1.2558	2.0232	2.1887
苯乙醇	0.987		3.1331	0.9743	0.5983
茄酮	58.03	56.6	70.039	28.1671	314.9001
β-大马酮	4.946	3.64	6.1156	4.7257	6.2687
香叶基丙酮	1.97	1.46	1.3979	1.3477	1.5193
巨豆三烯酮 1	0.988	0.26	1.0859	0.8559	0.5692
巨豆三烯酮 2	3.792	2.85	5.5747	4.6442	3.983
三羟基-β-二氢大马酮	1.579		3.0254		
巨豆三烯酮 4	3.808	2.13	6.0672	4.775	4.855
螺岩兰草酮	13.35	20.8	35.913	12.21	
新植二烯	566.9	382	1073	705.1889	598.9203
7，11，15-三甲基-3-亚甲基十六烷-1，6，10，14-四烯	6.52	2.22	11.02	5.4796	6.6989
总量	691.4	492	1 265.2	802.1491	961.252

在豫西烤烟不同基因型品种下部叶片中，长脖黄品种含量较高的香气成分有糠醛、5-甲基-2-糠醛、苯甲醛、2-乙酰吡咯、芳樟醇等；云烟 202 品种中含量较高的香气成分为 3，4-二甲基-2，5-呋喃二-酮和三羟基-β-二氢大马酮；K326 品种中含量较高的香气成分有 6-甲基-5-庚烯-2-酮、苯甲醇、苯乙醇、巨豆三烯酮 1、巨豆三烯酮 4、螺岩兰草酮和新植二烯等；中烟 100 品种各香气成分均较小；89112 品种中含量较高的香气成分有糠醇、2-乙酰呋喃、苯乙醛、6-甲基-5-庚烯-2-醇、茄酮、β-大马酮、香叶基丙酮、巨豆三烯酮 2、和法尼基丙酮等。在中部叶片中，长脖黄品种含量较高的香气成分有糠醛、5-甲基-2-糠醛、6-甲基-5-庚烯-2-醇、3，4-二甲基-2，5-呋喃二-酮、香叶基丙酮、巨豆三烯酮 1、巨豆三烯酮 2 等；云烟 202 品种中含量较高的香气成分为新植二烯和 6-甲基-5-庚烯-2-酮；K326 品种中含量较高的香气成分有苯甲醇、苯乙醇、巨豆三烯酮 4、螺岩兰草酮等；中烟 100 品种各香气成分均较小；89112 品种中含量较高的香气成分有糠醇、2-乙酰呋喃、苯甲醛、苯乙醛、2-乙酰吡咯、芳樟醇、茄酮、β-大马酮、三羟基-β-二氢大马酮、法尼基丙酮等。在上部叶片中，长脖黄品种含量较高的香气成分有苯甲醛、6-甲基-5-庚烯-2-酮和香叶基丙酮；云烟 202 品种中含量较高的香气成分为苯乙醛；K326 品种中含量较高的香气成分有苯甲醇、2-乙酰吡咯、苯乙醇、巨豆三烯酮 1、巨豆三烯酮 2、巨豆三烯酮 4、三羟基-β-二氢大马酮、法尼基丙酮、螺岩兰草酮和新植二烯等；中烟 100 品种中含量较高的香气成分有糠醛和糠醇；89112 品种中含量较高的香气成

分有2-乙酰呋喃、芳樟醇、茄酮、β-大马酮、5-甲基-2-糠醛、6-甲基-5-庚烯-2-醇、3，4-二甲基-2，5-呋喃二-酮等。豫西烤烟不同基因型品种不同部位叶片香气物质的多少受不同基因型品种香气物质控制基因调制。

2. 致香物质含量的分类分析

烟叶中化学成分较多，不同致香物质具有不同的化学结构和性质，因而对人的嗅觉可以产生不同的刺激作用，形成不同的嗅觉反应，对烟叶香气的质、量、形有不同的贡献。为便于分析不同成熟度烤烟致香物质含量的差异，把所测定的致香物质按烟叶香气前体物进行分类 ，可分为苯丙氨酸类、棕色化产物类、类西柏烷类、类胡萝卜素类4类。苯丙氨酸类致香物质包括苯甲醇、苯乙醇、苯甲醛、苯乙醛等成分，对烤烟的香气有良好的影响，尤其对烤烟的果香、清香贡献较大。由图7-15可知，下部叶中苯丙氨酸类致香物质以K326品种含量较高，长脖黄和云烟202品种次之，89112和中烟100品种含量最小，其中K326品种苯丙氨酸类香气物质含量达19.4μg/g，为长脖黄品种的146.2%，云烟202品种的160.9%，89112品种的259.5%，中烟100品种的376.4%；中部叶苯丙氨酸类香气成分含量仍以K326品种含量较高，89112和中烟100品种次之，

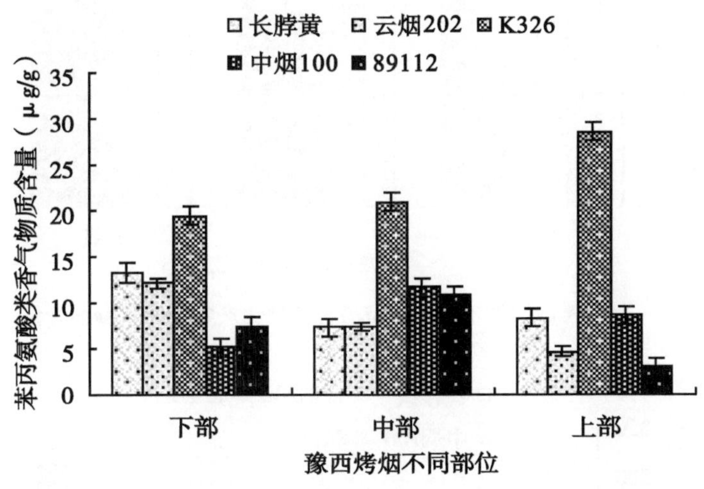

图7-15 豫西烤烟不同基因型品种苯丙氨酸类香气物质含量

长脖黄和云烟202品种含量最小，其中K326品种苯丙氨酸类香气物质含量达20.9μg/g，为长脖黄品种的286.7%，云烟202品种的282.1%，89112品种的193.3%，中烟100品种的178.9%；上部叶中苯丙氨酸类致香物质以K326品种含量较高，长脖黄和中烟100次之，89112和云烟202品种品种含量最小，其中K326品种苯丙氨酸类香气物质含量达28.5μg/g，为长脖黄品种的342.7%，云烟202品种的615.4%，89112品种的951.2%，中烟100品种的330.2%，表明K326品种对豫西烤烟叶片苯丙氨酸类香气物质的形成创造了较为有利遗传基因基础。

棕色化产物类致香物质包括糠醛、5-甲基糠醛、二氢呋喃酮、乙酰基吡咯和糠醇等成分，其中多种物质具有特殊的香味。由图7-16可以看出，下部叶片中棕色化产物类致香物质以长脖黄品种较高，89112品种次之，中烟100品种含量最低，其中长脖黄

含量为 21.2μg/g，为云烟 202 的 137.0%，K326 品种的 164.6%，中烟 100 的 193.1%，89112 品种的 111.9%；中部叶片仍以长脖黄品种较高，89112 品种次之，云烟 202、中烟 100 和 K326 品种含量接近，变化趋势与下部叶片相似，其中长脖黄含量为 27.6μg/g，为云烟 202 的 153.0%，K326 品种的 178.3%，中烟 100 的 158.9%，89112 品种的 103.7%；上部叶片以中烟 100 品种含量较高，K326 次之，云烟 202 含量最低，其中中烟 100 品种含量为 23.8μg/g，为长脖黄的的 123.9%，云烟 202 的 170.9%，K326 品种 108.6%，89112 品种的 133.8%。长脖黄品种中下部叶片棕色化产物类致香物质含量较高，中烟 100 品种上部叶片含量较高，总体上长脖黄品种有利于棕色化产物类致香物质含量的提高。

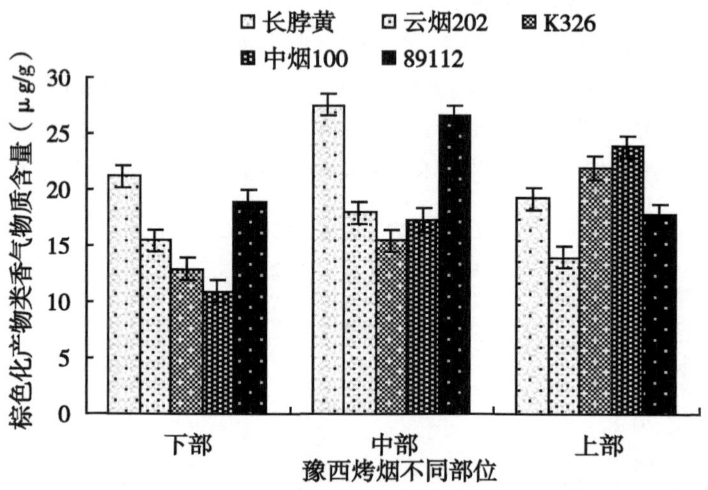

图 7-16 豫西烤烟不同基因型品种棕色化产物类香气物质含量

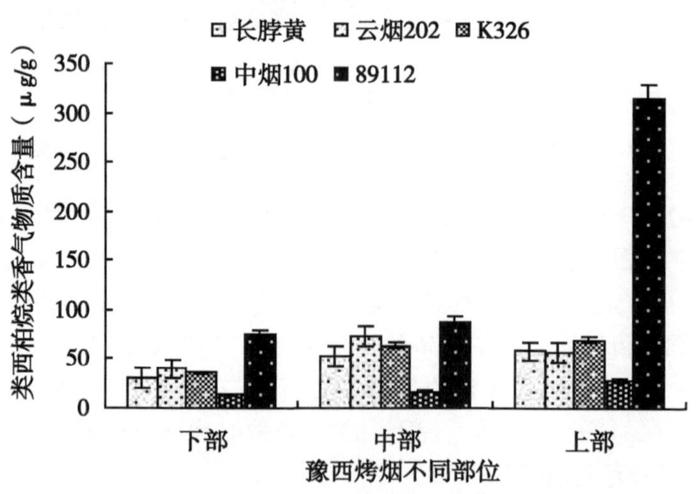

图 7-17 豫西烤烟不同基因型品种类西柏烷类香气物质含量

类西柏烷类致香物质主要包括茄酮和氧化茄酮，是烟叶中重要的香气前体物，通过一定的降解途径可形成多种醛和酮等烟草香气成分。由图 7-17 可以看出，下部叶片中类西柏烷类致香物质以 89112 品种较高，云烟 202 品种次之，中烟 100 品种含量最低，其中 89112 品种含量为 75.6μg/g，为云烟 202 的 190.0%，K326 品种的 211.1%，中烟 100 的 556.8%，长脖黄品种的 247.9%；中部叶片仍以 89112 品种较高，云烟 202 品种次之，中烟 100 品种含量最低，其中 89112 品种含量为 88.4μg/g，为云烟 202 的 121.2%，K326 品种的 138.0%，中烟 100 的 527.2%，长脖黄品种的 167.0%；上部叶片以 89112 品种较高，K326 品种次之，中烟 100 品种含量最低，其中 89112 品种含量为 314.9μg/g，为云烟 202 的 556.0%，K326 品种的 449.6%，中烟 100 的 1118.0%，长脖黄品种的 542.7%。89112 品种对豫西烤烟叶片类西柏烷类香气物质的形成创造了较为有利遗传基因基础，中烟 100 品种则抑制了类西柏烷类香气物质的产生。

类胡萝卜素类致香物质包括 6-甲基-5-庚烯-2 酮、香叶基丙酮、二氧猕猴桃内脂、β 大马酮、三羟基-β-二氢大马酮、β-环柠檬醛、芳樟醇、巨豆三烯酮的 4 种同分异构体等，也是烟叶中重要香味物质的前体物。烟叶在醇化过程中，类胡萝卜素降解后可生成一大类挥发性芳香化合物，其中相当一部分是重要的中性致香物质，对卷烟吸食品质有重要影响。由图 7-18 可以看出，下部叶片中类胡萝卜素类致香物质以 K326 和 89112 品种较高，长脖黄品种次之，云烟 202 和中烟 100 品种含量较低，其中 89112 含量为 36.5μg/g，为云烟 202 的 144.9%，K326 品种的 100.9%，中烟 100 的 156.7%，长脖黄品种的 123.6%；中部叶片以 89112 品种较高，长脖黄品种次之，云烟 202、中烟 100 和 K326 品种含量接近，其中 89112 含量为 66.9μg/g，为云烟 202 的 203.1%，K326 品种的 245.8%，中烟 100 的 273.8%，长脖黄品种的 160.9%；上部叶片以 K326 品种含量较高，长脖黄和 89112 品种次之，云烟 202 含量最低，其中 K326 品种含量为 35.8μg/g，为长脖黄的的 139.9%，云烟 202 的 247.3%，中烟 100 品种 148.5%，89112 品种的 134.5%。89112 品种中下部叶片类胡萝卜素类致香物质含量较高，K326 品种上部叶片含量较高，总体上 89112 品种有利于类胡萝卜素类致香物质含量的提高。

（二）不同基因型品种烤烟评吸评价值比较

不同基因型烤烟叶片评吸质量有明显差异，不同基因型品种的不同部位叶片评吸评价结果不同（表 7-16）。下部叶片不同基因型烤烟品种的香气质、燃烧性和灰分评价结果相同，均表现香气质中等，燃烧性强、灰分白；甜度以洛阳 4 号稍差，为中等，其余品种甜度均为强；舒适度和刺激性均以中烟 100 较好，该品种刺激性小、舒适度为舒适，其余品种均为刺激性中等、舒适度为尚适；香气量以中烟 100 稍低，分值为 5.5，其余品种均为 6；烟气浓度各品种均为中等，其中中烟 100 和 K326 品种分值稍低为 5.5，云烟 202、洛阳 4 号和长脖黄均为 6；中烟 100 和 K326 细腻度为细腻，云烟 202、洛阳 4 号和长脖黄品种细腻度为中等；杂气以中烟 100 和云烟 202 较轻，洛阳 4 号杂气分值为 6，高于长脖黄和 K326；总分以中烟 100 分值较高，为 64.5，高于云烟 202 品种 0.5 分，高于洛阳 4 号、长脖黄和 K326 品种 1.5 分；不同基因型品种下部叶片以中烟 100 评吸质量较好，云烟 202 次之，5 品种间差异较小。

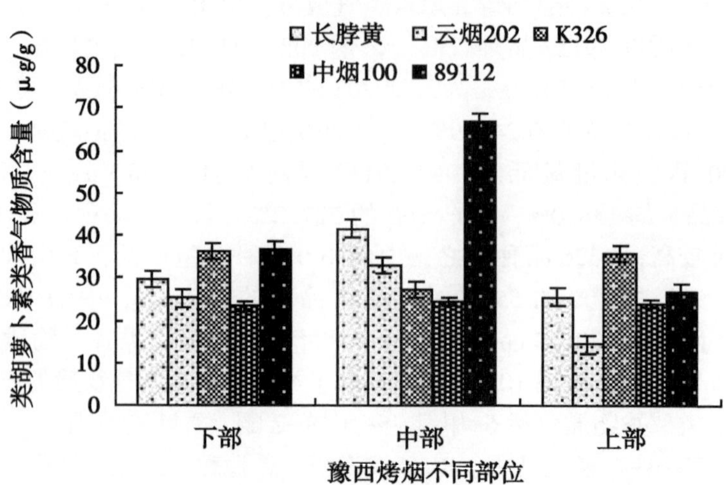

图 7-18　豫西烤烟不同基因型品种类胡萝卜素类香气物质含量

表 7-16　不同基因型品种烤烟评吸评价值

部位	品种	香气质	香气量	浓度	细腻度	杂气	刺激性	舒适度	甜度	燃烧性	灰分	总分	劲头
下部	中烟 100	6.0	5.5	5.5	6.5	6.5	6.5	6.5	6.5	7.0	8	64.5	较小
	云烟 202	6.0	6.0	6.0	6.0	6.5	6.0	6.0	6.5	7.0	8	64.0	较小+
	洛阳 4 号	6.0	6.0	6.0	6.0	6.0	6.0	6.0	6.0	7.0	8	63.0	较小+
	长脖黄	6.0	6.0	6.0	6.0	5.5	6.0	6.0	6.5	7.0	8	63.0	较小
	K326	6.0	6.0	5.5	6.5	5.5	6.0	6.0	6.5	7.0	8	63.0	较小
中部	中烟 100	7.0	6.5	6.5	6.0	6.0	6.5	6.5	6.0	7.0	8	66.0	中
	云烟 202	7.0	6.5	6.5	6.5	6.0	6.5	6.5	6.5	7.0	8	67.0	中
	洛阳 4 号	6.5	6.5	6.5	6.0	5.5	6.0	6.0	6.0	7.0	8	64.0	中
	长脖黄	6.0	6.5	6.5	5.5	5.5	6.0	5.5	6.0	6.5	7	61.0	中+
	K326	6.5	6.5	6.5	6.0	5.5	5.5	5.5	6.0	6.5	8	62.5	较小-
上部	中烟 100	6.0	6.5	6.5	6.0	6.0	5.5	6.0	6.0	6.5	7	62.0	中+
	云烟 202	6.0	6.5	6.5	6.0	5.5	6.0	6.0	6.0	6.5	6.5	61.5	较大
	洛阳 4 号	6.5	6.5	6.5	6.5	6.0	6.0	6.0	6.0	6.5	7	63.5	中等
	长脖黄	6.5	6.5	6.0	6.0	6.0	6.0	6.0	6.0	6.5	7	62.5	中等
	K326	5.5	6.0	6.5	5.5	5.5	5.5	5.5	6.0	6.0	7	59.0	较大

中部叶片不同基因型烤烟品种的香气质以中烟 100、云烟 202 较好，分值达 7.0，洛阳 4 号和 K326 次之，分值为 6.5，长脖黄品种香气质中等，分值仅为 6.0；香气量和烟气浓度 5 品种基本相同，分值均为 6.5，香气量为足，烟气浓度为浓；不同基因型品

种中部叶片细腻度差异较大，云烟 202 分值最高，达 6.5，为细腻等级，中烟 100、洛阳 4 号和 K326 分值为 6，为中等细腻，长脖黄细腻度较低，分值仅为 5.5，细腻等级为中等；中烟 100 和云烟 202 杂气分值为 6.0，为中等杂气，其余 3 品种分值均为 5.5，比中烟 100 和云烟 202 杂气稍重，但差异较小，为中等杂气；中烟 100 和云烟 202 刺激性分值较高，为 6.5，刺激性小，洛阳 4 号和长脖黄分值次之，为 6.0，刺激性为中等，K326 分值较低，为 5.5，刺激性为中等；中烟 100 和云烟 202 舒适度分值较高，为 6.5，舒适度为舒适，洛阳 4 号分值次之，为 6.0，舒适度为尚适，K326 和长脖黄分值较低，为 5.5，舒适度为尚适；云烟 202 甜度分值较高，为 6.5，甜度为强，其余 4 品种分值均为 6.0，甜度为中等；中烟 100、云烟 202 和洛阳 4 号燃烧性强，分值为 7，长脖黄和 K326 品种燃烧性稍差，分值为 6.5；除长脖黄灰分评价分值为 7.0 以外，其余 4 品种灰分分值均为 8.0，灰分为白。不同基因型品种中部叶片以云烟 202 评吸质量较好，中烟 100 次之，5 品种间差异较大。

上部叶片不同基因型烤烟品种的香气质以洛阳 4 号和长脖黄品种较好，分值达 6.5，香气质好，中烟 100 和云烟 202 次之，分值为 6.0，香气质中等，K326 分值仅为 5.5，香气质为中等；K326 香气量分值较低，为 6.0，香气量中等，其余 4 个品种香气量分值均为 6.5，香气量足；烟气浓度以长脖黄品种较低，分值为 6.0，浓度中等，其余 4 个品种分值均为 6.5，浓度等级为浓；洛阳 4 号细腻度分值较高，为 6.5，细腻度等级为细腻，中烟 100、云烟 202 和长脖黄品种分值次之，为 6.0，细腻度等级为中等，K326 品种分值较低，为 5.5，细腻度等级为中等；中烟 100、洛阳 4 号和长脖黄品种杂气分值较高，为 6.0，杂气中等，云烟 202 和 K326 品种杂气分值稍低，分值均为 5.5，为中等杂气；云烟 202、洛阳 4 号和长脖黄刺激性分值较高，为 6.0，刺激性中等，中烟 100 和 K326 分值较低，为 5.5，刺激性为中等；K326 舒适度分值较低，为 5.5，舒适度为尚适，其余品种舒适度分值均为 6.0，舒适度为尚适；品种上部叶片甜度一致，分值均为 6.0，甜度为中等；中烟 100、长脖黄、云烟 202 和洛阳 4 号燃烧性强，分值为 6.5，K326 品种燃烧性稍差，分值为 6.0，燃烧性为中等；除云烟 202 灰分评价分值为 6.5 以外，其余 4 品种灰分分值均为 7.0，灰分为白。不同基因型品种上部叶片以洛阳 4 号评吸质量较好，中烟 100 次之，K326 较差，5 品种间差异较大。

三、讨论

在诸多影响因素中，品种是提高烟叶产量和质量的基础，是影响烟草香气的重要因素。对烤烟产量和品质的研究表明，品种对品质的贡献率为 50%；李天福等研究表明，品种对香吃味的最大贡献率达 50%左右，是影响烟叶香吃味的第一因子。与烟叶香气有关的化学成分，如挥发油、树脂、脂肪酸、有机酸、类胡萝卜素等均与品种的遗传有密切关系。实践也证明，烟草香气量的多少与香气质的优劣在烟草类型间存在着明显的差异。如香料烟具有浓郁独特的飘香，雪茄烟具有独特的浓香，烤烟具有芬芳的烟香。即使同属于烤烟类型，不同品种间香气质、香气量也存在着很大差异。可见，选育和引种高香气的优质烤烟品种，是烤烟生产中提高烤烟香气量和香吃味品质的重要途径。

本试验表明，下部烟叶香气物质总量以 K326 品种、中部叶片以 89112 和云烟 202 品种、上部叶片以 K326 品种最高；长脖黄品种变化规律为下部>中部>上部叶片，下部和中部叶片香气物质总量差异较小；云烟 202 品种中部叶片含量较高，下部和中部差异较小；K326 品种下部叶片含量较高，上部次之，中部叶片含量较低；89112 品种下部叶片含量较高，该品种中部上部叶片香气物质总量差异较小；苯丙氨酸类致香物质以 K326 品种含量较高；下部和中部叶片中棕色化产物类致香物质以长脖黄品种较高，上部叶片以中烟 100 品种含量较高，总体上长脖黄品种有利于棕色化产物类致香物质含量的提高；89112 品种对豫西烤烟叶片类西柏烷类香气物质的形成创造了较为有利遗传基因基础；89112 品种中下部叶片类胡萝卜素类致香物质含量较高，K326 品种上部叶片含量较高，总体上 89112 品种有利于类胡萝卜素类致香物质含量的提高。下部叶片以中烟 100 评吸质量较好，中部叶片以云烟 202 评吸质量较好，上部叶片以洛阳 4 号评吸质量较好。云烟 202 和 89112 品种产量产值较高，但均价、上中等烟和级指较低。

本研究结果显示，针对豫西洛宁县烟区，主推云烟 202 和 89112 品种，合理搭配中烟 100、K326 品种，淘汰长脖黄品种，对提高豫西烟叶香气质量具有重要意义。

第八章　β-胡萝卜素裂解和添加对烤烟品质的影响

第一节　β-胡萝卜素裂解和添加研究进展

类胡萝卜素是自然界中种类繁多、分布广泛的一种植物色素。烟草中的类胡萝卜素主要包括胡萝卜素和叶黄素，此外还包括少量胡萝卜素的含氧衍生物，如玉米黄素、隐黄素、新黄质和紫黄质等。类胡萝卜素作为许多重要致香成分的前提物对烟气香味品质的形成具有重要作用。

β-胡萝卜素是类胡萝卜素家族中的典型代表，不仅是体内维生素 A 的重要来源，而且其本身对人体也具有重要的生理功能，具有预防肿瘤、抑制致癌因素、终止单线态氧损伤 DNA、预防心血管疾病并延缓疾病的进程、降低慢性肝炎的炎症与纤维化程度等功效；在烟草中，β-胡萝卜素是香气成分的重要前体物质，对烟叶的香气量和香气品质有重要的影响。烟叶中 β-胡萝卜素及其降解物含量的提高有利于降低焦油及烟气中自由基含量，减轻卷烟对人体的危害，并能改善和提高卷烟产品中的香气风格，提高产品质量。因此，对 β-胡萝卜素及相关因素的研究在国内外一直是一个热点。

一、β-胡萝卜素的结构和理化性状

β-胡萝卜素的分子式为 $C_{40}H_{56}$，相对分子质量为 536.88。它由 4 个异戊二烯双键首尾相连而成，主要有全反式、9-顺式、13-顺式及 15-顺式 4 种形式。在分子两端各有一个 β-紫萝酮环，此 β-紫萝酮环可能以异构型、取代型、开环型的形式存在。其分子结构式如图 8-1 所示。

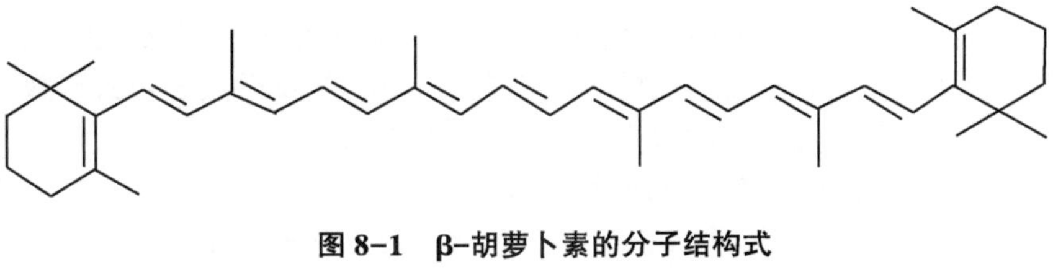

图 8-1　β-胡萝卜素的分子结构式

由于β-胡萝卜素分子具有长的共轭双键生色团，因而具有光吸收的性质，使其显红—暗红色。从苯加甲醇中结晶出来的β-胡萝卜素为深紫色六方棱晶体，从石油醚中结晶出来的则为红色四方叶状晶体，略有臭味，它的熔点为180～182℃。β-胡萝卜素可溶于二硫化碳、苯、氯仿、石油醚和某些植物油，难溶于甲醇、乙醇、乙酸乙脂，不溶于甘油、丙二醇、酸及碱溶液。β-胡萝卜素稀溶液呈橙黄色至黄色，浓度增大时呈红橙色。由于β-胡萝卜素的多双键结构，使得其化学性质不稳定，易在光、热、氧及酸性条件下发生氧化分解。β-胡萝卜素在光照下20℃空气中存放6周，活性迅速降低，最大吸收值可下降到初值的25%，如将温度升高到45℃，6周内绝大部分遭破坏。重金属离子特别是铁离子可使β-胡萝卜素颜色消失。

二、β-胡萝卜素在生物体内的合成

β-胡萝卜素的生物合成主要发生于高等植物、藻类、真菌和细菌体内，动物体内不能从头合成β-胡萝卜素，只能对食入类胡萝卜素进行加工。在盐藻（Dunaliella salina）中β-胡萝卜素是光合作用的捕光辅助色素，并能保护光合作用的反应器不受光抑制。这种光抑制是由于叶绿素被高光强辐射过度激活所产生。当盐藻处于某种不利生长的条件（即胁迫条件）下，出现乙酰辅酶A积累并导致β-胡萝卜素合成和积累。乙酰辅酶A是最初的底物前体，经过4个阶段的反应合成β-胡萝卜素。β-胡萝卜素的分子合成过程为早期形成八氢番茄红素（Phytoene），随后去饱和及环化合成β-胡萝卜素。在真菌中类胡萝卜素的分子合成过程为3个乙酰辅酶A分子通过失去1分子的羧基团而缩合成3-甲基-3，5-二甲基戊酸（MVA），MVA在酶的作用下磷酸化形成焦磷酸脂并经脱羧形成异戊二烯焦磷酸（IPP），IPP异构化形成二甲基丙烯焦磷酸脂（DMAPP），DMAPP再与3分子的IPP作用生成二甲基辛烯二甲基辛烯焦磷酸（GGPP），2分子GGPP头对头进行二聚作用形成八氢番茄红素，随后又逐步发生脱氢形成番茄红素（Lycopene，$C_{40}H_{56}$），最后番茄红素再经两端的环合作用形成β-胡萝卜素（图8-2）。

三、β-胡萝卜素的生理功能

（一）β-胡萝卜素是光合生物中的重要组分

β-胡萝卜素作为一种重要的类胡萝卜素，在光合作用过程中起两种作用：光吸收和光保护。一方面，β-胡萝卜素是光合作用系统中的捕光色素，其吸收可见光后，形成激发态β-胡萝卜素分子，将光量子传递到光合作用中心色素叶绿素a上；另一方面，类胡萝卜素分子又可将具有高度活性的单线态氧$^1O_2$中的能量以热的形式释放出来，使之转变为基态氧，从而对光合生物起到必不可少的保护作用。

（二）β-胡萝卜素是维生素A的重要来源

一分子的β-胡萝卜素在体内酶的作用下可转变为2分子的维生素A，且在食物中含量最丰富，因而被认为是人体维生素A的主要来源。Moore（1929）通过实验发现，缺乏维生素A的大鼠补饲β-胡萝卜素后能显著提高体内维生素A水平，从而证实了β-

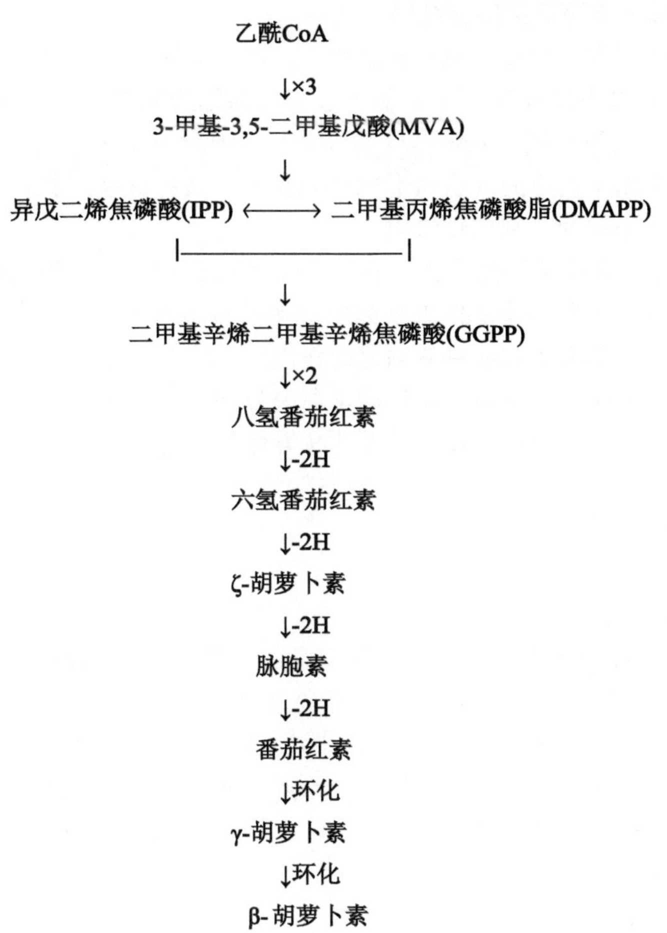

图 8-2 β-胡萝卜素的生物合成途径

胡萝卜素能在体内酶的作用下转化为维生素 A，发挥维生素 A 的作用，所以又称维生素 A 源。该转化酶能在体内维生素 A 缺乏时将 β-胡萝卜素转化为维生素 A，当体内维生素 A 增加到需要量时，酶即停止转化，从而通过酶的自动控制来维持体内维生素 A 的需要。全世界，特别是发展中国家人体所需的维生素 A 60%~70%来源于β-胡萝卜素。

（三）β-胡萝卜素具有较强的抗氧化作用

在人体正常的新陈代谢过程中也会产生活性氧，活性氧具有较高的能量，性质不稳定，可将能量迅速传递给其他分子而产生自由基。自由基由于含有不成对的电子，所以性质异常活跃，它可损伤核酸、蛋白质、细胞膜、细胞，导致细胞突变或死亡，从而引起人体早衰。大量的证据表明，与衰老过程相关联的多种缺陷是细胞内的多点位氧化损伤积累的直接后果。而 β-胡萝卜素具有多个双键，是一种有效的抗氧化剂，能传递高能量，从而使活性氧变成稳定的氧分子，现已知 1 分子 β-胡萝卜素可抑制1 000个分子的活性氧。另外，β-胡萝卜素还可作为一种弱氧化剂直接与自由基反应，阻止自由基的连锁反应，从而减少它对细胞的损伤。

（四）β-胡萝卜素可促进细胞缝隙间连接

细胞间形成的间隙连接使细胞质相互沟通，通过交换小分子来调节代谢反应。Bertram 等发现，β-胡萝卜素和其他类胡萝卜素可加强细胞间隙连接的交流能力，从而抑制或降低癌症的发生和发展；Yamasaki 也指出，构成细胞连接通道的链接蛋白，在转化阶段的癌细胞会由于通道的受阻而干扰细胞交换，这种交换是控制生长的因素之一，从而抑制癌症诱导细胞升级到恶化阶段。

（五）β-胡萝卜素能增强免疫力，提高人体免疫系统抵抗癌物的能力

免疫系统的两个主要功能是抵御细菌或病毒的侵染和防止癌症的发生。β-胡萝卜素在增强人体的免疫能力等方面具有明显的作用。目前，已经有很多关于服用类胡萝卜素对免疫活性变化的影响的报道。流行病学研究发现，吃富含 β-胡萝卜素的食物可降低肺癌发病率，增强生物机体的特异性及非特异性免疫功能。

四、β-胡萝卜素的应用

（一）食品添加剂

β-胡萝卜素已被国际上公认为是一种安全有效的食品添加剂，早期主要作为黄色着色剂用于果汁、奶油、食用油脂、面包等的着色。后期研究发现，β-胡萝卜素具有抑制脂质过氧化、淬灭自由基，减少过氧化物和自由基对免疫功能的破坏，于是将它与其他营养素配成复合制剂添加到清凉饮料、糕点、冰淇淋、干酪等食品中，进而增进了人体健康、改善和提高人体素质。近几年，β-胡萝卜素胶囊、天然胡萝卜素植物油等营养保健品已经上市。

（二）饲料添加剂

β-胡萝卜素作为饲料添加剂主要基于它的维生素 A 的生理活性，饲料中缺乏 β-胡萝卜素造成畜禽发情微弱、排卵延迟、受胎率低等病症。因此，在饲料中添加适宜的 β-胡萝卜素，是防止动物生长障碍、繁殖障碍，提高机体免疫力，发挥动物最佳生产潜力的有效途径之一。

（三）医药领域

自 20 世纪 50 年代以来，人们对 β-胡萝卜素的生理功能、药理作用及临床应用等方面进行了大量的研究，认为 β-胡萝卜素是极好的抗氧化剂，在人体内能抑制活性氧的形成、清除氧自由基，因而可提高人的免疫功能，延缓衰老，并具有预防癌变、防治肿瘤转移和预防心血管疾病的作用。临床上 β-胡萝卜素已被用于治疗口腔溃疡、口腔白斑、慢性咽炎、气管炎等病症，均取得了较好的疗效。

（四）化妆品添加剂

在口红、胭脂及防晒霜等化妆品中添加 β-胡萝卜素，色泽丰满自然，又能保护皮肤免受紫外辐射的伤害，延缓皮肤衰老。用 β-胡萝卜素与苯甲酸酯类的防晒剂、维生素 E 等复配，能抑制由紫外线刺激原卟啉分子而引起的有害于皮肤细胞的光氧化反应，同时，又能抑制氧化自由基的形成，从而避免黑色素的形成与堆积。

五、烟草类胡萝卜素的研究进展

（一）烟草中类胡萝卜素的含量及其生理作用

新鲜烟叶中的类胡萝卜素主要有叶黄素、新黄质、紫黄质和β-胡萝卜素。一般新鲜烟叶中的叶绿素含量变化范围为0.5%~4%，类胡萝卜素的总量约为叶绿素含量的五分之一至三分之一。烤烟型烟叶中的胡萝卜素是由68%的β-胡萝卜素和32%的新-β-胡萝卜素所组成的混合物，而叶黄素类的构成为60%的叶黄素、22%的新黄素和18%的紫黄质。烤烟中叶黄素约占类胡萝卜素总量的40%~60%。

烟草类胡萝卜素在光合作用中起重要作用，它们是光合作用中光传导途径和光反应中心的重要结构成分，担当叶绿体光合天线的辅助色素，帮助叶绿体吸收光能；另外，它们在高温、强光下能通过叶黄素循环，以非辐射的方式耗散光系统Ⅱ（PSⅡ）的过剩能量保护叶绿素免受破坏。此外，类胡萝卜素也是合成植物激素ABA的前体。

（二）类胡萝卜素在烟叶成熟及调制过程中的含量变化

类胡萝卜素在烟叶成熟和调制期间的变化总趋势是逐渐减少，且在调制过程中降解加速。但不同色素、不同调制方法、采用不同的实验条件，结果有所不同。Weybrew发现，成熟期间叶黄素、新黄质、紫黄质含量下降，但随着叶片的扩展和充实，胡萝卜素含量有所增加。Whitefield观察到，所有色素均随成熟过程的推进而下降，但各色素下降的速度依不同部位的叶片而不同。Gopalam等分析了印度烤烟成熟期间色素含量的变化，发现类胡萝卜素含量逐渐下降，其他色素只在烟叶过熟以后才下降。Court研究发现，在生长发育过程中各种色素含量均表现为逐渐降低，偶尔的色素含量升高与降雨或灌溉相关联。李跃武等研究认为，从成熟度0级开始，总叶绿素、类胡萝卜素均表现下降趋势，但类胡萝卜素减少的速率较慢，叶绿素减少较快。这正是烟叶成熟越充分，烤后颜色呈橘黄或柠檬黄的基础。

Forrest等应用共振拉曼光谱术定量分析了鲜叶和烘烤后烟叶中类胡萝卜素含量的变化，表明在调制期间类胡萝卜素含量大量降解。Court定量分析了鲜叶和烤后烟类胡萝卜素含量，在成熟衰老过程中降解的基础上，调制期间降解加速，其降解程度与各色素的氧取代程度呈正比，高度氧化的新黄质和紫黄质在调制期间绝大部分分解，而叶黄素和β-胡萝卜素分别降解85%和75%。

（三）烟叶中类胡萝卜素的降解

烟草类胡萝卜素降解的关键酶是脂氧合酶，因此，类胡萝卜素能在脂氧合酶作用下氧化降解生成致香物质。类胡萝卜素的降解反应机理是，在单线态氧分子的攻击下，可生成三种氧化物的中间体，进一步发生分子重排后分解生成氧化产物。

烟叶在成熟、调制和醇化过程中，95%的类胡萝卜素都能降解。类胡萝卜素在氧化降解时，因双键断裂的位置不同，可产生不同碳原子数的化合物，进一步形成许多重要的香气物质。不同类型烟叶和各种调制方法，其降解产物也不同。六氢番茄红素的降解有4种方式，可分别生成茄酮、甲基辛烯酮及其衍生物、香叶基丙酮、金合欢基丙酮；α，β-胡萝卜素的降解有5种形式，可生成异佛尔酮及其衍生物、环化柠檬醛及藏花醛、二氢猕猴桃内酯的衍生物、β-紫罗兰酮、β-二氢大马酮、茶香螺酮、α-紫罗兰酮；新叶黄素降解的主要方式有两种，可生成β-紫罗兰酮环氧化的羟基取代衍生物和β-大马酮；叶红素有价值的降解方式主要有一种，其降解产物经转化可生成氧代依杜兰类物质。

（四）类胡萝卜素及其降解物对烟叶品质的影响

1. 类胡萝卜素含量对烟叶品质的影响

烟叶中的类胡萝卜素含量与烟叶品质密切相关，一方面是烟叶外观质量与其含量直接相关，另一方面类胡萝卜素是烟草香气成分的重要前提物质。李雪震等认为，烤后烟叶类胡萝卜素含量不是越多越好，而是有一个适量的范围，以每百克干叶中30～40mg为宜。Roberts等的研究发现，烟叶香气与类胡萝卜素含量呈负相关。这可以解释为如果类胡萝卜素在调制、发酵过程中不降解或降解不充分，则烟叶的香味不足，而在调制、发酵过程中只有充分降解，才能丰富烟叶的香味物质。

2. 类胡萝卜素降解物对烟叶品质的影响

类胡萝卜素是烟草中最重要的萜烯类化合物之一，烟叶中中性挥发性香气成分中有很大一部分化合物是类胡萝卜素降解产物，其中有很多都是烟草中的重要致香成分。类胡萝卜素降解时因双键断裂的部位不同，可产生不同碳原子数的化合物，进一步形成许多重要的香气物质。据报道，至今已有80多种C_7～C_{13}的挥发性分解产物被鉴定出来。

类胡萝卜素的降解产物对卷烟吸食品质有重要影响。在烟叶挥发性香气成分中，类胡萝卜素降解产物的含量仅次于叶绿素降解产物。类胡萝卜素降解产生的香味物质阈值相对较低，刺激性小，香气质较好，对烟叶香气贡献率大，是影响烟叶香气质和香气量的重要组分。Weeks发现，在烟叶质量提高的同时，类胡萝卜素降解物明显提高，含量明显增加。杨虹琦等研究表明，烤烟在类胡萝卜素和绿原酸、芸香苷含量较高时，其香气质和香气量也较高。当烤烟中新植二烯和类胡萝卜素降解物各组分之间的含量协调平衡时，烤烟在抽吸时具有较高的香气质和香气量得分。于建军等对不同产地烤烟主要中性潜香物质成分与评吸香气质、香气量和评吸总分的关系研究表明，对评吸结果正面影响最大的是胡萝卜素降解产物。

（五）烟草类胡萝卜素及其降解物含量的影响因素

1. 基因型

不同类型或品种的烟草，类胡萝卜素及其降解物含量不同。常爱霞等分析了特香型烤烟白筋599和普通烤烟G28的香气成分，结果表明，类胡萝卜素降解物种类和含量都存在较大差异。王瑞新等分析了NC89、红花大金元、长脖黄、G140四个烤烟品种的香气物质成分，结果也表明，类胡萝卜素降解物在含量上有明显的差异。可见，烟草质体色素及其降解物的组成和含量受遗传因素的影响。

2. 栽培因素

栽培因素（如施肥、移栽密度、田间管理等）对烟草在田间的生长发育有着重要影响，直接决定着烟叶产量和质量的形成，从而影响到质体色素的合成与代谢。许自成等研究了6种不同的农业调控措施下大田期烤烟叶片质体色素含量及其调制后降解物的含量，结果表明，打顶、追施钾肥等不同的调控措施对烤烟质体色素及其降解物的含量有重要影响。韦凤杰等的研究表明，配施饼肥可使总类胡萝卜素在整个生育期含量增加，对新黄质前中期起促进积累作用，中后期起促进代谢作用，并显著促进叶黄质、β-胡萝卜素积累。因此，通过改良农艺措施提高烟叶中类胡萝卜素及降解物的含量是可行的。

3. 生态因素

近年来的研究表明，生态环境因素对烟草中类胡萝卜素含量和代谢有重要影响。周冀衡等研究了我国具有典型香气特征的烟叶样品类胡萝卜素降解物产物含量，结果表明，不同烤烟产区烟叶中类胡萝卜素降解产物存在较大差异，其中云南文山的烟叶中，类胡萝卜素降解产物形成的香气物质总量和其中的巨豆三烯酮、大马酮、3-羟基大马酮、3-氧化紫罗兰酮均比河南临颍、山东安丘和辽宁开原等地烟叶含量高。杨虹琦等分析了云南、贵州、福建、河南、黑龙江5省共10个地区烟叶的类胡萝卜素含量发现，随纬度降低和海拔升高，烤烟中类胡萝卜素含量逐渐升高。韩锦峰等对河南卢氏山区不同海拔的烟叶分析结果表明，不论类胡萝卜素总量，还是其主要组成成分含量均随海拔的增加而增加。

张永安等认为，海拔、年有效积温、年日均温、种植期均温和无霜期对类胡萝卜素降解产物均有促进作用，类胡萝卜素降解产物与年日照时数和年降水量存在二次抛物线关系。其中在海拔200m以上、年日照1 600h左右、年降水1 400mm左右、年积温4 000℃以上、种植期气温18℃以上、无霜期超过230d、年均温较高的生态范围内，类胡萝卜素降解产物较高。

4. 成熟度

烟叶成熟度包括田间成熟度和分级成熟度两方面含义，是烟叶质量的核心，反映了烟叶的生长发育状况和内在物质分解与转化程度，与烟叶的色、香、味密切相关。田间成熟度不同的烟叶，其色素含量和色素代谢存在差异。研究表明，成熟度越接近工艺成熟的烟叶，越容易生产出橘黄色烟叶，相反，成熟度差的烟叶则容易形成淡黄色（如柠檬黄色）和带有青色的烟叶，且易褪色，色度也随含青程度的增加而减弱。赵铭钦等研究了河南烤烟烟叶成熟度与香气成分的变化关系，结果显示，不同成熟度的烟叶，类胡萝卜素降解产物存在较大差异。

5. 调制和醇化技术

烟叶调制期和醇化期均是类胡萝卜素代谢的重要时期。在该时期类胡萝卜素的降解、转化在很大程度上影响着烟叶质量。烟叶烘烤过程中，烤房中的温湿度环境对类胡萝卜素降解的酶活性有直接影响，从而影响类胡萝卜素的降解和烟叶质量的形成。宫长荣等的研究表明，低温慢烤的烟叶中巨豆三烯酮等类胡萝卜素降解物含量高于高温快烤。因此，调制技术对类胡萝卜素代谢有直接影响，从而影响烟叶的香气物质含量，对烟叶品质的形成有重要影响。

烟叶醇化过程中质体色素及其降解物继续发生代谢变化和化学变化，对烟叶中香气物质的形成有直接影响。WRIGHT发现，烤烟在发酵过程中，色素含量不断分解降低，发酵后类胡萝卜素总量不到发酵前的26%，而新黄质在发酵后的烟叶中很少存在。于建军等分析了晒红烟在陈化过程中中性致香物质含量变化，结果表明，胡萝卜素降解产物总量均呈显著增加的趋势。朱大恒等研究表明，人工发酵与自然醇化过程中，类胡萝卜素均发生氧化降解，含量下降，但人工发酵过程中其含量的下降幅度较小，仅为10%左右，而自然醇化过程中下降达35%左右，说明自然醇化对烟叶香气的改善作用大。因此，进一步研究发酵过程中类胡萝卜素的降解机制，通过改进发酵技术提高烟叶香气品质是很有必要的。

六、外源类胡萝卜素的降解及降解物在卷烟加香中的应用

类胡萝卜素是烟草香气成分的重要前提物质，其通过酶或光氧化可产 C13、C11、C10、C9 衍生物，包括 α-紫罗兰酮、β-紫罗兰酮、二氢猕猴桃内酯和 β-大马酮等重要的香料物质，这些降解产物对卷烟吸食品质有重要影响。因此，国内外不少学者尝试运用各种方法对外源的类胡萝卜素进行化学或生物降解，并将降解产物应用于卷烟加香，以达到提高卷烟香气质和香气量的目的。

（一）类胡萝卜素的化学降解及应用

孙力等将 β-胡萝卜素溶于石油醚中，在-10℃通入臭氧氧化，后再加入 $NaBH_4$还原，产物经分析，共鉴定出 β-紫罗兰酮、二氢猕猴桃内酯等 6 种化合物，降解产物有明显的水果香和木香香气，在烤烟型卷烟上使用的结果表明，可使吸味醇和、香气优雅。

缪明明等研究了叶黄素在 $AgNO_3$催化作用下的氧化降解，降解产物经 GC/MS 分析为 9 种醇酮类化合物，在烤烟型卷烟上的使用效果表明，吸味变得醇和，香气变得优雅，并带有清甜的果香。

古昆等分别采用 $AgNO_3$、H_2O_2、重铬酸钾和高锰酸钾为催化剂和氧化剂，用 4 种不同的化学方法对叶黄素进行氧化降解，产物用 GC/MS 进行检测，结果表明，不同条件下叶黄素的氧化降解，可以得到如氧化异佛尔酮、环氧紫萝兰酮、二氢弥猴桃内酯和茶香螺酮等有重要价值的香味物质。但不同的降解方法其降解物的种类和含量存在较大差异。

张槐苓研究了以乙醇作介质，在不同的催化剂和氧化剂条件下对类胡萝卜素进行化学降解，各种降解产物均有各自独特的香味，它们在烤烟型卷烟上的加香应用效果较好，对香吃味均有很好的改善和提高，但在混合型卷烟上的使用效果则不明显。

（二）类胡萝卜素的生物降解及应用

国外有学者利用酶或微生物定向降解 β-胡萝卜素产香进行了有益的探索，发现在水相中用多酚氧化酶、黄嘌呤氧化酶、lipoxygenase 处理胡萝卜素可合成二氢猕猴桃内酯；Zorn 等分离到了 10 株能降解胡萝卜素的菌种，二氢猕猴桃内酯是 Ganoderma applanatum 等转化 β-胡萝卜素的唯一产物，而 Ischnoderma benzoinumd 的去菌体发酵液可将 β-胡萝卜素转化成 β-紫罗兰酮、β-环柠檬醛、二氢猕猴桃内酯等。Sanchez-contreras 等从万寿菊上分离到了两株菌（*Eotrichum* sp. 和 *Bacillus* sp.）混合发酵转化叶黄素，可形成7，8-二氢-β-紫罗兰醇、β-紫罗兰酮、7，8-二氢-β-紫罗兰酮和3-氢-

β-紫罗兰酮等。

李秀红等从胡萝卜中分离到了一株能降解β-胡萝卜素产香的真菌，其降解产物经GC/MS分析，含有二氢猕猴桃内酯、异佛尔酮、2，2，6-三甲基-环己烷-1-酮、α-环状柠檬醛、β-环状柠檬醛等重要致香物质，其中二氢猕猴桃内酯含量达18%，为二氢猕猴桃内酯的生产提供了一条全新的途径。

七、类胡萝卜素对降低卷烟焦油中自由基的影响

卷烟焦油中的自由基是卷烟高温裂解的副产物，每支卷烟抽吸时产生的焦油中大约有6×10^{14}个自由基，卷烟焦油中的自由基主要有醌/半醌自由基、烷基自由基和烷氧基自由基等，被吸入人体的自由基易与DNA结合形成加合物，导致细胞损伤和癌变。

李丛民等在卷烟中分别添加不同浓度的叶黄素和β-胡萝卜素，利用电子自旋共振波谱法（ESR）对收集在剑桥玻璃纤维滤片上焦油进行分析，发现焦油中自由基的浓度随叶黄素和β-胡萝卜素的加入量增加而降低，表明添加类胡萝卜素对焦油中自由基有明显的清除作用。并认为类胡萝卜素清除焦油中自由基可能有“电子转移”和“自由基加成”两条途径。

八、类胡萝卜素的热裂解研究

类胡萝卜素是烟草香气成分的重要前提物质，与烟叶的香气量和香气品质有正相关的关系。由于卷烟的吸食品质是通过烟支燃烧后所产生的卷烟烟气来体现，以前人们更多关注的是烟叶经过调制、陈化后类胡萝卜素含量的变化及其降解产物与烟叶品质的关系等，而对于类胡萝卜素参与卷烟燃烧时的热裂解性质、热裂解产物及热裂解产物对卷烟吸食品质的影响等研究则较少。近年来不少学者就类胡萝卜素的高温裂解及裂解产物对卷烟烟气品质的影响等进行了有益的探索。

（一）类胡萝卜素的热裂解产物

罗昌荣等利用Pyrojector裂解仪将β-胡萝卜素分别在300℃、400℃、500℃、600℃、700℃、800℃进行裂解，结果表明，不同的裂解温度，裂解时所得到的产物也不相同。在相对较低的温度下进行裂解时，形成芳香物质的种类比较多，含量也比较高，随着裂解温度的升高，这些芳香物质的含量逐渐减少；到600℃时，β-紫罗兰酮和二氢猕猴桃内酯已完全消失，而萘、蒽和菲等稠环化合物的含量迅速增加。到800℃时，产物基本上是苯、甲苯、二甲苯、乙基苯等芳环化合物以及萘、蒽和菲等稠环化合物。张永淘等则将β-胡萝卜素分别在400℃、600℃、700℃、900℃进行裂解，结果表明，在700℃以前，裂解产物中芳香物质较多，在900℃时出现萘等多环化合物，这与文献罗昌荣等人的研究结论基本一致。

杨伟祖等研究了β-胡萝卜素分别在空气、含10%氧气的氮气和氮气3种氛围下，裂解温度为300℃、600℃、900℃时的裂解，对裂解物的分析结果表明，裂解氛围对β-

胡萝卜素裂解产物的种类影响不明显；β-胡萝卜素在不同裂解条件下主要的裂解产物是甲苯、对二甲苯、1，2，3，4-四氢-1，1，6-三甲基萘和2，7-二甲基萘等化合物，另外还生成异佛尔酮、β-环柠檬醛、β-紫罗兰酮、二氢猕猴桃内酯等香味化合物，这些物质随裂解温度和裂解氛围的不同其含量有所差异。在高温时还会生成茚、烷基茚等多环芳烃化合物，这些化合物对人体都有一定的毒害作用。

侯英等将叶黄素分别在不同裂解温度（300℃、600℃、900℃）和不同氧气氛围下（大气环境、10%氧气、氮气）进行热裂解，对裂解产物的分析结果表明，裂解温度对叶黄素的裂解产物有很大的影响，不同裂解氛围对叶黄素的裂解产物的种类影响也较明显。在300℃和不同的裂解氛围时，裂解产生的物质种类较少，在600℃和900℃时产生的物质种类较多。叶黄素在不同裂解温度和不同裂解氛围中进行裂解，产生的香味成分主要有氧化异佛尔酮、巨豆三稀酮 A、巨豆三稀酮 B、巨豆三稀酮 C、巨豆三稀酮 D 等，除此，还产生大量的有害成分，如甲苯、对-二甲苯、1，2-二氢-1，1，6-三甲基萘和2，7-二甲基萘等，在900℃时还产生1-甲基-9H-芴、9-甲基-9H-芴和4-甲基-菲等多环芳烃类等。

（二）类胡萝卜素的热裂解产物对卷烟吸食品质的影响

鉴于卷烟燃烧的复杂性，高温裂解类胡萝卜素仅是对卷烟燃烧情况的模拟，并不能真实反映出类胡萝卜素在卷烟燃吸过程中的真实裂解情况。因此，将类胡萝卜素直接加入烟丝中进行评吸，才能准确评价其裂解产物对卷烟抽吸品质的真实影响。

杨伟祖等把不同浓度的β-胡萝卜素溶液加入烟丝中进行感官评吸，评吸结果表明，随着烟丝中β-胡萝卜素含量的增加，卷烟烟气的香气有所增加，但是烟气中的杂气、刺激性也有所增加，余味变差。侯英等将不同浓度的叶黄素乙醇溶液加入烟丝中进行感官评吸，评吸结果与杨伟祖等在烟丝中加入β-胡萝卜素的研究结果完全一致，即随着烟丝中叶黄素含量的增加，卷烟烟气的香气有所增加，但是烟气中的杂气、刺激性同时也有所增加，余味变差。

因此，卷烟烟丝中较大含量的类胡萝卜素不利于卷烟抽吸品质的提高。这是因为类胡萝卜素在参与卷烟的燃烧时，虽然发生热裂解反应能生成一定量的香味成分，但是同时也产生大量的有害成分及其他一些物质，使卷烟的杂气和刺激性增加，余味变差。因此，烟叶在调制及陈化期间应尽可能保证类胡萝卜素充分降解，以降低烟叶中的类胡萝卜素含量，尽可能生成丰富的致香成分并减少有害成分的生成量，从而提高卷烟的内在品质。

第二节　β-胡萝卜素的降解方法研究

目前，吸烟与健康问题日益受到全社会的广泛关注，降低卷烟焦油量已成为世界卷烟发展的趋势，也是中式卷烟发展的必然方向。而降低焦油所采取的一系列工艺措施，结果在焦油降低的同时，导致卷烟优美吸味成分的大量损失，卷烟香气明显变淡，难以满足消费者的需求。低焦油卷烟的香味补偿，最理想的香料应是烟草自身的关键香味成分，因为它们与烟香协调，可大大提高烟草的自然芳香，增香效果明显，能显著改善卷烟的吸食品质。

此外，作为卷烟工业原料的烟叶，无论其在田间的生长发育、采收成熟度如何理想，以及调制加工和发酵过程中的工艺如何科学合理，其吸食质量与卷烟产品的设计要求总是会存在一定差距，还必须通过加香加料等手段来修饰完善。

类胡萝卜素是烟草中最重要的萜烯类化合物之一，烟叶中性挥发性香气成分中有很大一部分化合物是类胡萝卜素降解产物，其中有很多都是烟草中的重要致香成分。类胡萝卜素降解产生的香味物质阈值相对较低，刺激性小，香气质较好，对烟叶香气贡献率大，是影响烟叶香气质和香气量的重要组分。而β-胡萝卜素作为类胡萝卜素家族中的典型代表，在烟叶类胡萝卜素各组分中含量最高，其降解物对烟叶香气质量有重要影响，烟叶中β-胡萝卜素降解物含量的提高，能显著改善和提高卷烟产品的香气风格，提高产品质量。

然而，通过改进栽培措施，增加类胡萝卜素在烟叶生长发育阶段的大量合成，在目前尚有较大难度。鉴于此，通过研究β-胡萝卜素的化学降解方法，将外源β-胡萝卜素简单、快速、定向降解为香味物质，作为香料的一种，直接应用于卷烟加香中，对提高卷烟香气质量，特别是提高卷烟的本香具有十分重要的意义，也为解决当前我国烟草工业面临的现实问题提供新的思路。

一、材料与方法

（一）试验材料

试验用β-胡萝卜素购自美国Sigma公司，纯度为92%；30%的双氧水（H_2O_2）、95%的乙醇（CH_3CH_2OH）、硝酸银（$AgNO_3$）、高锰酸钾（$KMnO_4$）、三氯化铁（$FeCl_3 \cdot 6H_2O$）及硫酸铜（$CuSO_4$），均为分析纯。

（二）β-胡萝卜素的降解

1. 双氧水氧化法

取0.1g β-胡萝卜素加入250ml的蒸馏瓶中，再加入95%的乙醇50ml，轻轻摇动，使β-胡萝卜素均匀分散到乙醇中，然后加入5ml H_2O_2作氧化剂，在85℃温度条件下水浴加热回流。加热12h，鲜红色的β-胡萝卜素—乙醇悬浊液变为淡黄色透明溶液，冷却后过滤，称其产物为A。

2. 硫酸铜催化—双氧水氧化法

取β-胡萝卜素0.1g加入250ml的蒸馏瓶中，加入95%的乙醇50ml，轻轻摇动，使β-胡萝卜素均匀分散到乙醇中，然后加入0.1g硫酸铜作催化剂，再加入1.5ml双氧水，在85℃温度条件下水浴加热回流。加热2h，鲜红色的β-胡萝卜素—乙醇悬浊液变为淡黄色透明溶液，冷却后过滤，称其产物为B。

3. 硝酸银催化—空气氧化法

取β-胡萝卜素0.1g加入250ml的蒸馏瓶中，再加入95%的乙醇50ml，轻轻摇动，使β-胡萝卜素均匀分散到乙醇中，然后加入$AgNO_3$ 0.1g作催化剂，在85℃温度条件下水浴加热回流，并用空气压缩机向溶液中持续通入空气。加热 10h，鲜红色的 β-胡萝卜素—乙醇悬浊液变为黄褐色溶液，冷却后加入 0. 44g KCl，充分摇动后过滤，称其产物为 C。

4. 硝酸银催化—双氧水氧化法

取 β-胡萝卜素 0. 1g 加入 250ml 的蒸馏瓶中，加入 95%的乙醇 50ml，轻轻摇动，使 β-胡萝卜素均匀分散到乙醇中，然后加入 $AgNO_3$0. 1g 作催化剂，加入 1. 5ml 双氧水作氧化剂，在 85℃温度条件下水浴加热回流。加热 4h，鲜红色的 β-胡萝卜素—乙醇悬浊液变为淡黄色透明溶液，冷却后加入 0. 44g KCl，充分摇动后过滤，称其产物为 D。

5. 高锰酸钾催化氧化—空气氧化法

取 β-胡萝卜素 0. 1g 加入 250ml 的蒸馏瓶中，加入 95%的乙醇 50ml，轻轻摇动，使 β-胡萝卜素均匀分散到乙醇中，然后加入 0. 1g 高锰酸钾作催化剂和氧化剂，并用稀硫酸调 pH 值为 2，在 85℃温度条件下水浴加热回流，并用空气压缩机向溶液中持续通入空气。加热 10h，鲜红色的 β-胡萝卜素—乙醇悬浊液变为黄褐色溶液，冷却后过滤，称其产物为 E。

6. 高锰酸钾催化氧化—双氧水氧化法

取 β-胡萝卜素 0. 1g 加入 250ml 的蒸馏瓶中，加入 95%的乙醇 50ml，轻轻摇动，使 β-胡萝卜素均匀分散到乙醇中，然后加入 0. 1g 高锰酸钾作催化剂和氧化剂，并用稀硫酸调 pH 值为 2，最后加入 1. 5ml 双氧水，在 85℃温度条件下水浴加热回流。加热 2h，鲜红色的 β-胡萝卜素—乙醇悬浊液变为淡黄色透明溶液，冷却后过滤，称其产物为 F。

7. 三氯化铁催化—双氧水氧化法

取 β-胡萝卜素 0. 1g 加入 250ml 的蒸馏瓶中，加入 95%的乙醇 50ml，轻轻摇动，使 β-胡萝卜素均匀分散到乙醇中，然后加入 0. 1g 三氯化铁作催化剂，最后加入 1. 5ml 双氧水，在 85℃温度条件下水浴加热回流。加热 8h，鲜红色的 β-胡萝卜素—乙醇悬浊液变为红褐色溶液，冷却后过滤，称其产物为 G。

二、结果与分析

（一）β-胡萝卜素的降解方法分析

1. 双氧水氧化法

双氧水氧化法降解 β-胡萝卜素用 95%的乙醇作介质，直接加入 H_2O_2作氧化剂，在 85℃温度条件下水浴加热回流。随着加热时间的推移，鲜红色的 β-胡萝卜素—乙醇悬浊液颜色逐渐变浅，悬浮于反应体系中的 β-胡萝卜素逐渐变少，12h 后，悬浊液变为淡黄色透明溶液，降解物呈明显的令人愉悦的气息，表明双氧水氧化法降解 β-胡萝卜素是可行的。

2. 硫酸铜催化—双氧水氧化法

硫酸铜催化—双氧水氧化法降解 β-胡萝卜素以 95%的乙醇作介质，并加入相对双氧水氧化法较少的 H_2O_2作氧化剂，然后加入硫酸铜作催化剂，在 85℃温度条件下水浴加热回流。加热2h，鲜红色的β-胡萝卜素—乙醇悬浊液就变为淡黄色透明溶液，降解物呈明显的令人愉悦的气息，表明硫酸铜催化—双氧水氧化法降降解β-胡萝卜素是可行的，且降解时间短、速度快、效率高。

3. 硝酸银催化—空气氧化法

硝酸银催化—空气氧化法降解β-胡萝卜素以95%的乙醇50ml作介质，然后加入$AgNO_3$作催化剂，并用空气压缩机向溶液中持续通入空气，以空气中的氧作氧化剂，在85℃温度条件下水浴加热回流。加热8h，鲜红色的β-胡萝卜素—乙醇悬浊液变为黄褐色溶液，此时降解物微有令人愉悦的香味特征；再加热4h，溶液颜色及香气特征几乎无变化。降解产物添加到单料烟上的简单评吸表明，对增加卷烟香气、改善吸味品质的效果不明显，这表明该方法不能有效地降解β-胡萝卜素。

4. 硝酸银催化—双氧水氧化法

硝酸银催化—双氧水氧化法降解β-胡萝卜素以95%的乙醇作介质，并加入相对双氧水氧化法较少的H_2O_2作氧化剂，然后加入$AgNO_3$作催化剂，在85℃温度条件下水浴加热回流。加热4h，鲜红色的β-胡萝卜素—乙醇悬浊液就变为淡黄色透明溶液，降解物呈明显的令人愉悦的气息，表明硝酸银催化—双氧水氧化法降降解β-胡萝卜素是可行的，与双氧水氧化法相比，降解时间也大幅度缩短，速度快、效率高。

5. 高锰酸钾催化氧化—空气氧化法

高锰酸钾催化氧化—空气氧化法降解β-胡萝卜素以95%的乙醇作介质，然后加入酸性高锰酸钾作催化剂和氧化剂，在85℃温度条件下水浴加热回流，并用空气压缩机向溶液中持续通入空气。加热10h，鲜红色的β-胡萝卜素—乙醇悬浊液变为黄褐色溶液，降解产物微有令人愉悦的香味特征；再加热4 h，溶液颜色及香气特征几乎无变化。添加在单料烟上的简单评吸表明，对增加卷烟香气、改善吸味品质的效果不明显，这表明该方法不能有效地降解β-胡萝卜素。

6. 高锰酸钾催化氧化—双氧水氧化法

高锰酸钾催化氧化—双氧水氧化法同样以95%的乙醇为介质，加入双氧水作氧化剂，以酸性高锰酸钾作催化剂和氧化剂，在85℃温度条件下水浴加热回流。加热2h，鲜红色的β-胡萝卜素—乙醇悬浊液变为淡黄色透明溶液，降解物呈明显的令人愉悦的气息，表明该方法降解β-胡萝卜素是可行的，且降解时间和硫酸铜催化—双氧水氧化法基本一致。

7. 三氯化铁催化—双氧水氧化法

三氯化铁催化—双氧水氧化法降解β-胡萝卜素以95%的乙醇为介质，以双氧水作氧化剂，以三氯化铁作催化剂，在85℃温度条件下水浴加热回流。加热4h，鲜红色的β-胡萝卜素—乙醇悬浊液变为红褐色溶液，降解产物微有令人愉悦的香味特征；再加热4h，溶液的颜色及香气特征无明显变化，降解产物添加在单料烟上的简单评吸表明，对增加卷烟香气、改善吸味品质的效果不明显，表明此方法不能使β-胡萝卜素有效降解。

（二）β-胡萝卜素降解产物的香气评辨

用辨香纸蘸取等量的上述7种β-胡萝卜素降解产物，由卷烟产品研发有关专家进行香气评辨，评辨结果见表 8-1。

表 8-1　不同降解产物的香气特征

降解产物	样品状态	香气特征
A	淡黄色透明液体	清甜香、玫瑰花香、果香和木香
B	淡黄色透明液体	清甜香、干果香和木香
C	黄褐色液体	微有清甜香和干果香
D	淡黄色透明液体	清甜香和花香
E	黄褐色溶液	微有清甜香和果香
F	淡黄色透明液体	清甜香、果香、木香和花香
G	红褐色液体	微有清甜香、果香和花香

由表 8-1 可知，β-胡萝卜素用乙醇作介质，采用不同的氧化剂或催化剂降解，其降解产物的香气特征不同。双氧水氧化法、硫酸铜催化—双氧水氧化法、硝酸银催化—双氧水氧化法和高锰酸钾催化氧化—双氧水氧化法这四种方法的降解产物均有浓郁的令人愉悦的香气特征，且样品呈淡黄色透明状态；而另外 3 种降解方法即使持续延长加热降解时间，降解产物的香气特征也无明显变化，微有香味，颜色基本保持黄褐色或红褐色不变，这表明 β-胡萝卜素的降解不充分，这 3 种降解方法不能使之得到有效降解。

三、结果与讨论

本文所确定的 4 种 β-胡萝卜素化学降解方法（双氧水氧化法、硫酸铜催化—双氧水氧化法、硝酸银催化—双氧水氧化法和高锰酸钾催化氧化—双氧水氧化法）均能较好地降解 β-胡萝卜素。这 4 种方法工艺设备简单，反应条件温和，易于操作，反应速度都较快，效率高，产物种类多。如硫酸铜催化—双氧水氧化法和高锰酸钾催化氧化—双氧水氧化法这两种降解方法两个小时就能使 β-胡萝卜素降解完全；而双氧水氧化法和硫酸铜催化—双氧水氧化法这两种降解方法的降解产物多达 14 种。此外，这 4 种降解方法均采用乙醇为介质，替代类胡萝卜素降解常用的乙醚、石油醚等有毒有机溶剂，安全、环保，且乙醇本身就是烟用香料的常用溶剂，因此，降解物不用后处理即可直接用于卷烟加香，易于在工业生产中推广使用。

试验采用硝酸银催化—空气氧化法和硝酸银催化—双氧水氧化法分别降解 β-胡萝卜素，前者 β-胡萝卜素不能有效降解，这可能是用空气作氧化剂，β-胡萝卜素在反应体系中不易被氧化，不利于香味物质的生成。高锰酸钾催化氧化—空气氧化法和高锰酸钾催化氧化—双氧水氧化法相比较，前者也不能有效降解 β-胡萝卜素，而酸性高锰酸钾本身就具有很强的氧化性，因此，可能是当 β-胡萝卜素双键断裂时，双氧水能及时提供氧，有利于香味物质的生成，而向反应体系中通入空气却不能有效提供氧，β-胡萝卜素不能有效降解。

4 种 β-胡萝卜素化学降解的有效方法表明，采用硫酸铜、硝酸银和高锰酸钾作催化剂与不用催化剂而直接用双氧水降解相比，均能大幅度提高降解速度，这表明金属离子能促进 β-胡萝卜素的降解。但三氯化铁催化—双氧水氧化法却不能有效降解 β-胡萝卜素，具体原因尚须进一步研究确定。

第三节　β-胡萝卜素降解物的测定与分析

上文确定的 4 种 β-胡萝卜素的化学降解方法（双氧水氧化法、硫酸铜催化—双氧水氧化法、硝酸银催化—双氧水氧化法和高锰酸钾催化氧化—双氧水氧化法），其降解产物（分别用 A、B、D 和 G 表示）的香气特征有一定差异，表明 4 种降解产物的种类和含量不同。

一、β-胡萝卜素降解物的测定方法

降解产物分析在 HP5890-5972 气质连用仪上进行。GC/MS 分析条件：色谱柱：DB-5MS（60m×0.25mm. i. d. ×0.25μm d. f.）；载气及流速：He，0.8ml/min；进样口温度：250℃；传输线温度：280℃；离子源温度：177℃；升温程序：初温 50℃，恒温 5min 后以 5℃/min 升至 120℃，5min 后以 5℃/min 升至 180℃，再保持 5min 后以 6℃/min 升至 250℃，15min；分流比为 1：15；进样量：2.0μl；检测器温度：280℃；电离能：70eV；MS 谱库：NIST02；质量数范围：35～500amu。所得图谱经计算机谱库 NIST02 对照检索，结果又与标准谱图较对，定量分析通过 GC 归一化方法定量。

二、β-胡萝卜素有效降解产物的 GC/MS 分析

（一）β-胡萝卜素降解产物 A 的 GC/MS 分析

β-胡萝卜素降解产物 A 经 GC/MS 分析，其总离子流图见图 8-3。分别对各个色谱峰加以确认，综合各项分析鉴定，共确定出 β-胡萝卜素降解产物挥发性成分 14 种，其中有 4 个化合物在 MS 谱库 NIST02 中未能鉴定名称。并对 GC/MS 总离子流图面积归一化法定量分析，结果如表 8-2 所示。由表 8-2 可以看出，β-胡萝卜素氧化降解生成的一系列化合物中，二氢猕猴桃内酯相对含量最高，达 40.091%，其次是 β-紫罗兰酮，相对含量达 17.917%，其他降解产物的相对含量则较低，除 2，2，6-三甲基环己酮和 2，5-二甲基环己醇的相对含量在 5%以上外，其余降解产物的相对含量均在 5%以下。

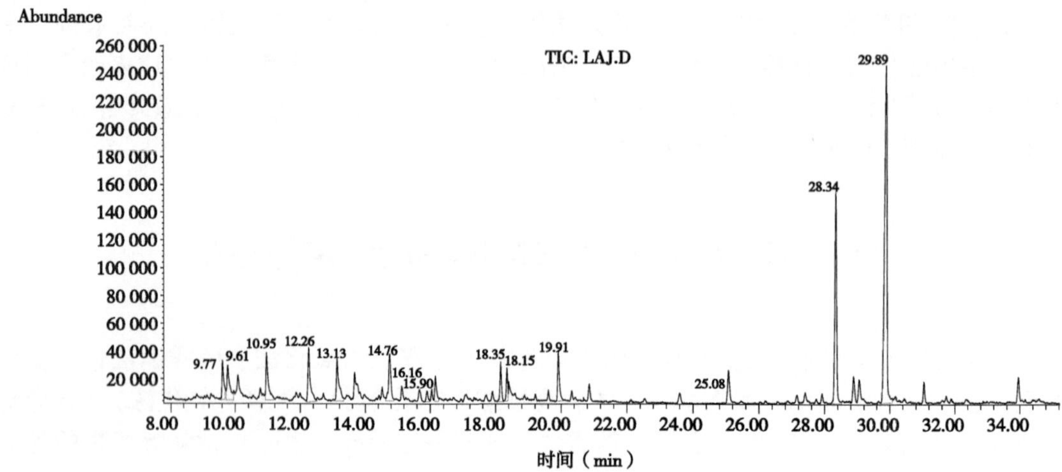

图 8-3　β-胡萝卜素降解产物 A 总离子流图

表 8-2　β-胡萝卜素降解产物 A 分析结果

编　号	保留时间（min）	降解产物名称	降解产物相对含量（%）
1	9.61	6-甲基-2-庚酮	3.454
2	9.77	苯甲醛	3.568
3	10.95	未知	4.481
4	12.26	2，2，6-三甲基环己酮	5.595
5	13.13	异佛尔酮	3.956
6	14.76	2，5-二甲基环己醇	5.278
7	15.90	氧化异佛尔酮	0.961
8	16.16	未知	2.171
9	18.15	β-环柠檬醛	2.825
10	18.35	未知	2.265
11	19.91	未知	4.288
12	25.08	6，10-二甲基-2-十一酮	3.150
13	28.34	β-紫罗兰酮	17.917
14	29.89	二氢猕猴桃内酯	40.091

（二）β-胡萝卜素降解产物 B 的 GC/MS 分析

β-胡萝卜素降解产物 B 经 GC/MS 分析，其总离子流图见图 8-4。分别对各个色谱峰加以确认，综合各项分析鉴定，共确定出 β-胡萝卜素降解产物挥发性成分 14 种，其中有 4 个化合物在 MS 谱库 NIST02 中未能鉴定名称。并对 GC/MS 总离子流图面积归一化法定量分析，结果如表 8-3 所示。由表 8-3 可以看出，β-胡萝卜素氧化降解生成的一系列化合物中，二氢猕猴桃内酯相对含量最高，达 42. 25%，其次是 β-紫罗兰酮，相对含量达 12. 805%，其他降解产物的相对含量则较低，6-甲基-2-庚酮、苯甲醛、2，2，6-三甲基环己酮、异佛尔酮、2，5-二甲基环己醇、6，10-二甲基-2-十一酮和两个未知的降解产物相对含量均为 4%～5%，其余 4 个降解产物的相对含量均在 4%以下。

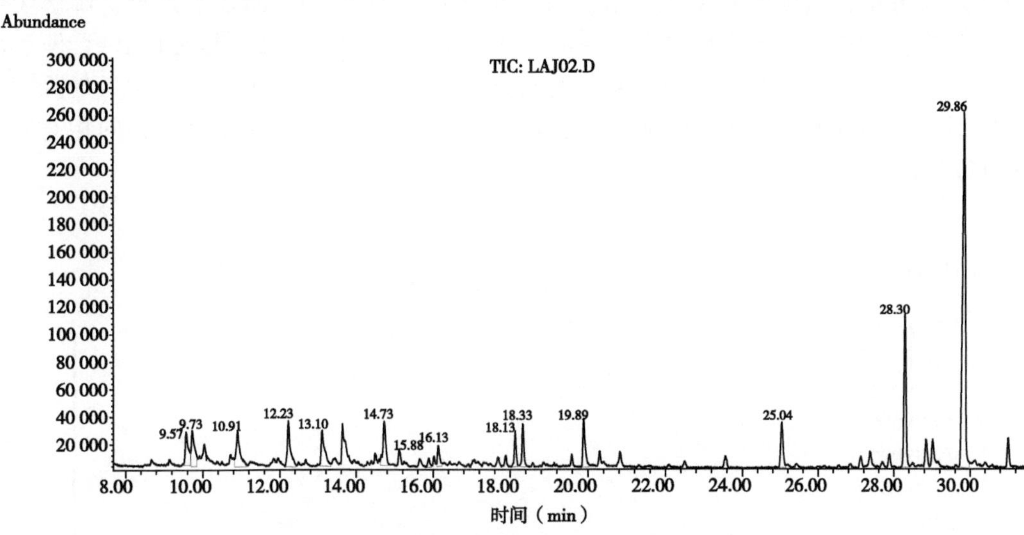

图 8-4 β-胡萝卜素降解产物 B 总离子流图

表 8-3 β-胡萝卜素降解产物 B 分析结果

编 号	保留时间（min）	降解产物名称	降解产物相对含量（%）
1	9. 57	6-甲基-2-庚酮	4. 436
2	9. 72	苯甲醛	4. 597
3	10. 91	未知	4. 333
4	12. 23	2，2，6-三甲基环己酮	4. 969
5	13. 10	异佛尔酮	4. 888
6	14. 73	2，5-二甲基环己醇	4. 543
7	15. 88	氧化异佛尔酮	0. 828
8	16. 13	未知	1. 957
9	18. 13	β-环柠檬醛	2. 573
10	18. 32	未知	3. 130
11	19. 89	未知	4. 363
12	25. 04	6，10-二甲基-2-十一酮	4. 329
13	28. 30	β-紫罗兰酮	12. 805
14	29. 86	二氢猕猴桃内酯	42. 240

（三）β-胡萝卜素降解产物 D 的 GC/MS 分析

β-胡萝卜素降解产物 D 经 GC/MS 分析，其总离子流图见图 8-5。分别对各个色谱峰加以确认，综合各项分析鉴定，共确定出 β-胡萝卜素降解产物挥发性成分 8 种，其中有 1 个化合物在 MS 谱库 NIST02 中未能鉴定名称。并对 GC/MS 总离子流图面积归一化法定量分析，结果如表 8-4 所示。由表 8-4 可以看出，β-胡萝卜素氧化降解生成的一系列化合物中，二氢猕猴桃内酯相对含量最高，达 65.224%，其次是 β-紫罗兰酮和 2，2，6-三甲基-5 -环己烯酮，其相对含量分别达 14.46%和 12.146%，其他降解产物的相对含量则较低，异佛尔酮的相对含量为 3.295%，其余 4 种降解产物的相对含量均在 1%左右。

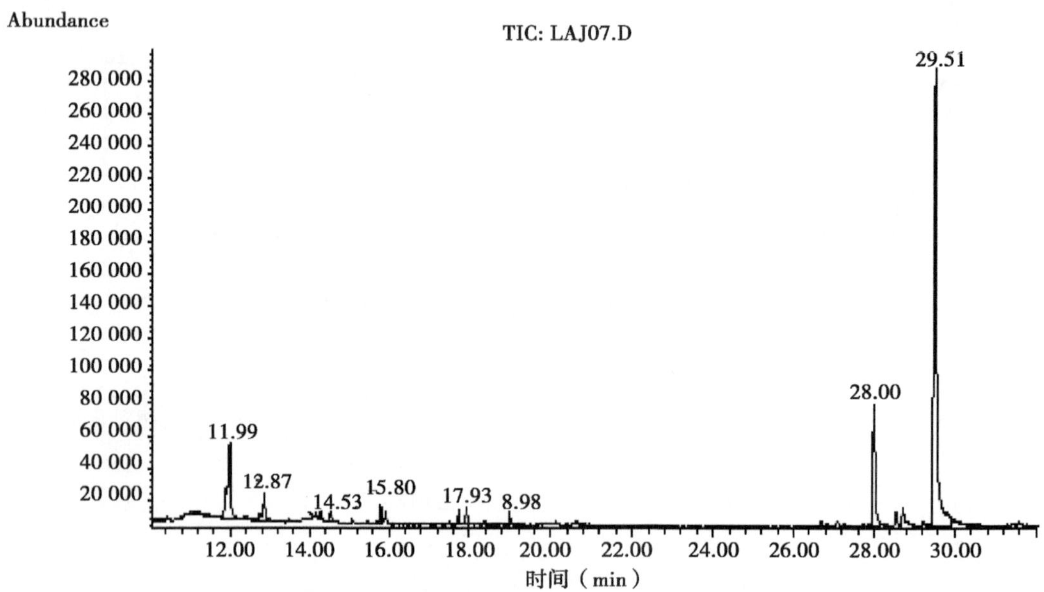

图 8-5　β-胡萝卜素降解产物 D 总离子流图

表 8-4　β-胡萝卜素降解产物 D 分析结果

编　号	保留时间（min）	降解产物名称	降解产物相对含量（%）
1	11.99	2，2，6-三甲基-5 -环己烯酮	12.146
2	12.87	异佛尔酮	3.295
3	14.53	2，5-二甲基环己醇	1.073
4	15.80	未知	1.426
5	17.93	β-环柠檬醛	1.412
6	18.98	2，6，6-三甲基-1-环己烯-1-乙醛	0.967
7	28.00	β-紫罗兰酮	14.460
8	29.51	二氢猕猴桃内酯	65.224

（四）β-胡萝卜素降解产物 F 的 GC/MS 分析

β-胡萝卜素降解产物 F 经 GC/MS 分析，其总离子流图见图 8-6。分别对各个色谱峰加以确认，综合各项分析鉴定，共确定出 β-胡萝卜素降解产物挥发性成分 8 种，其中有 1 个化合物在 MS 谱库 NIST02 中未能鉴定名称。并对 GC/MS 总离子流图面积归一化法定量分析，结果如表 8-5 所示。由表 8-5 可以看出，β-胡萝卜素氧化降解生成的一系列化合物中，二氢猕猴桃内酯相对含量最高，达 64.182%，其次是 β-紫罗兰酮和 2，2，6-三甲基-5 -环己烯酮，其相对含量分别达 17.565%和 10.037%，其他降解产物的相对含量则较低，异佛尔酮的相对含量为 2.212%，其余 4 种降解产物的相对含量均在 1%~2%。

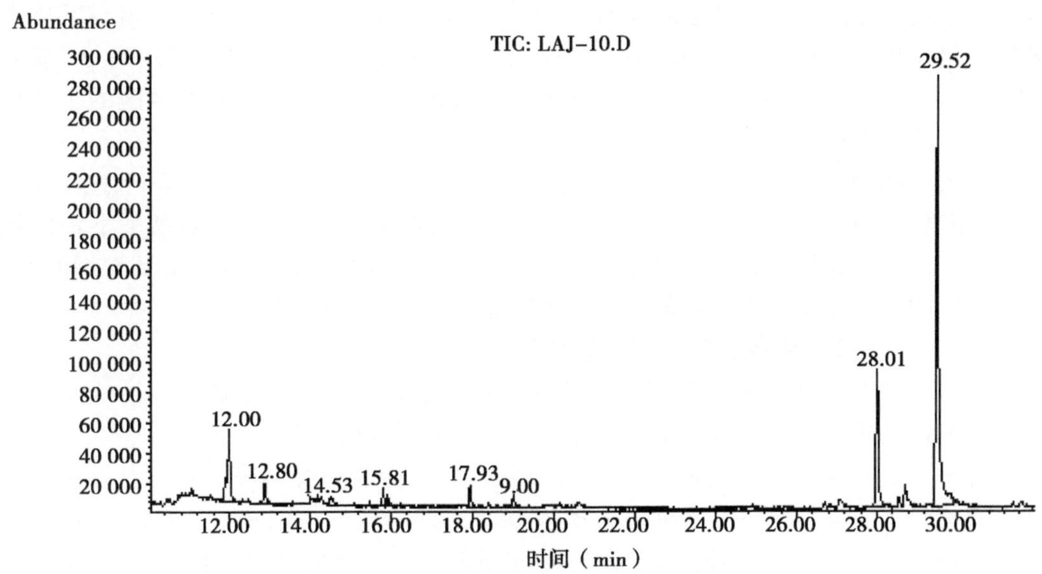

图 8-6　β-胡萝卜素降解产物 F 总离子流图

表 8-5　β-胡萝卜素降解产物 F 分析结果

编　号	保留时间（min）	降解产物名称	降解产物相对含量（%）
1	12.00	2，2，6-三甲基-5 -环己烯酮	10.037
2	12.88	异佛尔酮	2.212
3	14.53	2，5-二甲基环己醇	1.301
4	15.81	未知	1.606
5	17.93	β-环柠檬醛	1.913
6	19.00	2，6，6-三甲基-1-环己烯-1-乙醛	1.195
7	28.01	β-紫罗兰酮	17.565
8	29.52	二氢猕猴桃内酯	64.182

三、结果与讨论

（一）β-胡萝卜素的降解产物分析

类胡萝卜素降解时因双键断裂的部位不同，可产生不同碳原子数的化合物，进一步形成许多重要的香气物质。据报道，至今已有 80 多种 C_7～C_{13}的挥发性分解产物被鉴定出来。双氧水氧化法和硫酸铜催化—双氧水氧化法这两种方法可使 β-胡萝卜素氧化降解生成 14 种化合物，除未鉴定的 4 种外，其余降解产物在烟叶 β-胡萝卜素的自然降解产物中均能找到；硝酸银催化—双氧水氧化法和高锰酸钾催化氧化—双氧水氧化法则可使 β-胡萝卜素氧化降解生成 8 种化合物，除未鉴定的 1 种外，其余降解产物在烟叶 β-胡萝卜素的自然降解产物中也能找到。4 种降解方法所得的降解产物中二氢猕猴桃内酯相对含量均最高，相对含量都高达 40%以上，产物 C 高达 65.2%；其次是 β-紫罗兰酮，相对含量都在 12%以上。因此，这也为二氢猕猴桃内酯和 β-紫罗兰酮的生产提供了一条全新的途径。

降解产物如二氢猕猴桃内酯、β-紫罗兰酮、氧化异佛尔酮、四氢香叶基丙酮（6，10-二甲基-2-十一酮）和异佛尔酮等都是重要的烟用香料，因此，β-胡萝卜素的化学降解产物应用于卷烟工业加香中，对于提高卷烟的香气质量，特别是提高卷烟的本香，具有重要的现实意义，也为我国卷烟工业加香技术提供了新思路。

（二）β-胡萝卜素的化学降解机制分析

β-胡萝卜素分子结构中含有多个共轭双键，正是由于它的不饱和性，从而使它具有较强的抗氧化性和清除自由基的能力，同时，也容易氧化降解的异构化，在一定的温度条件下，β-胡萝卜素双键断裂分解为紫罗兰环、稀烃和烷烃等，同时有异构化、环化、芳构化、缩合、聚合等反应。从 β-胡萝卜素的结构式（图 8-7）可以看出，β-胡萝卜素在 a、b、c 和 d 不同位置上发生键的断裂，分别生成有 9、10、11 和 13 个碳的化合物。β-胡萝卜素的化学键如果从 a 位断裂，有氧存在下可生成异佛尔酮及其衍生物；如果从 b 位断裂，有氧存在下可生成环化柠檬醛；如果从 c 位断裂，有氧存在下可生成二氢猕猴桃内酯的衍生物；如果从 d 位断裂，有氧存在下可得到 β-紫罗兰酮。用双氧水作氧化剂，在氧化 β-胡萝卜素的同时，并能及时提供氧，因此，有利于香味物质的生成。从 4 种降解方法的产物可以看出，β-胡萝卜素降解产生的香味成分中均含有二氢猕猴桃内酯、β-紫罗兰酮、异佛尔酮和 β-环柠檬醛等，这与以上推断吻合较好。

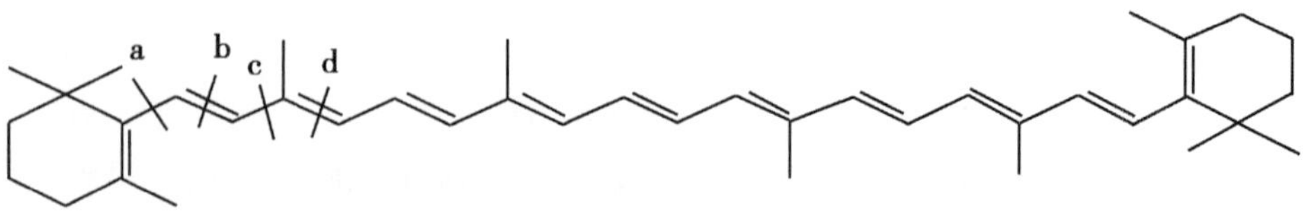

a b c d

图 8-7　β-胡萝卜素的结构式

Ohloff 等人认为，类胡萝卜素的氧化降解可能涉及到单线态氧与共轭双键的作用而生成醛酮类化合物。例如，单线态氧与 β-胡萝卜素氧化作用，可生成二氢猕猴桃内酯，其生成机理见图 8-8。

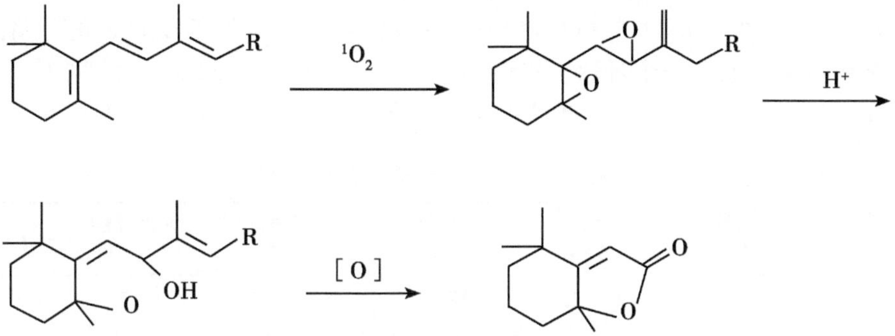

图 8-8　二氢猕猴桃内酯的生成机制分析

但从生成的其他降解产物看，降解机制可能更为复杂，可能在 β-胡萝卜素发生初级氧化降解后，初级降解产物还会继续发生转化，生成次级降解产物。因此，要深入研究 β-胡萝卜素的降解机制，需进行同位素示踪实验来确定。

第四节　β-胡萝卜素降解产物对烟叶吸食质量的影响研究

类胡萝卜素是烟草中最重要的萜烯类化合物之一，烟叶中性挥发性香气成分中有很大一部分化合物是类胡萝卜素降解产物，其中有很多都是烟草中的重要致香成分。类胡萝卜素降解产生的香味物质阈值相对较低，刺激性小，香气质较好，对烟叶香气贡献率大，是影响烟叶香气质和香气量的重要组分。因此，国内外不少学者尝试运用各种方法对外源的类胡萝卜素进行化学或生物降解，并将降解产物应用于卷烟加香，以达到提高卷烟香气质和香气量的目的。

而 β-胡萝卜素作为类胡萝卜素家族中的典型代表，在烟叶类胡萝卜素各组分中含量最高，其降解物对烟叶香气质量有重要影响。将前文所述的 4 种降解产物，作为香料的 1 种，研究其对烟叶吸食质量的影响，为提高卷烟香气质量，特别是提高卷烟的本香，提供新的思路。

一、材料与方法

（一）试验材料

前文所述的 4 种降解产物（分别用 A、B、D 和 G 表示）；加香评吸用烟叶分别取自四川会理和河南平顶山，品种分别为红花大金元和中烟 100，等级为 X2F、C3F 和 B2F。

（二）加香及感官质量评价

取待试烟丝 50g，均匀铺在不锈钢盘中，按设定的用量准确取一定量的 β-胡萝卜素降解产物，并用适量 95%乙醇稀释（以能使烟丝喷洒均匀为度），将稀释后的溶液均匀喷洒于待试烟丝中。降解物的用量（以 β-胡萝卜素降解前的量计算）分别为 0.0001%、0.0005%、0.001%和 0.005%，对照组亦喷洒等量的 95%乙醇。将以上烟丝分别卷制成烟支，放置一个月后，在恒温恒湿箱（湿度 60%±2%，温度 22℃ ±1℃）中平衡 48h，由卷烟评吸专家对各样品进行对比评吸。评吸打分标准见表 8-6。

表 8-6　单料烟感官质量评分标准　（分）

香气质（15）	香气量（20）	余味（25）	杂气（18）	刺激性（12）	燃烧性（5）	灰色（5）
15~13	20~18	25~22	18~16	12~11	5	5
好	足	舒适	微有	轻	强	白色
12~10	17~15	21~18	15~13	10~9	4	4
较好	较足	较舒适	较轻	微有	较强	白灰
9~7	14~12	17~14	12~10	8~7	3	3
中等	尚足	尚舒适	有	有	中等	灰白
6~4	11~9	13~10	9~7	6~5	2	2
较差	有	较苦辣	略重	略大	较差	灰黑
<4	<9	<10	<7	<5	0	1
差	较少	苦辣	重	大	熄火	黑

二、结果与分析

（一）β-胡萝卜素降解产物 A 对烟叶吸食质量的影响

β-胡萝卜素降解产物 A 在卷烟加香中的评吸结果见表 8-7。由表 8-7 可以看出，添加 4 个不同浓度的 β-胡萝卜素降解产物 A 后，河南平顶山、四川会理两个不同香气类型不同部位的烟叶各项感官质量指标均有明显变化。在添加量为 1mg/kg 时，加香效果不明显，各组烤烟的香气质提高、香气量增加、余味改善及杂气减轻的程度和对照相比均较小；用量范围在 5~10mg/kg 时，各组烤烟与对照相比，香气质得到提高，香气量明显增加，余味得到改善，杂气显著减轻，但对刺激性几乎不产生影响，香气质、香气量、余味及杂气的单项得分和评吸总分均较高；当用量增加至 50mg/kg 时，会产生与烟香不协调气息，香精味突出，杂气、刺激性增大，香气质、香气量、余味、杂气及刺激性的单项得分和评吸总分均降低。

添加适宜浓度的 β-胡萝卜素降解产物 A 对不同地区、不同部位的烤烟感官质量具有显著的改善效果，可以增补烟香、丰满香气、改善余味、掩盖杂气、增加甜润度，使烟气成团、细腻，降低干燥感。降解物用量过小，加香效果不明显，香气不足且无法掩盖杂气，但用量较大时会产生与烟香不协调气息，舌面有残留覆盖，上颚有较明显的尖刺感，刺激性微增大，余味不适。

表 8-7 β-胡萝卜素降解产物 A 的加香评吸结果 （分）

试验烟丝	用量（mg/kg）	劲头	香气质	香气量	余味	杂气	刺激性	燃烧性	灰色	总分
会理 X2F	CK	较小	11	15	18	13	8	5	4	74
	1	较小	12.5	16.5	19	14	8	5	4	79
	5	较小	13	17.5	21	15	8	5	4	83.5
	10	较小	13	18	21	15	8	5	4	84
	50	较小	12.5	16.5	19	14	7.5	5	4	78.5
会理 C3F	CK	适中	12	16	18	13	9	5	5	78
	1	适中	13.5	17.5	19	14	9	5	5	83
	5	适中	14	19	21	16	9	5	5	89
	10	适中	14	19	21	16	9	5	5	89
	50	适中	13.5	18	18	15	8.5	5	5	83
会理 B2F	CK	适中	11	16	18	13	8	5	4	75
	1	适中	12.5	17	19	14	8	5	4	79.5
	5	适中	14	18	20	16	8	5	4	85
	10	适中	14	19	20	16	8	5	4	86
	50	适中	13	17.5	19	14	7.5	5	4	80
平顶山 X2L	CK	较小	10	14	17	12	7	4	3	67
	1	较小	11.5	15.5	18	13	7	4	3	72
	5	较小	12	16	20	14	7	4	3	76
	10	较小	12	17	20	14	7	4	3	77
	50	较小	11.5	15.5	18	13	6.5	4	3	71.5
平顶山 C3F	CK	适中	11	15	17	12	8	4	3	70
	1	适中	12.5	16.5	18	13	8	4	3	75
	5	适中	13	17	20	15	8	4	3	80
	10	适中	13	17	20	15	8	4	3	80
	50	适中	12.5	16.5	18	13	7.5	4	3	74.5

（续表）

试验烟丝	用量（mg/kg）	劲头	香气质	香气量	余味	杂气	刺激性	燃烧性	灰色	总分
平顶山B2F	CK	较大	10	15	17	12	7	4	3	68
	1	较大	11.2	16.3	18	13	7	4	3	72.5
	5	较大	12	17	20	15	7	4	3	78
	10	较大	12	17.5	20	15	7	4	3	78.5
	50	较大	11.5	16.5	18	13	6.5	4	3	72.5

（二）β-胡萝卜素降解产物 B 对烟叶吸食质量的影响

β-胡萝卜素降解产物 B 在卷烟加香中的评吸结果见表 8-8。由表 8-8 可以看出，添加四个不同浓度的 β-胡萝卜素降解产物 B 后，河南平顶山、四川会理两个不同香气类型不同部位的烟叶各项感官质量指标均有明显变化。在添加量为 1mg/kg 时，加香效果不明显，各组烤烟的香气质提高、香气量增加、余味改善及杂气减轻的程度和对照相比均较小；用量范围在 5～10mg/kg 时，各组烤烟与对照相比，香气质得到提高，香气量明显增加，余味得到改善，杂气显著减轻，但对刺激性几乎不产生影响，香气质、香气量、余味及杂气的单项得分和评吸总分均较高；当用量增加至 50mg/kg 时，会产生与烟香不协调气息，香精味突出，掩盖杂气效果不佳，微增加刺激性，香气质、香气量、余味、杂气及刺激性的单项得分和评吸总分均降低。

评吸结果表明，添加适宜浓度的 β-胡萝卜素降解产物 B 对不同地区、不同部位的烤烟感官质量的改善效果和降解产物 A 的作用基本一致，也可以增补烟香、丰满香气、改善余味、掩盖杂气、增加甜润度，使烟气细腻，降低干燥感。降解物用量过小，加香效果不明显，香气不足且无法掩盖杂气，但用量较大时会产生与烟香不协调气息，香精味重，舌面有残留覆盖，杂气增大，上颚有较明显的尖刺感，刺激性增大，余味不适。

表 8-8 β-胡萝卜素降解产物 B 的加香评吸结果 （分）

试验烟丝	用量（mg/kg）	劲头	香气质	香气量	余味	杂气	刺激性	燃烧性	灰色	总分
会理X2F	CK	较小	11	15	18	13	8	5	4	74
	1	较小	12.5	16.5	19	14	8	5	4	79
	5	较小	13	17	21	15	8	5	4	83
	10	较小	13	18	21	15	8	5	4	84
	50	较小	12.5	16.5	19	14	7.5	5	4	78.5

（续表）

试验烟丝	用量（mg/kg）	劲头	香气质	香气量	余味	杂气	刺激性	燃烧性	灰色	总分
会理 C3F	CK	适中	12	16	18	13	9	5	5	78
	1	适中	13.5	17.5	19	14	9	5	5	83
	5	适中	14	18	21	15	9	5	5	87
	10	适中	14	19	21	16	9	5	5	89
	50	适中	13.5	18	18	14	8.5	5	5	82
会理 B2F	CK	适中	11	16	18	13	8	5	4	75
	1	适中	12.5	17	19	14	8	5	4	79.5
	5	适中	14	18	20	15	8	5	4	84
	10	适中	14	19	20	16	8	5	4	86
	50	适中	13	17.5	19	14	7.5	5	4	80
平顶山 X2L	CK	较小	10	14	17	12	7	4	3	67
	1	较小	11.5	15.5	18	13	7	4	3	72
	5	较小	12	16	20	14	7	4	3	76
	10	较小	12	17	20	14	7	4	3	77
	50	较小	11.5	15.5	18	13	6.5	4	3	71.5
平顶山 C3F	CK	适中	11	15	17	12	8	4	3	70
	1	适中	12.5	16.5	18	13	8	4	3	75
	5	适中	13	17	20	14	8	4	3	79
	10	适中	13	17	20	15	8	4	3	80
	50	适中	12.5	16.5	18	13	7.5	4	3	74.5
平顶山 B2F	CK	较大	10	15	17	12	7	4	3	68
	1	较大	11	16.5	18	13	7	4	3	72.5
	5	较大	12	17	20	14	7	4	3	77
	10	较大	12	17.5	20	15	7	4	3	78.5
	50	较大	11.5	16.5	18	13	6.5	4	3	72.5

（三）β-胡萝卜素降解产物 D 对烟叶吸食质量的影响

β-胡萝卜素降解产物 D 在卷烟加香中的评吸结果见表 8-9。由表 8-9 可以看出，添加 4 个不同浓度的 β-胡萝卜素降解产物 D 后，河南平顶山、四川会理两个不同香气类型不同部位的烟叶各项感官质量指标均有所变化。在添加浓度为 1mg/kg 时，加香效果不明显，各组烤烟的香气质提高、香气量增加、余味改善及杂气减轻的程度和对照相比均较小或极小；用量范围在5~10mg/kg时，各组烤烟与对照相比，香气质得到提高，香气量明显增加，余味得到改善，杂气显著减轻，香气质、香气量、余味及杂气的单项得分和评吸总分均较高，但刺激性微有增加；当用量增加至50mg/kg时，会产生与烟香不协调气息，香精味明显，掩盖烟香，掩盖杂气效果不佳，刺激性较大，香气质、香气量、余味、杂气及刺激性的单项得分和评吸总分均降低。

表8-9 β-胡萝卜素降解产物D的加香评吸结果 （分）

试验烟丝	用量（mg/kg）	劲头	香气质	香气量	余味	杂气	刺激性	燃烧性	灰色	总分
会理X2F	CK	较小	11	15	18	13	8	5	4	74
	1	较小	12	16.5	19	14	8	5	4	78.5
	5	较小	12.5	17	21	15	8	5	4	82.5
	10	较小	13	18	21	15	8	5	4	84
	50	较小	12.5	16.5	19	14	7	5	4	78
会理C3F	CK	适中	12	16	18	13	9	5	5	78
	1	适中	13	17.5	19	14	9	5	5	82.5
	5	适中	14	18	21	15	9	5	5	87
	10	适中	14	19	21	16	9	5	5	89
	50	适中	13.5	18	18	14	8	5	5	81.5
会理B2F	CK	适中	11	16	18	13	8	5	4	75
	1	适中	12	17	19	14	8	5	4	79
	5	适中	14	18	20	15	8	5	4	84
	10	适中	14	19	20	16	8	5	4	86
	50	适中	13	17.5	19	14	7	5	4	79.5
平顶山X2L	CK	较小	10	14	17	12	7	4	3	67
	1	较小	11	15.5	18	13	7	4	3	71.5
	5	较小	12	16	20	14	7	4	3	76
	10	较小	12	17	20	14	7	4	3	77
	50	较小	11.5	15.5	18	13	6	4	3	71
平顶山C3F	CK	适中	11	15	17	12	8	4	3	70
	1	适中	12	16.5	18	13	8	4	3	74.5
	5	适中	13	17	20	14	8	4	3	79
	10	适中	13	17	20	15	8	4	3	80
	50	适中	12.5	16.5	18	13	7	4	3	74

（续表）

试验烟丝	用量（mg/kg）	劲头	香气质	香气量	余味	杂气	刺激性	燃烧性	灰色	总分
平顶山B2F	CK	较大	10	15	17	12	7	4	3	68
	1	较大	11	16	18	13	7	4	3	72
	5	较大	12	17	20	14	7	4	3	77
	10	较大	12	17	20	15	7	4	3	78
	50	较大	11.5	16.5	18	13	6	4	3	72

评吸结果表明，添加适宜浓度的β-胡萝卜素降解产物D对不同地区、不同部位的烤烟感官质量也具有明显的改善效果，也可以增补烟香、丰满香气、改善余味、掩盖杂气、增加甜润度，使烟气细腻，降低干燥感，但略次于降解产物A和降解产物B。特别是当用量增加至50mg/kg时，有较明显的尖刺感，刺激性增大。

（四）β-胡萝卜素降解产物F对烟叶吸食质量的影响

β-胡萝卜素降解产物F在卷烟加香中的评吸结果见表8-10。由表8-10可以看出，添加4个不同浓度的β-胡萝卜素降解产物F后，河南平顶山、四川会理两个不同香气类型不同部位的烟叶各项感官质量指标均有所变化。在添加量为1mg/kg时，加香效果不明显，各组烤烟的香气质提高、香气量增加、余味改善及杂气减轻的程度和对照相比均较小；用量范围在5~10mg/kg时，各组烤烟与对照相比，香气质得到提高，香气量明显增加，余味得到改善，杂气显著减轻，烟气细腻程度明显提高，香气质、香气量、余味及杂气的单项得分和评吸总分均较高；当用量增加至50mg/kg时，会产生与烟香不协调气息，香精味明显，掩盖烟香，烟气有混浊感，舌面有残留，掩盖杂气效果不佳，刺激性较大，香气质、香气量、余味、杂气及刺激性的单项得分和评吸总分均降低。

评吸结果表明，添加适宜浓度的β-胡萝卜素降解产物F对不同地区、不同部位的烤烟感官质量也具有明显的改善效果，也可以增补烟香、丰满香气、改善余味、掩盖杂气、增加甜润度，使烟气细腻，降低干燥感，但对烟叶感官质量的改善亦略次于降解产物A和降解产物B，却又略好于降解产物D。当用量增加至50mg/kg时，刺激性也增大，烟气有混浊感，香气质、香气量、余味、杂气及刺激性的单项得分和评吸总分均降低。

表8-10　β-胡萝卜素降解产物F的加香评吸结果　（分）

试验烟丝	用量（mg/kg）	劲头	香气质	香气量	余味	杂气	刺激性	燃烧性	灰色	总分
会理X2F	CK	较小	11	15	18	13	8	5	4	74
	1	较小	12	16.5	19	14	8	5	4	78.5
	5	较小	12.8	17	21	15	8	5	4	82.8
	10	较小	13.2	18	21	15	8	5	4	84.2
	50	较小	12.5	16.5	19	14	7	5	4	78

（续表）

试验烟丝	用量（mg/kg）	劲头	香气质	香气量	余味	杂气	刺激性	燃烧性	灰色	总分
会理C3F	CK	适中	12	16	18	13	9	5	5	78
	1	适中	13	17.5	19	14	9	5	5	82.5
	5	适中	14.2	18	21	15	9	5	5	87.2
	10	适中	14.3	19	21	16	9	5	5	89.3
	50	适中	13.5	18	18	14	8	5	5	81.5
会理B2F	CK	适中	11	16	18	13	8	5	4	75
	1	适中	12	17	19	14	8	5	4	79
	5	适中	14.2	18	20	15	8	5	4	84.2
	10	适中	14.3	19	20	16	8	5	4	86.3
	50	适中	13	17.5	19	14	7	5	4	79.5
平顶山X2L	CK	较小	10	14	17	12	7	4	3	67
	1	较小	11.2	15.6	18	13	7	4	3	71.8
	5	较小	12.2	16	20	14	7	4	3	76.2
	10	较小	12.3	17	20	14	7	4	3	77.3
	50	较小	11.5	15.5	18	13	6	4	3	71
平顶山C3F	CK	适中	11	15	17	12	8	4	3	70
	1	适中	12	16.5	18	13	8	4	3	74.5
	5	适中	13.2	17.1	20	14	8	4	3	79.3
	10	适中	13.2	17	20	15	8	4	3	80.2
	50	适中	12.5	16.5	18	13	7	4	3	74
平顶山B2F	CK	较大	10	15	17	12	7	4	3	68
	1	较大	11	16	18	13	7	4	3	72
	5	较大	12.2	17.1	20	14	7	4	3	77.3
	10	较大	12.3	17.2	20	15	7	4	3	78.5
	50	较大	11.5	16.5	18	13	6	4	3	72

三、结果与讨论

（一）β-胡萝卜素降解产物的致香作用

根据前文β-胡萝卜素降解产物的分析结果，除几个未知的化合物外，其他均是烟叶中的重要香味成分，它们对提高烟叶的香气质量具有不同程度的促进作用。如苯甲醛具有樱桃香和杏仁香，异佛尔酮具有土香香韵，氧化异佛尔酮香气为幽雅的微酸蜜甜的木香和干果香，是目前国内外广泛使用的烟用香原料，β-环柠檬醛有甜味，6，10-二甲基-2-十一酮（四氢香叶基丙酮）有甜味和坚果香，β-紫罗兰酮在烟气香味中表现甜味，顺口，并具有木香和花香，二氢猕猴桃内酯在烟气香味中表现为轻凉爽和幽雅的果香，且具有掩盖木质气、消除刺激性的作用。因此，在卷烟中添加适量的 β-胡萝卜素降解产物，对提高卷烟的香气质量会有显著的促进作用。

（二）4 种 β-胡萝卜素降解产物对烟叶吸食质量的影响

β-胡萝卜素降解产物的单料烟加香试验表明，添加 4 种不同用量的 β-胡萝卜素降解产物后，河南平顶山、四川会理两个不同香气类型不同部位的烟叶各项感官质量指标均有明显变化。在添加量为 1mg/kg 时，加香效果不明显，各组烤烟的香气质提高、香气量增加、余味改善及杂气减轻的程度和对照相比均较小，用量范围在 5~10mg/kg 时，各组烤烟与对照相比，香气质得到提高，香气量明显增加，余味得到改善，杂气显著减轻，香气质、香气量、余味及杂气的单项得分和评吸总分均较高，但对刺激性的减小几乎不产生影响。当用量增加至 50mg/kg 时，会产生与烟香不协调气息，香精味突出，杂气、刺激性微增大，香气质、香气量、余味、杂气及刺激性的单项得分和评吸总分均呈降低趋势。

添加适宜浓度的 4 种 β-胡萝卜素降解方法的产物对不同地区、不同部位的烤烟感官质量具有显著的改善效果，可以增补烟香、丰满香气、改善余味、掩盖杂气、增加甜润度，使烟气成团、细腻，降低干燥感。对烟叶感官质量的改善作用方面，降解产物 A 和 B 的效果基本一致，但 A 又略好于 B；降解产物 D 和 F 的效果基本一致，但 F 又略好于 D，总体上 A 和 B 又略好于后者。

降解产物中含有较高含量的二氢猕猴桃内酯，应能够有效消除烟叶的刺激性，但 4 种降解物对消除烟叶刺激性的作用不明显，特别是降解产物 F 在用量较大时，上颚有较明显的尖刺感，刺激性微增大，这有可能是降解产物中含有某种杂质，影响了其对烟叶刺激性的减小作用。因此，在实际生产应用中应进一步研究去除杂质的方法，确保 β-胡萝卜素降解产物的纯度。

本文初步确定了 β-胡萝卜素降解产物在卷烟加香中的用量参考范围，而加香的一个重要原则是“贵在自然”，不宜带有明显的非烟草香味气息，因此，在实际加香或与其他香料配合应用时，应根据叶组配方、产品风格和料液、香精中原有的成分等，通过试验确定其最佳用量，同时还要选择合适的保润剂，增加其稳定性。

参考文献

曹志洪. 1991. 优质烤烟生产的土壤与施肥 ［M］. 南京：江苏科学技术出版社.

陈瑞泰，等. 1987. 中国烟草栽培学 ［M］. 上海：上海科学技术出版社.

高致明，王俊，袁秀云，等. 1998. 不同肥料种类对烤烟根系侧根输导能力的影响 ［J］. 河南农业大学学报（3）：65–68.

宫长荣，林学梧，李艳梅. 1999. 烟叶在烘烤过程中脂氧合酶活性及其作用的研究 ［J］. 西北农业学报，8（4）：63–66.

古昆，刘国清，陈静波，等. 1995. 用高效液相色谱法测定烟草中的 β–胡萝卜素含量 ［J］. 色谱，13（2）：145.

关义新，林葆，凌碧莹. 2000. 光、氮及其互作对玉米幼苗叶片光合和碳、氮代谢的影响 ［J］. 作物学报，26（6）：806–812.

郭红祥，刘卫群，姜占省. 2002. 施用饼肥对烤烟根系土壤微生物的影响 ［J］. 河南农业大学学报（4）：344–347.

郭予琦. 2004. 芝麻饼肥、秸秆还田与化肥配施条件下烤烟生长及品质表现 ［J］. 河南农业科学（3）：32–38.

韩富根，孙德梅，刘国顺，等. 2003. 肥料种类对烟田土壤水分状况和烟叶产质量的影响 ［J］. 烟草科技，195（10）：35–38.

韩锦峰，吕巧灵，杨素勤，等. 1998. 饼肥种类及其与化肥配比对烤烟生长发育及产质的影响：Ⅰ. 对烤烟生长发育的影响 ［J］. 河南农业科学（2）：14–16.

韩锦峰，吕巧灵，杨素勤，等. 1998. 饼肥种类及其与化肥配比对烤烟生长发育及产质的影响：Ⅱ. 对烤烟产质的影响 ［J］. 河南农业科学（3）：11–14.

韩锦峰，史宏志，王彦亭，等. 1998. 不同氮肥用量和来源条件下烤烟叶片高级脂肪酸含量及其与香味物质的关系 ［J］. 作物学报，24（1）：125–128.

韩锦峰. 2003. 烟草栽培生理 ［M］. 北京：中国农业出版社.

何萍，金继运，林葆. 1998. 氮肥用量对春玉米叶片衰老的影响及其机理研究 ［J］. 中国农业科学，31（3）：66–71.

何萍，金继运. 1999. 氮钾营养对春玉米叶片衰老过程中激素变化与活性氧代谢的影响 ［J］. 植物营养与肥料学报，5（4）：289–296.

洪涛，马娅萍，孙守威. 1992. 河南烤烟精油化学成分的研究 ［J］. 分析测试通报，11（4）：64–65.

江力，曹树青，戴新宾，等. 2000. 光强对烟草光合作用的影响 ［J］. 中国烟草学报，6（4）：17–20.

姜东，于振文，苏波. 1997. 不同施氮时期对冬小麦根系衰老的影响［J］. 作物学报，23（2）：80-90.

姜远茂，彭福田，刘松忠，等. 2004. 栽培草莓品种果实香气特性研究［J］. 分析测试学报（3）：56-60.

金闻博，戴亚，横田拓，等. 2000. 烟草化学［M］. 北京：清华大学出版社.

李潮海，栾丽敏，王 群，等. 2005. 苗期遮光及光照转换对不同玉米杂交种光合效率的影响［J］. 作物学报，31（3）：381-385.

李广才，李富欣，王留河. 1999. 饼肥和腐殖酸对植烟土壤养分及烤烟生长影响［J］. 烟草科技（3）：39-41.

李汉超，王淑娴. 1991. 烟草烟气化学及分析［M］. 郑州：河南科学技术出版社.

李合生. 2002. 现代植物生理学. 北京：高等教育出版社［M］.

李玲. 1990. 高等植物脱落酸生物合成研究进展［J］. 植物学报，16（3）：257-261.

李艳梅，宫长荣，陈江华，等. 2001. 烟叶在烘烤过程中脂氧合酶、脱落酸与色素降解的关系［J］. 中国烟草学报（9）：46-48.

林葆. 1996. 长期施肥的作物产量和土壤肥力变化［C］. 北京：中国农业科技出版社.

林桂华，杨斌，上官克攀，等. 2003. 施用有机肥对龙岩特色烟叶香气质量的影响［J］. 中国烟草科学（3）：9-10.

林植芳，李双顺，林桂珠，等. 1988. 衰老叶片和叶绿体中 H_2O_2 的累积与膜质过氧化的关系［J］. 植物生理学报，14（1）：16-22.

刘更另，金维续. 1991. 中国有机肥料［M］. 北京：中国农业出版社.

刘国顺，韦凤杰，王芳，等. 2006. 反相高效液相色谱法测定烤烟叶片发育过程中的类胡萝卜素［J］. 色谱，24（2）：161-163.

刘国顺，赵献章，韦凤杰，等. 2006. 旺长期遮光及光照转换对不同烟草品种光合效率的影响［J］. 中国农业科学，39.

刘国顺，朱凯，武雪萍，等. 2004. 使用有机酸和氨基酸对烤烟生长及氮素吸收的影响［J］. 华北农学报，19（4）：51-54.

刘国顺. 2003. 烟草栽培学［M］. 北京：中国农业出版社，58-61.

刘世亮，杨振民，化党领，等. 2005. 不同有机酸对烤烟生长发育和生理生化特性的影响［J］. 中国农学通报，21（5）：248-252.

刘卫群，姜占省，郭红祥，等. 2003. 芝麻饼肥用量对烤烟根际土壤生物活性的影响［J］. 烟草科技，191（6）：31-34.

刘卫群，姜占省，郭红祥，等. 2004. 黄褐土、潮土中不同氮素形态配比对烤烟根际土壤微生物生理的影响［J］. 土壤通报，35（1）：43-47.

刘卫群，王卫民，陈良存，等. 2004. 氮源对烤烟根系生长发育的影响［J］. 烟草科技，205（8）：41-43.

刘卫群，张新要，李天福，等. 2003. 饼肥对烤烟碳水化合物代谢及酶活性的影响［J］. 烟草科技，196（11）：37-40.

刘贤赵，宿庆，康绍忠，等. 2003. 不同生育期遮荫对番茄氮素分配的影响［J］. 应用与环境生物学报，9（5）：493-496.

刘雪松，刘贞琦，刘振业. 1991. 烟草叶片比叶重及净光合速率的变化［J］. 植物生理学通讯，27（4）：279-281.

卢心敬，刘国顺，等. 1991. 平原烟区优质烤烟生产实用技术［M］. 北京：中国轻工业出版社，117-118.

卢增兰. 1987. 土壤肥料学［M］. 北京：中国农业出版社.

罗昌荣，赵震毅，等. 2003. β-胡萝卜素裂解温度对其裂解产物的影响［J］. 无锡：无锡轻工大学学报，3（5）：67-75.

马常力，韩锦峰，王瑞新. 1992. 烤烟香气物质成分及其在成熟期间的变化［J］. 华北农学报，7（3）：92-97.

莫淑勋. 1986. 土壤中有机酸的产生、转化及对土壤肥力的某些影响［J］. 土壤学进展，14（4）：1-10.

聂荣邦，曹胜利. 1997. 肥料种类与配比对烤烟生长发育及产量品质的影响［J］. 湖南农业大学学报（5）：435-439.

邱德运，胡立勇. 2002. 氮素水平对油菜功能叶内源激素含量的影响［J］. 华中农业大学学报，21（3）：213-216.

沈阿林，李学垣，吴受容. 1997. 土壤中低分子量有机酸在物质循环中的作用［J］. 植物营养与肥料学报，3（4）：363-370.

沈宏，曹志洪. 1998. 饼肥与尿素配施对烤烟生物性状及某些生理指标的影响［J］. 土壤肥料（6）：14-16.

施红林，王保兴，刘巍，等. 2003. 固相萃取——高效液相色谱法测定烟草样品中植物色素的研究［J］. 中国烟草学报，3：1-5.

石俊雄，郑少清，刁朝强，等. 2004. 有机肥及施氮水平对烟叶质量和可用性的影响［J］. 中国烟草科学（2）：42-45.

时向东. 1998. 不同类型肥料对烤烟生长发育和烟叶品质影响机理的研究［D］. 南京：南京农业大学.

史宏志，韩锦峰，官春云. 1996. 烟叶香气前提物在成熟和调制过程中的变化［J］. 作物研究，10（2）：22-25.

史宏志，刘国顺. 1998. 烟草香味学［M］. 北京：中国农业出版社.

孙福山. 1997. 烤烟调制过程中香气成分的研究及其应用技术探讨［J］. 中国烟草科学（2）：39-41.

孙谷畴. 1990. 激动素与黄嗓吟氧合酶对水稻和碗豆叶片脂氧合酶活性的影响［J］. 植物生理学通讯（6）：32-348.

汤章城. 1999. 现代植物生理学实验指南［M］. 北京：科学出版社.

陶俊. 2002. 柑橘果实类胡萝卜素形成及调控的生理机制研究［D］. 杭州：浙江大学.

汪耀富，孙德梅，李群平，等. 2003 有机肥与无机肥配施及灌水对烤烟养分含量及产量、品质的影响［J］. 河南农业大学学报，37（3）：237-252.
王镜岩，朱圣庚，徐长法. 2002. 生物化学（第三版，下册）［M］. 北京：高等教育出版社，197-229.
王筠. 1997. 胡萝卜色素及其应用［J］. 安徽化工，（1）：27-29.
王瑞新，韩富根，杨素勤. 1990. 烟草化学品质分折方法［M］. 郑州：河南科学技术出版社.
王瑞新，马常力，韩锦峰，等. 1991. 烤烟不同品种香气物质成分的定量分析［J］. 河南农业大学学报，25（2）：151-154.
王瑞新. 2003. 烟草化学［M］. 北京：中国农业出版社.
王绍辉，郝翠玲，张振贤. 1998. 植物遮荫效应的研究与进展［J］. 山东农业大学学报，29（3）：130-134.
韦凤杰，范艺宽，刘国顺，等. 2006. 饼肥对烤烟叶片发育过程中质体色素降解及相关酶类活性的影响［J］. 作物学报，32（5）：766-771.
伍泽堂，张刚元. 1990. 脱落酸、细胞分裂素和丙二醛对超氧化物歧化酶活性的影响［J］. 植物生理学通讯（4）：30-32.
武雪萍，刘增俊，赵跃华，等. 2005. 使用芝麻饼肥对植烟根际土壤酶活性和微生物碳、氮的影响［J］. 植物营养与肥料学报，11（4）：541-546.
武雪萍，朱凯，刘国顺，等. 2005. 有机无机肥配施对烟叶化学成分和品质的影响［J］. 土壤肥料，1：10-13.
武雪萍. 2003. 饼肥有机营养对土壤生化特性和烤烟品质作用机理的研究［D］. 太谷：山西农业大学.
肖凯，张荣铣，钱维朴. 1999. 氮素营养对小麦群体光合碳同化作用的影响及其调控机制［J］. 植物营养与肥料学报，5（3）：235-243.
肖凯，张容铣，钱维朴. 1998. 氮素营养调控小麦旗叶衰老和光合功能衰退的生理机制［J］. 植物营养与肥料学报，4（4）：371-378.
谢卫，刘江生，杨斌，等. 2003. 不同部位烤烟中香味成分的分析研究［J］. 福建分析测试，12（2）：1740-1742.
熊艳，李永梅，尹增松，等. 2003. 不同形态氮在土壤中的转化及对烤烟生长的影响［J］. 植物营养与肥料学报，9（4）：500-502.
许青，李石. 1996. 类胡萝卜素研究进展［J］. 16（4）：249-251.
杨兴洪，邹琦，王玮. 2001. 遮荫棉花转入强光后光合作用的光抑制及其恢复［J］. 植物学报，43（12）：1255-1259.
余叔文，汤章城. 2001. 植物生理与分子生物学［M］. 北京：科学出版社.
郁志芳，李妍，康若禕，等. 2003. 鲜切芦篙贮藏过程中叶绿素、纤维素及相关酶的变化［J］. 中国野生植物资源，22（4）：61-64.
张成敏，廖明明，胡群. 2000. 从提取的天然类的胡萝卜素制备烟用香精的方法. 中国专利：CN98115875.
张其德，刘合芹，张建华，等. 2000. 限水灌溉对冬小麦旗叶某些光合特性的影响

[J]. 作物学报, 26 (6): 869-873.

张其德, 卢从明, 刘丽娜. 1997. CO_2倍增对不同基因型大豆光合色素含量和荧光诱导动力学参数的影响 [J]. 植物学报, 39: 946-950.

张荣平. 1993. 脂氧合酶在植物体内的生理功能 [J]. 莱阳农学报, 10 (1): 47-51.

张守仁. 1999. 叶绿素荧光动力学参数的意义及讨论 [J]. 植物学通报, 16 (4): 444-448.

张文锦, 梁月荣, 张方舟, 等. 2004. 覆盖遮荫对乌龙茶产量、品质的影响 [J]. 茶叶科学, 24 (4): 276-282.

张志良, 瞿伟箐. 2004. 植物生理学实验指导 [M]. 北京: 高等教育出版社.

赵铭钦, 于建春, 程玉渊, 等. 2005. 烤烟烟叶成熟度与香气质量的关系 [J]. 中国农业大学学报, 10 (3): 10-14.

赵平, 林克惠, 郑毅. 2005. 氮钾营养对烟叶衰老过程中内源激素与叶绿素含量的影响 [J]. 植物营养与肥料学报, 11 (3): 379-384.

赵世杰. 1998. 植物生理学实验指导 [M]. 北京: 中国农业出版社, 68-72.

郑克宽, 任有志. 1995. 烤烟合理群体结构和产质量形成规律的研究 [J]. 内蒙古农牧学院学报 (16): 61-66.

郑州烟草研究院. 1988. 卷烟焦油中性香味物质的分离与鉴定 [J]. 烟草科技 (1): 15-19.

周冀衡, 王勇, 邵岩, 等. 2005. 产烟国部分烟区烤烟质体色素及主要挥发性香气物质含量的比较 [J]. 湖南农业大学学报 (自然科学版), 31 (2): 128-132.

周冀衡, 杨虹琦, 林桂华, 等. 2004. 不同烤烟产区烟叶中主要挥发性香气物质的研究 [J]. 湖南农业大学学报 (自然科学版), 30 (1): 20-23.

周冀衡, 朱小平, 等. 1996. 烟草生理与生物化学 [M]. 合肥: 中国科学技术大学出版社.

周建烈. 2000. 维生素 A 的缺乏、补充与中毒 [J]. 中国临床营养杂志, 8 (4): 260-262.

周应兵, 林国平, 等. 2002. 烤烟新品种云烟 85 在安徽烟区的主要性状表现 [J]. 安徽农业科学, 30 (6): 956-958.

朱忠, 冼可法, 杨军. 2002. 烟叶成熟度与其化学成分的相关性研究进展 [J]. 烟草科技, 8: 33-35.

左天觉. 1993. 烟草的生产、生理和生物化学 [M]. 上海: 上海远东出版社.

Alexander V R. Peter H. 1995. Regu1ation of non - photochemical quenching of chlorophyll fluorescence in plants [J]. Aust J Plant Physiol, 22: 221-230.

Avner C J. 1983. Role of roots in regulating the growth and cytoldnin content in leaves [J]. Plant Physiol, 73: 76-78.

Barimalaa I S, Gordon M H. 1986. Cooxidation of β-carotene by soybean lipoxygenase [J]. Agric Food Chem, 36: 685-687.

Bell E, Mullet J E. 1993. Characterization of an Arabidopsis lipoxygenase gene responsive to methyl jasmonate and wounding [J]. Plant Physiol, 103: 1133–1137.

Burton H R, Kasperbauer M J. 1985. Changes in chemical composition of tobacco laminar during senescence and curing. 1. Plastid pigments [J]. Agric. Food Chem, 33: 879–883.

Chotinuchi P, Vorabhleuk S. 1986. Studies on phenolic compounds in Thai flue–cured tobacco [J]. Thai J. Agr. Sci. 19: 147–154.

Croft K P C , Slusarenko A J. 1993. Volatile products of the lipoxygenase pathway evolved from Phaseolus vulga ris (L.) leaves inoculated with *Pseudomanas syringas* pv. *Phaseolicola* [J]. Plant Physiol, 1: 13–24.

Debora J W, Doron H, Eliezer E G, et al. 1999. Chlorophyll breakdown by chlorophyllase: isolation and functional expression of the Chlasel gene from ethylene–treated Citnes fruit and its regulation during development [J]. Plant Joumal. 20 (6): 653–661.

Demole E, Berthet D A. 1972. Chemical study of Burley tobacco flavor, medium volatile, free acidic constituents [J], Helv. Chim. Acta, 55: 1 898–1 910.

Demole E, Berthet D A. 1972. Chemical study of Burley tobacco flavor volatile to medium volatile constituents [J]. Helv. Chim. Acta, 55: 1 866–1 882.

Droillard M J, Rouet–Mayer M A, Bureau Jmatal. 1993. Membrane–associated and soluble lipoxygenase isoforms in tomato pericarp [J]. Plant Physiol, 103: 1 211–1 219.

Ellington J J, Scholotzhauer P F, Schepartz A I. 1978. Quantitation of hexane – extractable lipids in serial samples of flue–cured tobacco [J]. Agric. Food Chem, 26: 270–273.

Enzell C R. 1976. Terpenoid components of leaf and their relationship to smoking quality and aroma [J]. Rec. Adv. Tob. Sci (2): 32–60.

Esquerre–Tugaye M T, Fournier J, Pouenat M L, et al. Lipoxygenases in plant signaling [A]. In: Mechanisms of Plant Defense Responses [C]. ed. by Fritig B and Legrand M. Academic Publishers, 202–210.

Fangz Bouwkamp J C, Solomos T. 1998. Chlorophyllase activities and chlomhhyll degradation during leaf senescence in non–yelloping mutant and wild type of *phaseolus vulguris* [J]. Exp Bot , 49: 503–510.

Fernandez J, A Almela L, Sole–Dad–Almansam, et al. 1992. Partial purification and propeties of chlorophyllase from chlorotic Citrus lemon leaves [J]. Phytochemisny, 31: 447–449.

Fobel M , Thompson. 1987. Membrane deterioration in senescing camation flowers [J]. Plant Physiol, 85: 204–211.

Forrest G, Vilcins. 1979. Determination of tobacco carotenoids by resonance raman spectroscopy [J]. Agic. Food Chem, 27: 609–614.

Garcia A I, Galindo L. 1991. Chlorophyllase in citrus leaves: localization and partial purification of the enzyme [J]. Photosynthetica, 25: 105-111.

Genty B, Briantais J M, Baker N R. 1989. The relationship between the quantum yield of chlorophyll fluorescence [J]. Biochim Biophys Acta, 990: 87-92.

Genty B, Briantais J M, Baker N R. 1989. The relationship between the quanturn vield of photosynthetic electron transport and photochemical quenching of chlorophyll fluorescence [J]. Biochim Biophys Acta, 900: 87-92.

Gossman S, Leshm Y Y. 1978. Lowering of Lipoxygenase activity in Pisum sativum foliage by cytokinin as related senescence physio [J] l. Plant, 43: 559-362.

Govindjee. 2002. A role for a light-harvesting antenna complex of photosystem Ⅱ in photoproteetion [J]. The Plant Cell, 14: 1663-1667.

Greelman R A, Bell Ra, Mullet J E. 1992. Involvement of a lipoxygenase-like enzyme in abscisic acid biosynthesis [J]. Plant Physoil, 99: 1 258-1 260.

Hamberg M. 1986. Isolationand structure of lipoxygenase from saprolegnia parasitica [J]. Biochem Biophys Acta, 876: 688-692.

Jaren-Galan M, Carmona-Ramon C, Minguez-Mosquera M I. 1999. Interaction between chloroplast pigments and lipoxygenase enzymatic extract of olive [J]. Agric Food Chem (47) 2671-2677.

Johnson-Flanagan A M, Spencer M S. 1996. Chlorophyllase and penuxidaes activity during degreening of maturing canola (Brassicanapus) seed [J]. Physiol Plant, 97: 353-359.

Kacperka A, Kubacaka Z M. 1989. Formation of stress ethylene deoends both on ACC synthesis and on the activity of free radical-generating system [J]. Plant Physiol, 77: 231-237.

Kasperbaue M J. 1971. Spectral distribution of light in a tobacco canopy and effects of end-of-day light quality on growth and development [J]. Plant Physiol, 47: 775-778.

Keppler L D , Novacky A. 1987. Initiation of membrane lipid peroxidation during bacteria- induced hypersensitire reaction [J]. Physiol Mol Plant Pathol, 30: 233-245.

Kodama H, Fujimori T, Kato K. 1984. Glucosides of inone-related compounds in several Nicotiana species [J]. Phytochemistry, 23: 583-584.

Long R C, Weybrew J A. 1981. Major chemical changes during senescene and curing [J]. Recent Adv. Tobacco Science , 7: 40-70.

Lu C M, Zhang J. 1998. Changes in photosystem II function during senescence of wheat leaves [J]. Plant Physiology, 104: 239-347.

Lynch D V, Sridhara S, Thompson J E. 1985. Lipoxygenase-generated hydroperoxides account for the nonphysiological features of ethylene formation from 1-am inocyclopropane-1-carboxylic acid by microsomal membranes of camrnations [J]. Planta, 164: 121-125.

Ma B L, Morrison M J, Dwyer L M. 1996. Canopy light reflectance and field greenness to assess nitrogen fertilization and yield of maize [J]. Agronomy Journal (USA), 88 (6): 915-920.

Marcelle R D. 1991. Relationship between mineral content, lipoxygenase activity, levels of 1-am inocyclopropane-lcarboxylic acid and ethlene emission in apple fruitflesh disks (cv Jonagold) during storage [J]. Postharvest Biology and Technology, 1: 101-109.

Marschner H. 1986. Mineral nutrition of higher plant. London, Academic Press.

Matile P, Schellenberc M, Vicentin F. 1997. Localization of chlorophyllase in the chlorollast envelope [J]. Planta, 201: 96-99.

Matsuo T, Yoneda T, ltoo S. 1984. A significant error of the thiobarbituric acid assay on lipid peroxidation in senescent 1eaves [J]. Agric Biol Chem, 48: 1 631-1 633.

Melan M A, Dong X, Endara M, et al. 1993. An Arabidopsis thaliana lipoxygenase gene can be induced by oathogens, abscisic acid and methyl jasmonate [J]. Plant Physiol, 101: 441-450.

Milan M A. 1993. An Arabidopsis thaliana lipoxygenase gene can be induced by pathogens: abscisic acid, and methyl jas-monate [J]. Plant Physiol, 101: 441-450.

Miloborrow B V. 1974. The chemistry and physiology of abscisic acid [J]. Ann. Rev. Plant Physiol, 25: 259-307.

Minguez - Mosquera M I, Callardo - Cuerrero L. 1996. Role of chlorophyllase in chlorophyll metabolism in olives [J]. Gordalphytochem, 41 (3): 691-697.

Mingufz-Mosquera M L, Gandulrojas B, Gallardo Guerrero I G. 1994. Measurement of chlorophyllase activity in olive fruit [J]. Biochem, 116: 263-268.

Naoki Y, Alley E W. 1991. Regulated chlorophyll degradation in spinach leaves during storage [J] Amer Soc Hort Sci, 116 (1): 58-62.

Nugteren D H. 1975. Arachidonate lipoxygenase in blood platelets [J]. Biochim Biophys Acta, 380: 299-307.

Paliyath G, Droillard M J. 1992. The mechanism of membrane deterioration and disassembly during senescence [J]. Plant Physiol Biochem, 30: 789-812.

Rock C D, Zeevaart J A D. 1991. The aba mutant of Arabidopsis thaliana is impaire in epoxy-carotenoid biosythesis [J]. Proc Natl Acad Sci USA, 88: 7 496-7 499.

Samuelsson B. 1987. Leucotrienes and lipoxins: structures, biosynthesisv and biological effects [J]. Science, 237: 1 171-1 176.

Schmidt-Dannen C, Umeno D, Arnold F H. 2000. Molecular breeding of carotenoid biosynthetic pathways [J]. Nat Biotechnol, 18: 750-753.

Schreiber U, Schliwa U, Bilger W. 1986. Continuous recording of photochemical and non-photochemical chlorophyll fluoremeter photosynthesis with a new type of modulated fluoremeter [J]. Photosynthesis Research, 10: 51-62.

Sekwa J, Kamiuchi H, Hatannaka A. 1982. Lipoxygenase, hydroperoxide lyase and volatile C6-aldehyde formation from C18-fatty acids during development of *phaseolus vulgaris* L. [J]. Plant cell physiol, 23 (4): 631-638.

Sembdner G , Parthier B. 1993. The biochemistry and the physiological and molecular actions of jasmonates [J]. Annu Rev Plant Physiol Mol Boil, 44: 569-589.

Sheen S J, Grunwald G, Sims T L. 1973. Effects of nitrogen fertilization and stalk position on polyphenols and carbohydrates in the air-cured leaf of three tobacco genotypes [J]. Can. J. Plant Sci, 53: 897-905.

Shellenberg M, Matile P. 1995. Association of components of the chlorophyll catabolic system with pigment-protein complexes from solubilized chloroplast membranes [J]. Plant Physiol, 146: 604-608.

Steven H. 2003. Schwartz, Xiaoqiong Qin, Jon A. D. Zeevaart. Plant Physiology, 131 (4): 1591.

Todd J F , Paliyath G J E. 1990. Characteristics of a membrane-associated lipoxygenase in tomato fruit [J]. Plant Physio1, 94: 1 225-1 232.

Tso T C. 1972. Physiology and biochemistry of tobacco plants [M]. Dowden, Hutchinson and Ross, Inc. , Stroudsburg, PA.

Van Dort, Johannes M, De Heij, et al. 1992. Processing for preparing flavorings and perfumes based on one or more carotenoids as starting materisal. 美国专利: USP 5084292, 01-28.

Van Kooteu O, Snel J F H. 1990. The use of chlorophyll fluorescence nomenclature in plant stress physiology [J]. Photosyn RES, 25: 147-150.

Wahlburg I K, Kaelsson K, Johnson W H, et al. 1977. Effects of flue-curing and ageing on the volatile, neutral and acidic constituents of Virginia tobacco [J]. Phytochemistry, 16: 1 217-1 231.

Weeks W W. 1985. Chemistry of tobacco constituents influents flavor and aroma. Rec. Adv. Tob. Sci, 11: 175-200.

Weybrew J A. 1957. Estimation of the plastid pigments in tobacco [J]. Tobacco Science (1): 1-5.

Weybrew J A. 1957. Estimation of the plastid pigments in tobacco [J]. Tobacco Science, 1: 1-5.

Whitaker J R. 1990. New and future uses of enzymes in food processing [J]. Food Biotech, 4: 669-697.

Yamauchi N, Watada A E. 1991. Regulated chlorophyll degradation in spinach leaves during storage [J]. Arner Soc Hort Sci, 116: 58-62.

Zimerman D C, Vick G A. 1978. Lipoxygenase in chlorella pyrenoidosa. Lipids, 8: 264-266.